# 钯催化偶联反应机理的理论研究

任颖　著

北　京
冶金工业出版社
2023

## 内 容 提 要

随着计算机技术的发展和计算方法的改进，量子化学计算已经成为研究有机金属化学的重要工具。确定化学反应机理是研究有机金属化学反应的一个重要研究内容，通过量子化学方法可以从理论上获得化学反应历程，为实验化学得到的结果做出合理的解释和佐证，而且还可以为实验化学提供合理的预测，对实验和进一步的工业应用都具有重要的意义。本书采用密度泛函理论，对过渡金属钯催化构筑碳碳键的偶联反应进行了理论研究。

本书可供从事有机金属化学的研究人员阅读，也可供大专院校化学及相关专业的师生参考。

**图书在版编目(CIP)数据**

钯催化偶联反应机理的理论研究/任颖著. —北京：冶金工业出版社，2020.11（2023.1 重印）

ISBN 978-7-5024-8652-5

Ⅰ.①钯…　Ⅱ.①任…　Ⅲ.①钯—催化反应　Ⅳ.①O614.82

中国版本图书馆 CIP 数据核字(2020)第 242727 号

**钯催化偶联反应机理的理论研究**

---

**出版发行**　冶金工业出版社　　**电　话**　(010)64027926

**地　址**　北京市东城区嵩祝院北巷 39 号　　**邮　编**　100009

**网　址**　www.mip1953.com　　**电子信箱**　service@mip1953.com

---

责任编辑　高　娜　美术编辑　彭子赫　版式设计　禹　蕊

责任校对　卿文春　责任印制　窦　唯

北京富资园科技发展有限公司印刷

2020 年 11 月第 1 版，2023 年 1 月第 2 次印刷

710mm×1000mm　1/16；9.75 印张；189 千字；147 页

**定价 58.00 元**

---

**投稿电话　(010)64027932　投稿信箱　tougao@cnmip.com.cn**

**营销中心电话　(010)64044283**

**冶金工业出版社天猫旗舰店　yjgycbs.tmall.com**

（本书如有印装质量问题，本社营销中心负责退换）

# 前　　言

1827年，丹麦药剂师W. C. Zeise制得了第一个公认的金属有机配合物Zeise盐，从此有机金属化学和有机化学便一起成长起来。一百多年以后，有机金属化学更是赋予了有机化学无限的生命力。有机金属化学中选择更高活性和更高选择性的催化剂是研究人员一直探索的目标。通过理解催化剂的反应机理，对原有催化剂进行改良，是一条事半功倍的催化剂设计路径。

在探索化学反应机理的过程中，量子化学起着非常重要的作用。虽然初始阶段计算化学研究的体系只能局限于比较简单的小分子体系，但随着计算机技术的提高和理论计算水平的发展，如今计算与模拟化学无论在计算的效率还是精度上都可以计算包含成千上万个原子的复杂生物体系。量子化学方法已成为有机化学工作者考虑问题、指导科研不可缺少的思维工具。因此，通过理论计算研究过渡金属催化构筑碳碳键和碳杂键偶联反应的机制和规律具有重要的意义。

本书共分为8章。主要内容包括：第1章绪论，主要介绍了有机金属化学的发展、金属配位化合物、钯金属配合物催化的偶联反应和有机金属化学的应用。第2章主要介绍了研究过渡金属催化偶联反应的理论基础和计算方法。第3章为钯催化氯代烯丙基萘与丙二烯三丁基锡生成邻位炔丙基脱芳构化产物的反应机理研究，以及配体效应和溶剂效应对催化的影响。第4章为钯催化氯甲基萘与丙二烯三丁基锡生成对位的炔丙基和丙二烯基脱芳构化产物作用机制的理论研究，探讨了产物选择性的原因。第5章为钯催化芳基卤和异腈酰胺化反应的机理研究，以及氟化铯、水溶液、溶剂效应等对催化循环的影响。第6章为在钯催化剂作用下活化C—H键构筑C—C键芳基化偶联反应的理论研究，以及氰基导向基团对催化剂活性的影响。第7章为铑催化高炔丙基联烯-炔环化异构化反应的理论研究，主要研究了底物取代基团对反应路径的影响。第8章是全书的总结。

在撰写本书的过程中，作者特别感谢山西师范大学武海顺教授的倾心指导，感谢同课题组成员贾建峰教授、张婷婷副教授、张富强教授、王洪波老师的帮助，同时感谢研究生梁赟、王涛、任晋康在全书格式修订方面所做的工作。本书是作者主持和参与多项科研项目，如国家自然科学基金、山西省研究生重点创新项目、山西师范大学校基金等的研究成果的总结。在此，衷心感谢国家自然科学基金委员会、山西师范大学等在研究经费上给予的资助和支持。

由于作者水平所限，书中难免存在疏漏之处，敬请同行专家、广大读者批评指正。

作 者

2020年7月

# 目　　录

# 1 绪　论

## 1.1 有机金属化学

有机金属化学是在有机化学和无机化学相互交叉中发展起来的，主要研究金属中心和有机片段相互结合形成含有金属—碳键的物质及其化学反应、合成等各种问题。鉴于金属原子、配体及金属—碳键的多样性，有机金属化学发生的反应也多种多样。随后发展的过渡金属有机化学给有机化学带来了重要影响，过渡金属有机化合物通常用作催化剂，由于其具有高活性和高选择性等优点，越来越多地参与到有机反应中来，并产生了许多高效的过渡金属催化的新反应。

早在 1827 年，丹麦药剂师 W. C. Zeise 制得了第一个公认的金属有机配合物 Zeise 盐 $K[PtCl_3(C_2H_4)]$，这个化合物中铂与乙烯以 π 键键合，是过渡金属有机化学发展的里程碑。1849 年，英国化学家 E. Frankland 用碘甲烷和锌反应得到了二甲基锌 $(CH_3)_2Zn$，开创了用锌、汞有机化合物合成其他金属有机化合物的新领域。1890 年，英国化学家 L. Mond 利用镍和 CO 反应生成了第一个过渡金属羰基配合物 $Ni(CO)_4$。1899 年，法国里昂大学 P. Barbier 教授用碘甲烷/镁与 5-甲基-4-己烯-2-酮反应，水解后得到羰基加成产物 2,5-二甲基-4-己烯-2-醇。他的学生 V. Grignard 继续研究这一反应，发展了镁有机化合物同有机化合物的反应，即格氏反应。1923 年，德国化学家 F. Fischer 和 H. Tropsch 利用 $Co_2(CO)_8$ 催化合成以烷烃为主的液体燃料。到了 1952 年，夹心型的二茂铁结构的确定引起科学家的研究热潮，许多基于过渡金属催化剂的工业过程被发展起来。1968 年，美国科学家 R. F. Heck 发现了钯可以用于催化碳碳偶联反应，为之后的过渡金属催化的有机偶联反应开辟了新的研究领域。随后许多偶联反应，如 Sonogashira[1] 偶联、Kumada[2] 偶联、Negishi[3] 偶联、Stille[4] 偶联、Suzuki[5] 偶联、Hiyama[6] 偶联等，以及有机金属化学理论的发展不仅解决了有机金属化学所关注的一些重要科学问题，也证明了有机金属化学在生命科学、材料科学、环境科学等交叉领域的应用价值[7]。2010 年，诺贝尔化学奖授予美国化学家 R. F. Heck、日本化学家 E. -i. Negishi 和 A. Suzuki，以表彰他们在有机合成领域中钯催化交叉偶联反应领域所做出的巨大贡献。

21 世纪以来，有机金属化学的发展极为迅速，已成为有机化学的重要组成部分，越来越体现出了其重要性。目前，过渡金属有机配合物已经构成了一个庞大而多样的化学领域，并且保持着继续发展和扩大的势头。由于过渡金属有机配合物的结构、键合和反应机理的研究，在理论、实验和工业应用上都极为重要，所以各方面的化学家都从不同的角度进行研究。

## 1.2　金属配合物

配位化合物是由中心金属原子（或离子）及其周围的若干个分子或离子所组成的化合物。中心过渡金属原子或离子称为配合物的核，在核周围与核相结合的分子或离子称为配位体。有机金属配合物是指以有机基团为过渡金属原子配位体的化合物。过渡金属除 s、p 轨道外，d 轨道的电子也参加成键。由于中心金属可以有不同的氧化态，也就出现了同一金属有不同配位数、不同价键状态的复杂情况。配位不饱和的过渡金属有机配合物存在空轨道，为它们作为催化剂和有机合成试剂提供了条件。

通常，稳定的过渡金属有机配合物外层电子应是 18 个，即遵循 18 电子规则，也称有效原子序数（EAN）规则，是 1923 年由英国化学家 N. V. Sidgwick 提出。例如，通常钯可以结合四个配体，生成稳定的 18 电子配合物。但是，在某些体系中，也可与大体积配体形成相对稳定的配位不饱和的 16 电子配合物。在这类 16 电子配合物中可以提供一条能量较高的空轨道，因此钯配合物相对稳定，但具有一定的反应活性。

每个配位体至少有一个原子具有一对或一对以上的孤对电子或分子中有 π 电子，它们能和金属发生配位作用。根据配位体所能提供的配位点数目，配体可分为单齿配位体和多齿配位体。单齿配位体是只有一个配位点与金属中心配位，如 $NH_3$。多齿配位体是一个配位体中的几个配位点能直接和同一个金属离子配位。

根据配体与中心金属的成键特征，可以将配体分为三类：（1）σ 配体。提供孤电子对与金属中心形成配位键，配体大都为有机基团的阴离子等。（2）π 配体。配体为不饱和烃，如烯烃、炔烃等，或具有 π 离域电子体系的环状化合物，如苯、环戊二烯负离子等。（3）σ-π 配体。配体既是电子给予体又是接受体，一般为中性分子，如 CO 与金属中心形成反馈 π 键。

## 1.3　钯金属配合物催化的偶联反应

### 1.3.1　偶联反应

偶联反应是在金属催化下两个化学单位通过新的碳碳键生成一个分子的有机化学反应。目前，钯催化的偶联反应具有反应条件温和、副产物少及易于处理等优点，已成为构筑碳碳键和碳杂键等的重要方法之一[8]。钯催化的碳碳键偶联反应是指亲电试剂 RX 和亲核试剂 R′M 生成 R—R′和 MX 盐的反应（见式（1-1））。

$$RX + R'M \xrightarrow{\text{催化剂}} R - R' + MX \qquad (1\text{-}1)$$

亲电试剂主要是烷基或芳基的卤代物（X=F、Cl、Br、I）或酸根。亲核试剂主要是有机金属试剂、烯烃、炔烃等。有机金属试剂一般包括格氏试剂（RMgX）、有机硼试剂（硼烷、硼酸、硼酸酯）、有机锌试剂、有机硅试剂和有机锡试剂。其中，钯催化应用最广的偶联反应如图 1-1 所示，这些偶联反应通常会采用人名反应的方式表示。

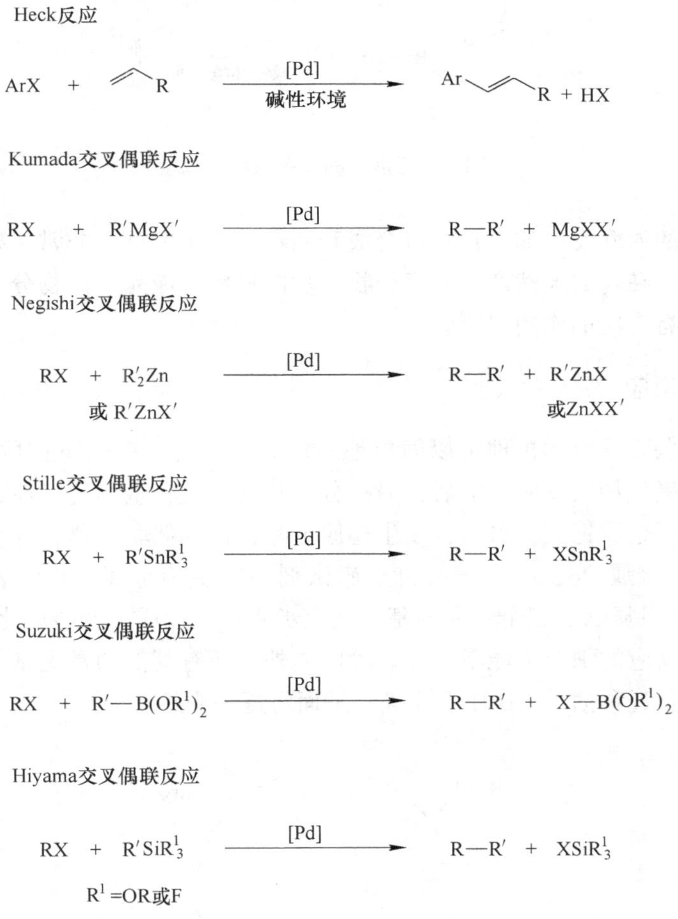

Heck反应

$$ArX + \text{CH}_2\text{=CH–R} \xrightarrow[\text{碱性环境}]{[Pd]} \text{Ar–CH=CH–R} + HX$$

Kumada交叉偶联反应

$$RX + R'MgX' \xrightarrow{[Pd]} R\text{—}R' + MgXX'$$

Negishi交叉偶联反应

$$RX + R'_2Zn \text{ 或 } R'ZnX' \xrightarrow{[Pd]} R\text{—}R' + R'ZnX \text{ 或 } ZnXX'$$

Stille交叉偶联反应

$$RX + R'SnR^1_3 \xrightarrow{[Pd]} R\text{—}R' + XSnR^1_3$$

Suzuki交叉偶联反应

$$RX + R'\text{—}B(OR^1)_2 \xrightarrow{[Pd]} R\text{—}R' + X\text{—}B(OR^1)_2$$

Hiyama交叉偶联反应

$$RX + R'SiR^1_3 \xrightarrow{[Pd]} R\text{—}R' + XSiR^1_3$$

$R^1$ =OR或F

图 1-1 钯催化的碳碳键偶联反应

除了上述钯催化的碳碳键偶联反应，钯催化的碳杂键偶联反应也是有机金属化学的重要领域之一。例如 Buchwald-Hartwig[9] 交叉偶联反应和 Larock[10] 吲哚合成反应等，见图 1-2。

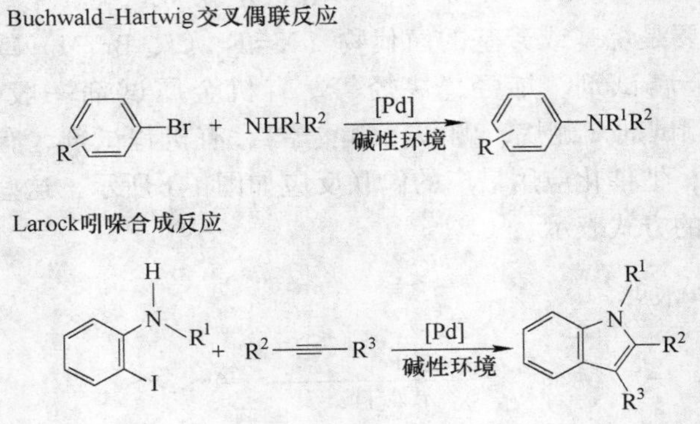

Buchwald-Hartwig交叉偶联反应

Larock吲哚合成反应

图 1-2 钯催化的碳杂键偶联反应

钯催化的偶联反应如今在有机合成和制药工业中发挥了非常重要的作用。此外，这些反应在合成天然产物、聚合物、功能材料、液晶、药物分子及生物活性化合物中均有广泛的应用[11~13]。

### 1.3.2 基元反应

钯催化偶联反应的机理可以简单地总结为图 1-3。首先，过渡金属钯和有机卤代烃发生氧化加成反应；然后，另一分子与其发生转金属化反应，将两个待偶联的分子接于金属钯上；最后，发生还原消除，得到偶联产物，并再生出催化剂（M 代表过渡金属 Pd，m 代表有机金属试剂中的主族金属，X 代表卤素或酸根等）。该机理只显示了三个主要的基元反应步骤氧化加成、转金属化和还原消除，不同条件下反应的细节可能不一样。除此之外，还有其他的常见基元反应，例如配位和解离、迁移插入、$\beta$-H 消除等，下面将逐一介绍[14]。

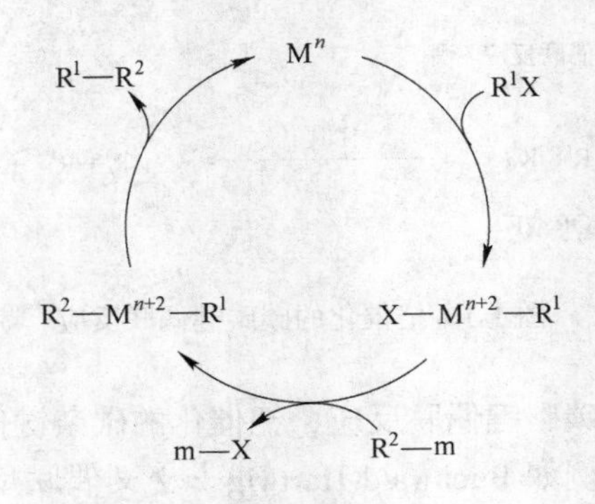


图 1-3 Pd 催化偶联反应的一般机理

#### 1.3.2.1 氧化加成

在这步中，一般是富电子的过渡金属和亲电试剂进行氧化加成反应，如式(1-2)所示，反应的结果是亲电试剂中的 $R^1—R^2$ 键发生断裂，过渡金属与其两边的原子同时相连，过渡金属的氧化态增加 2，配位数也增加。

$$M + R^1 - R^2 \longrightarrow R^2 - M - R^1 \tag{1-2}$$

氧化加成在偶联反应中是第一步，也是反应的决速步，因此研究氧化加成反应的也比较多。如在 Pd 催化的偶联反应中，第一步往往是卤代芳烃对 Pd 金属中心的氧化加成。

#### 1.3.2.2 转金属化

如通式（1-3）所示，转金属化反应是有机基团从一个金属中心转移到另一个金属中心的过程[15,16]。

$$M—X + m—R \longrightarrow M—R + m—X \tag{1-3}$$

过渡金属与主族金属的转金属化反应在金属催化反应中非常常见，在过渡金属催化的偶联反应中往往起着重要作用，例 Negishi、Suzuki、Hiyama、Kumad、Stille 反应中分别是有机基团从 Zn、B、Si、Mg、Sn 原子迁移到过渡金属 Pd 中心的过程。在这个过程中，过渡金属中心氧化态没有变化。

#### 1.3.2.3 还原消除

氧化加成反应的逆反应是还原消除反应，在这步中过渡金属中心的氧化态降低，配位数减少，如式（1-4）所示。

$$R^2—M—R^1 \longrightarrow M + R^1—R^2 \tag{1-4}$$

从通式上看，缺电子的金属中心有利于这个反应向正反应方向进行，因此还原消除反应常发生在高价态的金属中心上。还原消除在偶联反应中往往是生成产物的一步，在某些反应中也可能是决速步。目前，对 C—C 还原消除研究的也比较多。

#### 1.3.2.4 配位和解离

配体与中心金属相结合的过程，称为配体的配位；相反，配体与中心金属间的键断裂离去的过程，称为配体的解离。如式（1-5）所示。

$$MX_n + L \rightleftharpoons MX_nL \tag{1-5}$$

过渡金属催化的反应中，首先配体与中心金属发生解离，形成配位不饱和的中心金属，然后与反应底物配位，使底物活化再进行后续反应，因此配位和解离反应是过渡金属催化的偶联反应的最基本步骤。例如，在催化剂 $Pd(PPh_3)_4$ 催化的偶联反应中，配体先解离，接着另一分子配体配位到空位上。

1.3.2.5　插入反应

插入反应是指不饱和键插入到金属—碳键，如式（1-6）所示。反应的结果是相当于两个配体作用形成一个新的配合物。反应中过渡金属中心的氧化态保持不变。

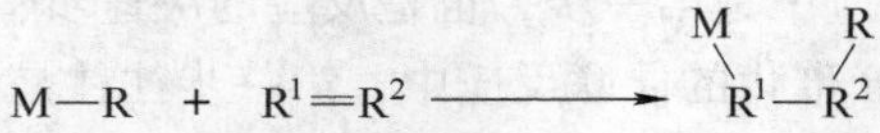

$$\mathrm{M{-}R} + \mathrm{R^1{=}R^2} \longrightarrow \mathrm{\overset{M}{R^1}{-}\overset{R}{R^2}} \tag{1-6}$$

不饱和烃的插入反应是一个非常重要的基元步骤。如 Heck 反应中烯烃对 Pd-Aryl 键的迁移插入等。此外，在铑催化的环加成反应中，常常会涉及烯烃和炔烃对金属—碳键的插入反应。

1.3.2.6　β-H 消除

β-H 消除反应是烷基最常见的分解途径，可将金属烷基转化为金属氢化物和烯烃化合物，如式（1-7）所示。反应时，金属烷基试剂的β碳上有 H 取代，金属中心有空位并与烷基呈顺式构型，且能够形成共平面的四元过渡态使得β-H 可以接近金属，以便金属接受从β碳上掉下来的氢。反应中过渡金属中心的氧化态保持不变，反应后形成的烯烃是稳定的。

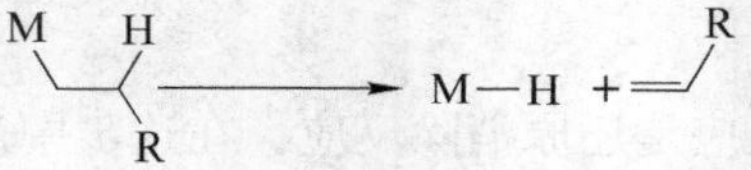

$$\mathrm{M{-}CH_2{-}CH(H)R} \longrightarrow \mathrm{M{-}H} + \mathrm{CH_2{=}CHR} \tag{1-7}$$

## 1.4　有机金属化学的应用

催化应用是有机金属化学最重要的应用之一[17,18]，同时也是有机金属化学领域飞速发展的关键因素。然而，选择更高活性和更高选择性的有机金属催化剂仍然是研究人员一直探索的目标。通过理解催化剂的反应机理，对原有催化剂进行改良，是一条事半功倍的催化剂设计路径。目前，有机金属催化剂已广泛应用在制药、化工和日化工业中，并且会对解决未来能源和环境问题做出重要贡献。

### 1.4.1　烯烃复分解反应

烯烃在催化剂的作用下发生碳碳双键的断裂生成亚烷基，然后再进行重新组合成新的烯烃反应称为烯烃复分解反应[19]，如式（1-8）所示。烯烃复分解反应和其他合成烯烃的方法相比，是一类独特的化学反应，它具有简便、高效、副产物少等特点，尤其是该反应过程中能使烯烃分子内强的 C ═C 双键断裂并与其他烯烃双键进行交换。烯烃复分解反应最初发展于工业界，随着对底物兼容性更好、更通用的催化剂的研发，其在有机合成和高分子合成领域的应用日益广泛。

$$R^1R^2C=CR^3R^4 + R^5R^6C=CR^7R^8 \longrightarrow R^1R^2C=CR^7R^8 + R^5R^6C=CR^3R^4 \quad (1\text{-}8)$$

根据底物的不同，烯烃复分解反应又可分为自复分解反应、开环复分解反应、关环复分解反应、交叉复分解反应和开环复分解聚合反应等。

1971 年，Y. Chauvin 提出了烯烃复分解反应的机理，这一机理解释了此前有关烯烃复分解反应的各种问题，也为后来实验科学家开发实用有效的新型反应催化剂提供了思路。1981 年，R. R. Schrock 在其他配合物的基础上发展了 Schrock 催化剂。1989 年，R. H. Grubbs 发现钌催化剂容易操作，发展了钌卡宾配合物，此类催化剂对许多不同的有机官能团有很好的兼容性。由于在烯烃复分解反应方面的贡献，美国化学家 R. R. Schrock 和 R. H. Grubbs、法国化学家 Y. Chauvin 获得了 2005 年的诺贝尔化学奖。

烯烃复分解反应在有机合成反应中的关环反应方面具有重要的应用。六元、七元、八元环以及更大的环体系都能够通过烯烃复分解反应合成。随着对该反应研究的不断深入，这类反应在高分子合成材料方面展现了很好的应用前景。

### 1.4.2 $CO_2$的活化

随着工业生产的发展，作为主要温室气体的二氧化碳在全球大气中浓度不断增大，由此产生的环境问题给人类的生存环境造成了严重的影响。同时，二氧化碳也是地球上最丰富的 C 资源之一，具有储量大、安全无毒和价廉易得等优点。因此，如何降低大气中二氧化碳的含量并使其资源化利用是许多科学家研究的重点[20]。以二氧化碳为原料，可将二氧化碳转化成一些化工原料和具有应用价值的化工产品，例如有机胺、有机酸、甲醇、碳酸酯和可降解的聚碳酸酯塑料等[21,22]。其中二氧化碳与环氧化物偶联反应合成环状碳酸酯是将二氧化碳资源化的重要方式之一。得到的环碳酸酯不仅是极好的疏质子溶剂、重要的生物医药和有机合成中间体的前体，并且还是合成一些聚合物和工程塑料制品的原材料。

自 1969 年，S. Inoue[23]等人发现二氧化碳和环氧化合物在催化剂二乙基锌/水（1∶1）的作用下可以直接共聚生成聚碳酸亚丙酯以来，以二氧化碳和环氧化合物为原料合成环碳酸酯已经成为将 $CO_2$资源化利用的一种重要的工业化进程[24]。与此同时，化学家们在催化剂体系的选择上进行了大量的研究，重点集中在高效率、价廉易得和易操作的催化剂的研制上[25]。

1973 年，R. J. De Pasquale[26]等人用经典的有机金属化合物 $Ni(PPh_3)_2$催化二氧化碳和环氧化合物合成环碳酸酯，反应如式（1-9）所示。他们通过研究发现，$Ni(PPh_3)_2$是一种高效的催化剂，同时提出该反应的机理包含三个主要基元步骤：氧化加成反应，插入反应和还原消除反应。

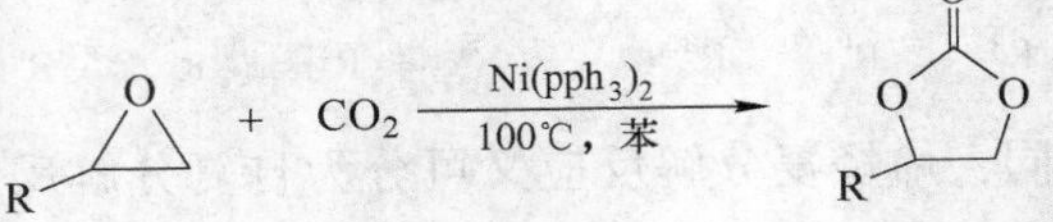

$$\text{R-环氧乙烷} + CO_2 \xrightarrow[100℃，苯]{Ni(pph_3)_2} \text{R-环碳酸酯} \tag{1-9}$$

1993 年，T. Endo[27]等人在常压下对多种碱金属盐催化二氧化碳和环氧化合物生成五元环碳酸酯的反应进行了报道，如式（1-10）所示。他们的研究结果表明，LiBr 显示了较高的催化活性，并提出了可能的反应机理。

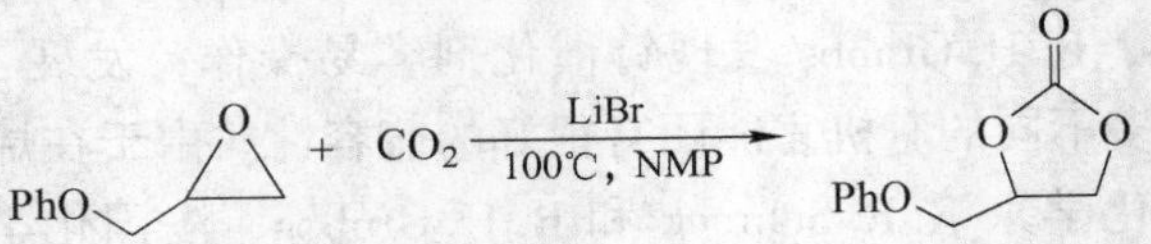

$$\text{PhO-CH}_2\text{-环氧乙烷} + CO_2 \xrightarrow[100℃，NMP]{LiBr} \text{PhO-CH}_2\text{-环碳酸酯} \tag{1-10}$$

虽然实验上提出了可能的反应机理，但具体过程仍不清楚。基于此，对 LiBr 催化 $CO_2$与 2,3-环氧丙基苯基醚偶联反应进行了计算研究[28]，发现该反应主要包括以下步骤：（1）环氧化物的开环；（2）二氧化碳的加成和插入；（3）环碳酸酯闭环还原消除以及催化剂再生。整个反应是一个放热过程，由于环氧化物的开环反应和环碳酸酯闭环反应的活化自由能非常接近，因此，推测两者都可能成为决速步。

1995 年，W. J. Kruper[29]等人对在 4-二甲胺基吡啶或 N-甲基咪唑助催化剂的作用下，4-对甲基卟啉 Cr(Ⅲ) 催化 $CO_2$和环氧化物制备环碳酸酯进行了研究。他们发现，4-对甲基卟啉 Cr(Ⅲ) 在该反应中具有高的催化活性，并且是一种可循环使用的高效催化剂，进而提出了两种可能的催化反应机理（见图 1-4）：（1）环氧化物和二氧化碳直接合成环碳酸酯；（2）聚合/解聚路径，环氧化物和二氧化碳在催化剂的作用下先合生成聚碳酸酯，然后热解得到立体化学反转的环碳酸酯。

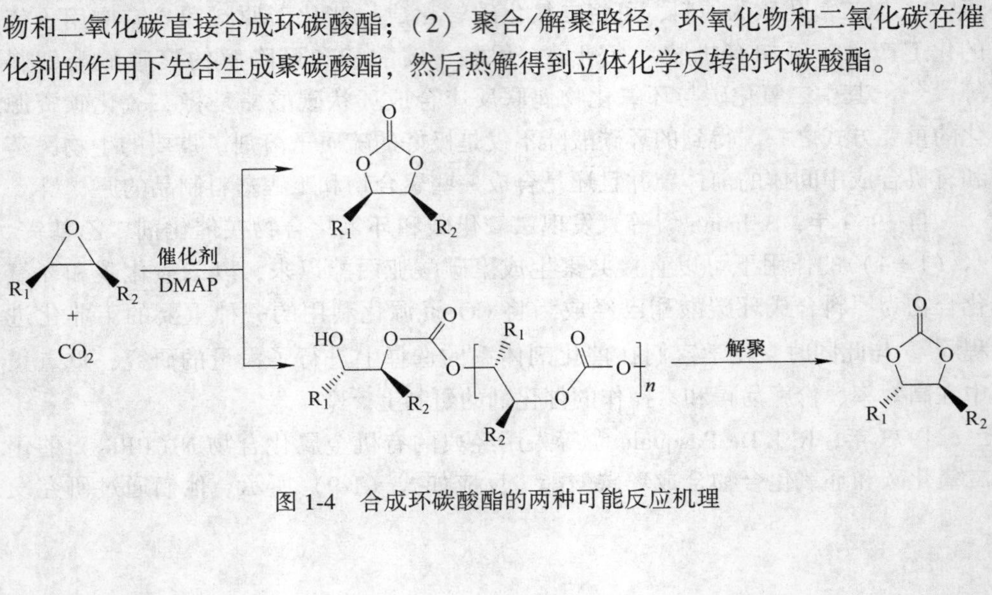

图 1-4 合成环碳酸酯的两种可能反应机理

2005 年，Lau[30] 等人报道了在无溶剂的条件下，PPN 羰基锰化合物可以催化环氧化物和二氧化碳反应合成环碳酸酯，如式（1-11）所示。

$$\text{R-epoxide} + CO_2 \xrightarrow[\text{5×10}^5\text{ Pa, 100℃, 无溶剂}]{PPN^+Y^-(\text{摩尔分数}0.1\%)} \text{R-cyclic carbonate} \tag{1-11}$$

$Y=Cl^-, Mn(CO)_5^-, Mn(CO)_4(PPh_3)^-$

2005 年，R. Hua[31] 等人在无溶剂的条件下，对羰基铼化合物 $Re(CO)_5Br$ 在超临界 $CO_2$($sc$-$CO_2$) 中催化环氧化合物合成环碳酸酯的反应进行了报道，如式（1-12）所示。在该反应中，$sc$-$CO_2$既作溶剂又做反应物。为了探究此反应中催化剂 $Re(CO)_5Br$ 的作用机理，C. H. Guo[32] 等人采用密度泛函 B3LYP 方法计算了该反应的多种反应路径。结果表明，反应中真正的催化物种是 16 电子的不饱和化合物 $Re(CO)_4Br$，而不是自由基反应机理。

$$\text{R-epoxide} + CO_2 \xrightarrow[\text{100℃, 无溶剂}]{Re(CO)_5Br(\text{摩尔分数}0.1\%)} \text{R-cyclic carbonate} \tag{1-12}$$

$R=CH_2Cl, CH_3, n\text{-hexyl}, Ph, CH_2OPh$

### 1.4.3 C—H 活化反应

碳—碳（C—C）键的构筑是现代有机合成的核心之一，而 C—C 偶联反应中，利用廉价芳烃经过碳—氢（C—H）键活化是近十多年来一个最为活跃的研究领域[33]。由于 C—H 键活性较低，目前还需要催化剂活化，尤其是金属钯催化剂。Pd 催化 C—H 键活化构筑 C—C 键的偶联反应按照其反应底物的不同，可以分为两种类型：第一种称为直接芳基化反应，它通常是一个芳烃或杂芳烃和另一个卤代芳烃（或卤代杂芳烃）反应，生成联芳烃的化合物，通常需要加入碱脱去质子和接收生成的 HX。此外，在这类反应过程中会产生当量的副产物酸，还需要加入碱来中和。第二种反应通常需要加入氧化剂来接收掉下来的氢，因而这类反应通常被称为氧化型偶联反应。与直接芳基化反应相比，这类反应中 Pd 催化通过两分子的 C—H 键直接脱氢偶联实现 C—C 键的生成，显然是更符合绿色化学的理念，因而受到了人们的广泛关注。

关于过渡金属 Pd 催化 C—H 键活化构筑 C—C 键的偶联反应在实验上已经取得了很大进展，然而进一步深入发展这些有希望工业化应用的 Pd 催化 C—H 键活化构筑 C—C 键形成反应依赖于我们对反应机理的理解，以及在此基础上的条件优化。目前认为过渡金属催化的 C—H 键活化机理主要有：亲电芳环取代机理，σ-键复分解，氧化加成机理和协同的金属化与去质子化机理。对于某个具体的反应，到底是哪个机理起作用取决于反应条件，如催化剂、底物的电子性质以及溶剂极性等。

早在 1967 年，Y. Fujiwara[34] 等首先报道了用 $Pd(OAc)_2$ 作为催化剂活化苯的 C—H 键，通过形成含 C—Pd 键的中间体，经烯烃插入及 β-H 消除，可以得到芳烃烯基化的产物，如图 1-5 所示。在此反应机理中，Pd 的化合价由 Ⅱ 价变为 0 价，然后 0 价 Pd 在氧化剂的作用下又变成了 Ⅱ 价 Pd 进入到催化循环中。该反应过程证明了 Pd(Ⅱ) 活化苯上 C—H 键的有效性，但是存在的两个缺陷很大程度上限制了该类催化反应的应用：一是需要使用过量的芳烃用作溶剂，对环境不友好；二是对于单取代苯等底物的芳烃上有好几个性质非常类似的 C—H 键，容易生成多种产物，不能得到单一的产物，因此不能很好地控制反应的区域选择性。

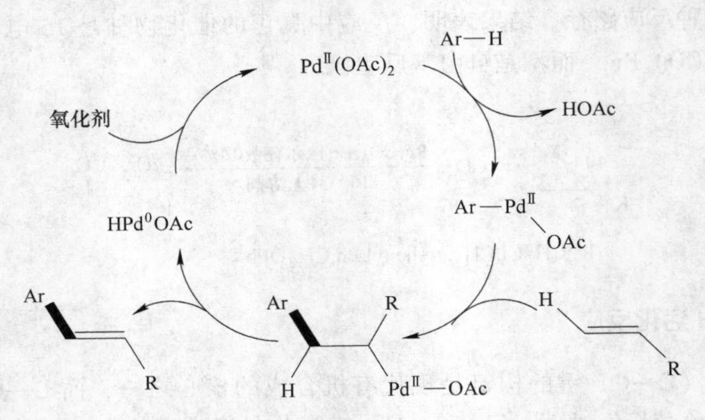


图 1-5　Y. Fujiwara 报道的 $Pd(OAc)_2$ 作为催化剂活化苯的 C—H 键的反应机理

为了解决上述问题，1998 年 M. Miura[35] 等采用苯甲酸类底物，通过羧基导向，成功实现了 Pd 对其邻位 C—H 键的选择性官能团化反应。在该反应中导向基团羧酸和 Pd 络合，生成环金属化的产物，然后再和另一反应物继续反应，得到产物。

2009 年，T. Nishikata[36] 等人通过乙酰氨基导向，在催化剂 Pd 和氧化剂苯醌的作用下不但可以得到邻位 C—H 键高选择性的烯基化产物，而且该反应在常温下的水溶剂中进行，避免了过量芳基化合物和额外过渡金属盐的使用，如式（1-13）所示。导向基团的引入，不但对反应底物选择性地实现功能化是可以控制的，而且对 C—H 键的活化在动力学和热力学上都是非常有利[37~40]。上述实验的反应机理，如图 1-6 所示，与 Y. Fujiwara 等人提出 Pd(0)/Pd(Ⅱ) 催化模式类似，但是在这里由于导向基团和氧化剂的参与仍有些重要的问题值得研究。

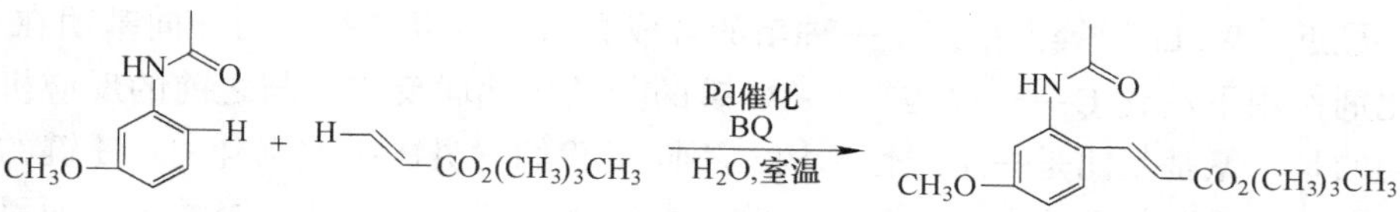

(1-13)

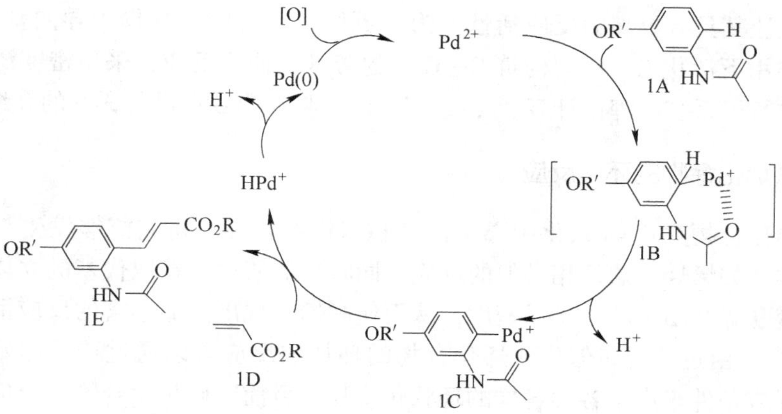

图 1-6 T. Nishikata 提出的 Pd 催化活化 C—H 键构筑 C—C 键的烯基化偶联反应机理

2009 年，日本的 M. Tobisu 课题组[41]报道了乙酰苯胺作为定位基团，与溴代硅烷炔烃发生的炔基化反应，如图 1-7 所示。关于反应机理，他们认为 Pd 首先与乙酰苯胺作用，生成 Pd 的六元环配合物，实现了 C—H 键的活化，接着与溴代的炔烃反应生成一个含 Pd 的八元环配合物，最后脱去 PdBrX，同时生成炔基化产物，而 PdBrX 在 AgOTf 的作用下生成 Pd(Ⅱ)，进入到下一个催化循环中。

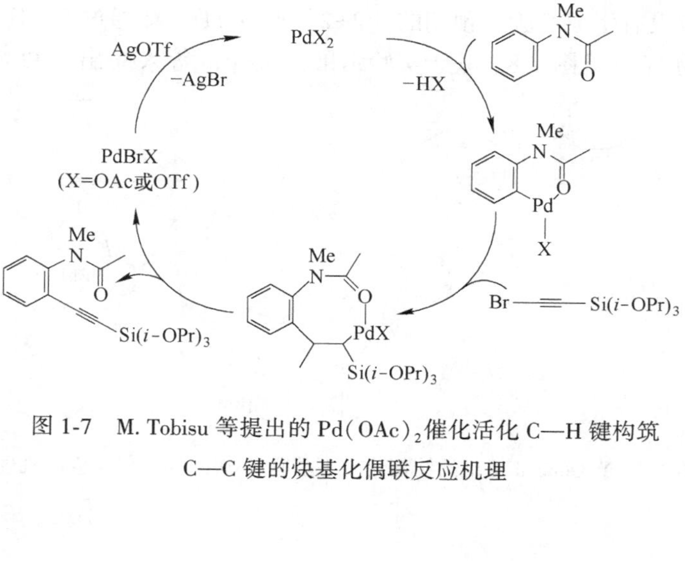

图 1-7 M. Tobisu 等提出的 $Pd(OAc)_2$ 催化活化 C—H 键构筑 C—C 键的炔基化偶联反应机理

最近，W. Li[42] 等人报道了一种新的合成方法——以氰基作为导向基团在 Pd 催化剂作用下活化 C—H 键构筑 C—C 键的芳基化偶联反应。与之前的反应机理不同的是，氰基基团是一个线性结构，不同于我们常见的一些活化 C—H 键的导向基团中所采取的端位电子的配位方式，如乙酰胺基、乙酰基、羧酸等；而氰基中碳和氮之间的 π 电子配位到 Pd 又是可行的，形成环钯中间体中的弱配位作用极有可能让其具有更高的反应活性。为了更好地理解以氰基作为导向基团在 Pd 催化剂作用下活化 C—H 键构筑 C—C 键的芳基化偶联反应，采用密度泛函理论对实验进行了系统的理论计算[43]，这部分内容将在第 6 章进行详细的介绍。

### 1.4.4　联烯化合物的环化反应

联烯化合物具有 sp 杂化中心碳的累积双键结构，使得它能够发生与其他不饱和烃类，如烯烃、炔烃相类似的反应，同时又能通过末端取代基的立体、电子效应改变联烯基团上的电子云密度，从而使联烯表现出更加丰富的反应活性和反应模式[44]。由过渡金属催化联烯化合物的环加成反应可以通过选择起始烯烃化合物或反应条件来产生各种各样的环状化合物。目前，环状化合物广泛应用在医药、材料和天然产物等方面。在过去的十年里，铑催化联烯与其他不饱和烃类的环异构化反应可以快速构筑复杂的环状化合物，引起了人们的广泛关注。

近年来，随着实验和理论计算的不断深入，发现铑催化联烯与其他不饱和烃类的环异构化反应中通常经历环金属化过程，形成稳定的金属环戊烯中间体。反应机理主要分为四部分：氧化环化、σ-键复分解、β-H 消去和还原消除。然而，不同的反应催化体系，会引导发生不同的 C—C 键或者 C—H 键活化，进而会得到不同的环加成产物。

2012 年，Y. Oonishi[45] 课题组报道了铑催化叔丁基联烯-炔的环丙化环异构化反应，该反应没有生成实验上预期的［2+2］产物 1H，却通过 C—H 活化生成了期望外的产物 1G，见图 1-8。基于实验结果，Oonishi 等人提出了可能的反应机

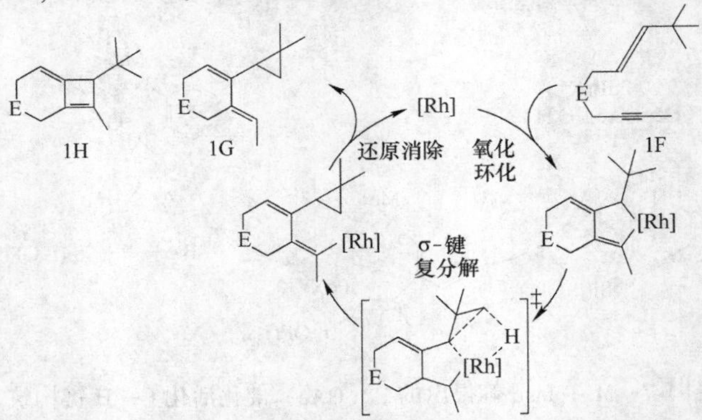

图 1-8　Y. Oonishi 提出的铑催化叔丁基联烯-炔的环丙化反应的机理

理：首先氧化环化得到铑金属环戊烯活性中间体，然后通过金属参与σ-键复分解的过渡态C—H活化叔丁基上的H原子，最后还原消除生成最终生成产物1G。

2012年，C. Mukai[46]课题组报道了铑催化环戊烷联烯-炔生成［7+2］或环丙化环异构化反应，如式（1-14）所示。该反应是一个配体控制产物选择性的反应。当Rh中心的配体是$PPh_3$时，发生C($sp^3$)—C($sp^3$)断键经过β-C消除生成［7+2］环加成产物；当配体是双（二苯基膦）丙烷（dppp）时，由于其富电子性导致了C($sp^3$)—H键活化经过σ-键复分解生成环丙化产物，见图1-9。

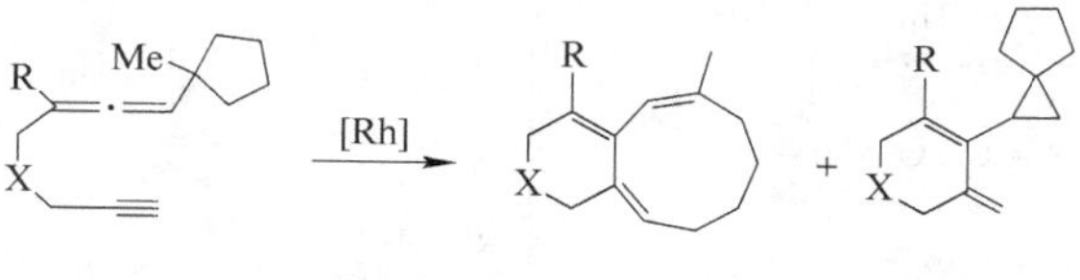

$X=C(CO_2Me)_2; R=SO_2Ph$　　（1-14）

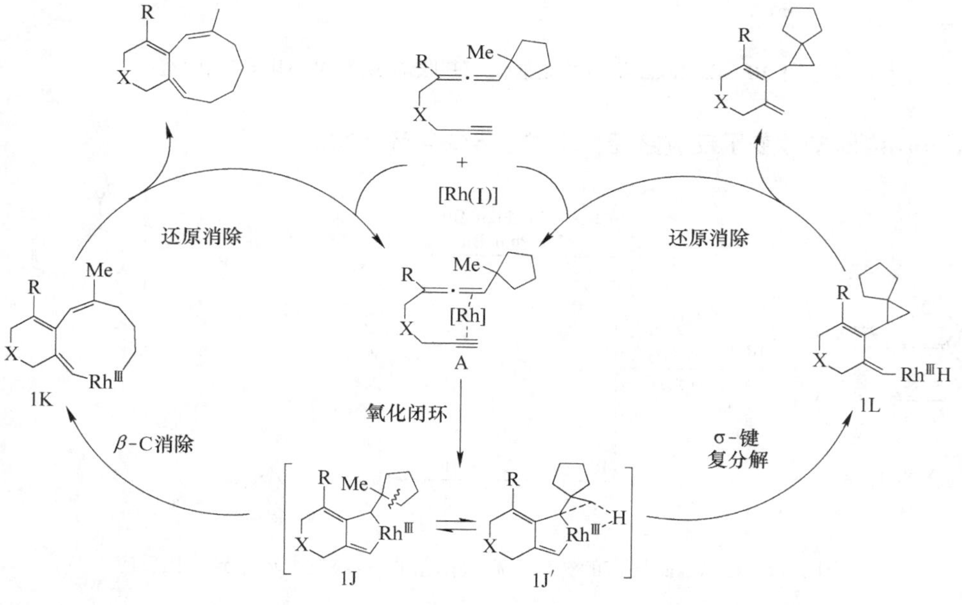

图1-9　C. Mukai提出铑催化联烯环戊烷-炔生成［7+2］或环丙化环加成反应的机理

2017年，C. Mukai[47]课题组报道了在催化剂$[RhCl(CO)_2]_2$的作用下，苄基联烯-炔发生分子内环化异构化，改变不同的取代基会导致生成不同的环化产物，如图1-10所示。

2018年，C. Mukai[48]课题组报道了在催化剂$[RhCl(CO)_2]_2$的作用下，高炔丙基联烯-炔发生环化异构化，并伴随着炔丙基官能团中炔的迁移，产生全新的6/5/5三环化合物，见图1-11。有趣的是，当把底物中的取代基换成$R^1=t$-Bu和

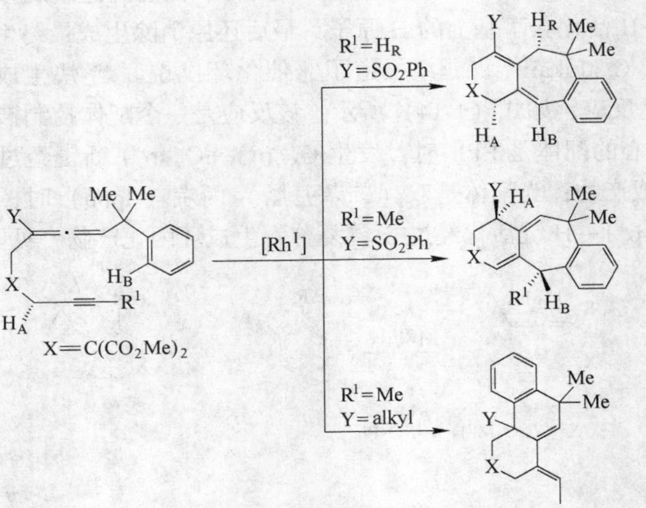

Me Me
Y
X
$H_B$
$H_A$
$R^1$
$X=C(CO_2Me)_2$
$[Rh^I]$
$R^1=H_R$
$Y=SO_2Ph$
Y　$H_R$　Me　Me
X　$H_A$　$H_B$
$R^1=Me$
$Y=SO_2Ph$
Y　$H_A$　Me　Me
X　$R^1$　$H_B$
$R^1=Me$
Y=alkyl
Me　Me
Y
X

图 1-10　C. Mukai 报道的铑催化苄基联烯-炔发生环化异构化反应

$R^2=n$-Bu 时却改变了反应路径，生成了 6/5/4 环产物。

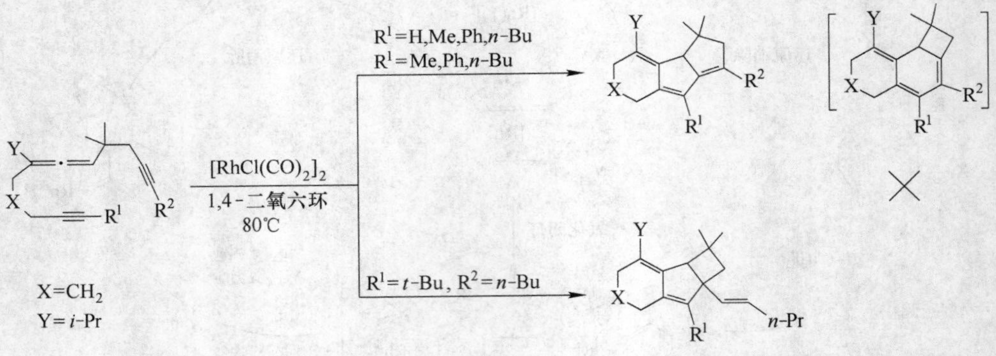

Y
X
$R^1$
$R^2$
X=$CH_2$
Y=$i$-Pr
$[RhCl(CO)_2]_2$
1,4-二氧六环
80℃
$R^1$=H,Me,Ph,$n$-Bu
$R^1$=Me,Ph,$n$-Bu
Y　X　$R^2$　$R^1$
Y　X　$R^2$　$R^1$
×
$R^1=t$-Bu, $R^2=n$-Bu
Y　X　$R^1$　$n$-Pr

图 1-11　C. Mukai 报道的铑催化高炔丙基联烯-炔发生环化异构化反应

根据实验结果，C. Mukai 等人提出了可能的反应机理。虽然实验上给出了可能的反应机理，但仍有一些重要的科学问题需要解决，因此，对 Rh 催化高炔丙基联烯-炔发生环化异构化反应进行了密度泛函理论研究[49]，得出了和实验上不同的反应机理，该反应机理主要分为四个步骤：氧化环化，插入反应，1,3-烷基迁移，1,2-烷基迁移或 1,2-H 迁移。其中，1,3-烷基迁移产生的 Rh(Ⅰ) Fischer 卡宾对产物选择性起到了关键作用。这部分内容将在第 7 章进行详细介绍。

关于有机金属催化的偶联反应在实验上已经取得了很大进展，尤其是通过偶联反应构建新的化学键，但与之对应的是，许多反应的反应机理还缺乏深入系统的理论研究。因此，希望通过理论计算研究过渡金属催化构筑碳碳键和碳杂键偶联反应的机制和规律，探索、发现一些重要基元反应的控制规律；揭示反应机理中活性中间体转化的新途径和动力学规律；基于对具体催化机制的深入认识，为设计新型催化体系和发展新反应提供理论知识。

## 参 考 文 献

[1] SONOGASHIRA K, TOHDA Y, HAGIHARA N. A convenient synthesis of acetylenes: catalytic substitutions of acetylenic hydrogen with bromoalkenes, iodoarenes and bromopyridines [J]. Tetrahedron Lett., 1975, 16: 4467~4470.

[2] TAMAO K, SUMITANI K, KUMADA M. Selective carbon-carbon bond formation by cross-coupling of Grignard reagents with organic halides. Catalysis by nickel-phosphine complexes [J]. J. Am. Chem. Soc., 1972, 94: 4374~4376.

[3] NEGISHI E, BABA S. Novel stereoselective alkenyl-aryl coupling oia Nickel-catalysed reaction of alkenylalanes with aryl halides [J]. J. Chem. Soc., Chem. Commun., 1976: 596b~597b.

[4] MILSTEIN D, STILLE J K. A general, selective, and facile method for ketone synthesis from acid chlorides and organotin compounds catalyzed by palladium [J]. J. Am. Chem. Soc., 1978, 100: 3636~3638.

[5] MIYAURA N, SUZUKI A. Stereoselective synthesis of arylated (E)-alkenes by the reaction of alk-1-enylboranes with aryl halides in the presence of palladium catalyst [J]. J. Chem. Soc., Chem. Commun., 1979: 866~867.

[6] HATANAKA Y, HIYAMA T. Cross-coupling of organosilanes with organic halides mediated by a palladium catalyst and tris (diethylamino) sulfonium difluorotrimethylsilicate [J]. J. Org. Chem., 1988, 53: 918~920.

[7] 刑其毅. 基础有机化学 [M]. 4 版. 北京：北京大学出版社，2017.

[8] 麻生明. 金属参与的现代有机合成反应 [M]. 2 版. 广州：广东科技出版社，2003.

[9] (a) WOLFE J P, WAGAW S, MARCOUX J F, et al. Rational development of practical catalysts for aromatic carbon-nitrogen bond formation [J]. Acc. Chem. Res., 1998, 31: 805~818. (b) HARTWIG J F. Carbon-heteroatom bond-forming reductive eliminations of amines, ethers, and sulfides [J]. Acc. Chem. Res., 1998, 31: 852~860. (c) HARTWIG J F. Transition metal catalyzed synthesis of arylamines and aryl ethers from aryl halides and triflates: scope and mechanism [J]. Angew. Chem. Int. Ed., 1998, 37: 2046~2067. (d) YANG B H. BUCHWALD S L. Palladium-catalyzed amination of aryl halides and sulfonates [J]. J. Organomet. Chem., 1999, 576: 125~146.

[10] (a) LAROCK R C, YUM E K. Synthesis of indoles via palladium-catalyzed heteroannulation of internal alkynes [J]. J. Am. Chem. Soc., 1991, 113: 6689~6690; (b) LAROCK R C,

TIAN Q, PLETNEV A A. Carbocycle synthesis via carbopalladation of nitriles [J]. J. Am. Chem. Soc., 1999, 121: 3238~3239.

[11] STANFORTH S P. Catalytic cross-coupling reactions in biarylsynthesis [J]. Tetrahedron, 1998, 54: 263~303.

[12] BELETSKAYA I P. Palladium catalyzed C-C and C-heteroatom bond formation reactions [J]. Pure Appl. Chem., 1997, 69: 471~476.

[13] 杜卫红，安忠维，徐茂梁. 过渡金属催化不对称偶联反应及其在液晶合成中的应用 [J]. 分子催化，1997，11：72~80.

[14] de MEIJERE A, DIEDERICH F. Metal-Catalyzed Cross-Coupling Reactions [M]. 2nd, Wiley: Weinheim, Germany, 2004.

[15] REN Y, JIA J, ZHANG T T, et al. Computational study on the palladium-catalyzed allenylative dearomatization reaction [J]. Organometallics, 2012, 31: 1168~1179.

[16] REN Y, JIA J, LIU W, et al. Theoretical study on the mechanism of palladium-catalyzed dearomatization reaction of chloromethylnaphthalene [J]. Organometallics, 2013, 32: 52~62.

[17] CORNILS B, Multiphase homogeneous catalysis, Wiley-VCH. Chichester, 2005.

[18] HEATON B, Mechanism in homogeneous catalysis: a spectroscopic approach, Wiley-VCH, Weinheim, 2005.

[19] GRUBBS R H. Handbook of metathesis. Wiley-VCH, Hoboken, NJ, 2003.

[20] HELLEVANG H, AAGAARD P, OELKERS E, et al. Can dawsonite permanently trap $CO_2$? [J]. Environ. Sci. Technol., 2005, 39: 8281~8287.

[21] DELL' AMICO D B, CALDERAZZO F, LABELLA L, et al. Converting carbon dioxide into carbamato derivatives [J]. Chem. Rev., 2003, 103: 3857~3897.

[22] YAN C, REN Y, JIA J F, et al. Mechanism of the chemical fixation of carbon dioxide with 2-aminobenzonitrile catalyzed by cesium carbonate: A computational study [J]. Molecular Catalysis., 2017, 432: 172~186.

[23] INOUE S, KOINUMA H, TSURUTA T. Copolymerization of carbon dioxide and epoxide [J]. J. Polym. Sci. Part B: Polym. Lett., 1969, 7: 287~292.

[24] ARAKAWA H, ARESTA M, ARMOR J N, et al. Catalysis reasearch of relevance to carbon management: progress, challenges, and opportunities [J]. Chem. Rev., 2001, 101: 953~996.

[25] REN Y, MENG T T, JIA J, et al. A computational study on the chemical fixation of carbon dioxide with 2-aminobenzonitrile catalyzed by 1-butyl-3-methyl imidazolium hydroxide ionic liquids [J]. Computational and Theoretical Chemistry, 2011, 978: 47~56.

[26] De PASQUALE R J. Unusual catalysis with Nicke (0) complexes [J]. J. Chem. Soc. Chem. Commun., 1973: 157~158.

[27] KIHARA N, HARA N, ENDO T. Catalytic activity of various salts in the reaction of 2, 3-epoxypropyl phenyl ether and carbon dioxide under atmospheric pressure [J]. J. Org. Chem., 1993, 58: 6198~6202

[28] REN Y, GUO C H, JIA J F, et al. A computational study on the chemical fixation of carbon dioxide with epoxide catalyzed by LiBr salt [J]. J. Phys. Chem. A, 2011, 115: 2258~2267.

[29] KRUPER W J, DELLER D V. Catalytic formation of cyclic carbonateds from epoxides and $CO_2$ with chromium metalloporphyrinates [J]. J. Org. Chem., 1995, 60: 725~727.

[30] SIT W N, NG S M, KWONG K Y, et al. Coupling reactions of $CO_2$ with neat eposides catalyzed by PPN salts to yield cyclic carbonates [J]. J. Org. Chem., 2005, 70: 8583~8586.

[31] JIANG J L, GAO F, HUA R, et al. $Re(CO)_5Br$-catalyzed coupling of epoxides with $CO_2$ affording cyclic carbonates under solvent-free condition [J]. J. Org. Chem., 2005, 70: 381~383.

[32] GUO C H, SONG J Y, JIA J F, et al. A DFT study on the mechanism of the coupling reaction between chloromethyloxirane and carbon dioxide catalyzed by $Re(CO)_5$ Br [J]. Organnometallics, 2010, 29: 2069~2079.

[33] (a) JIA C, KITAMURA T, FUJIWARA Y. Catalytic functionalization of arenes and alkanes via C—H bond Activation [J]. Acc. Chem. Res., 2001, 34: 633~639; (b) RITLENG V, SIRLIN C, PFEFFER M. Ru-, Rh-, and Pd-catalyzed C—C bond formation involving C—H activation and addition on unsaturated substrates: reactions and mechanistic aspects [J]. Chem. Rev., 2002, 102: 1731~1769; (c) CAMPEAU L C, FAGNOU K. Palladium-catalyzed direct arylation of simple arenes in synthesis of biaryl molecules [J]. Chem. Commun., 2005: 1253-1264; (d) DAUGULIS O, ZAITSEV V G, SHABASHOV D, et al. Regioselective functionalization of unreactive carbon-hydrogen bonds [J]. Synlett., 2006: 3382~3388. (e) GODULA K, SAMES D. C—H bond functionalization in complex organic synthesis [J]. Science, 2006, 312: 67~72.

[34] MORITANI I, FUJIWARA Y. Aromatic substitution of styrene-palladium chloride complex [J]. Tetrahedron Lett., 1967, 8: 1119~1122.

[35] MIURA M, TSUDA T, SATOH T, et al. Oxidative cross-Coupling of N-(2′-Phenylphenyl) benzenesulfonamides or benzoic and naphthoic acids with alkenes using a palladium-copper catalyst system under air [J]. J. Org. Chem., 1998: 63: 5211~5214.

[36] NISHIKATA T, LIPSHUTZ B H. Cationic Pd(Ⅱ)-catalyzed Fujiwara-Moritani reactions at room temperature in water [J]. Org. Lett., 2010, 12: 1972~1975.

[37] KAKIUCHI F, MATSUURA Y, KAN S, et al. A $RuH_2(CO)(PPh_3)_3$-catalyzed regioselective arylation of aromatic ketones with arylboronates via carbon-hydrogen bond cleavage [J]. J. Am. Chem. Soc., 2005, 127: 5936~5945.

[38] CHEN M, REN Z H, WANG Y Y, et al. Palladium-catalyzed oxidative carbonylation of aromatic C-H bonds of N-alkylanilines with CO and alcohols for the synthesis of o-aminobenzoates [J]. J. Org. Chem., 2015, 80: 1258~1263.

[39] ZHANG Q, LI C, YANG F, et al. Palladium-catalyzed ortho-acylation of 2-arylbenzoxazoles [J]. Tetrahedron, 2013, 69: 320~326.

[40] (a) KALYANI D, DEPREZ N R, DESAI L V, et al. Oxidative C—H activation/C—C bond

forming reactions: syntheticscope and mechanistic insights [J]. J. Am. Chem. Soc., 2005, 127: 7330~7331; (b) QIU R, REDDY V P, IWASAKI T, et al. The palladium-catalyzed intermolecular C—H chalcogenation of arenes [J]. J. Org. Chem., 2015, 80: 367~374.

[41] TOBISU M, ANO Y, CHATANI N. Palladium-catalyzed direct alkynylation of C—H bonds in benzenes [J]. Org. Lett., 2009, 11: 3250.

[42] LI W, XU Z, SUN P, et al. Synthesis of biphenyl-2-carbonitrile derivatives via a palladium-catalyzed $sp^2$ C—H bond activation using cyano as a directing group [J]. Org. Lett., 2011, 13: 1286~1289.

[43] REN Y, YAN C, JIA J, et al. Theoretical study on the mechanism of palladium-catalyzed $sp^2$ C—H bond activation using cyano as a directing group [J]. J. Organomet. Chem., 2016, 824: 88~98.

[44] INAGAKI F, KITAGAKI S, MUKAI C. Construction of diverse ring systems based onallene-multiple bondcycloaddition [J]. Synlett., 2011, 5: 594~614.

[45] OONISHI Y, KITANO Y, SATO Y. $Csp^3$—H bond activation triggered by formation of metallacycles: Rhodium (Ⅰ) -catalyzed cyclopropanation/cyclization of allenynes [J]. Angew. Chem. Int. Ed., 2012, 51: 7305~7308.

[46] MUKAI C, OHTA Y, OURA Y, et al. $Csp^3$—$Csp^3$ and $Csp^3$—H Bond Activation of 1, 1-Disubstituted Cyclopentane [J]. J. Am. Chem. Soc., 2012, 134: 19580~19583.

[47] KAWAGUCHI Y, YASUDA S, MUKAI C. Mechanistic investigation of $Rh^I$-catalyzed cycloisomerization of benzylallene-internal alkynes via C—H activation [J]. J. Org. Chem., 2017, 82: 7666~7674

[48] KAWAGUCHI T, YABUSHITA K, MUKAI C. Rhodium(Ⅰ)-catalyzed cycloisomerization of homopropargyl -allene-alkynes through C($sp^3$)—C(sp) bond activation [J]. Angew. Chem. Int. Ed., 2018, 57: 4707~4711.

[49] REN Y, LIN Z. Theoretical studies on Rh-catalyzed cycloisomerization of homopropargylallene-alkynes through C($sp^3$)—C(sp) bond activation [J]. ACS Catal, 2020, 10: 1828~1837.

# 2 理论基础和计算方法

## 2.1 引言

量子化学是根据化学的特有规律，用量子力学的基本原理和方法研究原子、分子和晶体的电子结构、化学键性质、分子间相互作用力、化学反应、各种光谱、波谱和电子能谱的理论，以及无机和有机化合物、生物大分子和各种功能材料的结构与性能关系的一门学科[1,2]。自从 1927 年 W. H. Heitler 和 F. W. London 用量子力学基本原理讨论了氢分子的结构以后，人们逐渐认识到可以用量子力学原理研究分子的结构问题。1928 年，L. C. Pauling 在最早的氢分子模型基础上发展了价键理论，R. S. Mulliken 提出了最早的分子轨道理论。1931 年，H. Bethe 提出了配位场理论并将其应用于过渡金属元素在配位场中能级分裂状况的理论研究，后来配位场理论与分子轨道理论相结合发展出了现代配位场理论。20 世纪 50 年代以后，计算机的出现为量子化学计算提供了有力工具，在这一阶段主要是量子化学计算方法的研究。分子轨道理论也因易于程序化而快速发展起来，其中主要是半经验的分子轨道理论的发展。20 世纪 70 年代开始，分子轨道的从头算研究开展起来，并成为量子化学计算的主流。80~90 年代，量子化学的研究对象和计算方法等都得到了快速发展，对整个化学的进步起到了深远影响。1998 年，诺贝尔化学奖授予 J. A. Pople 和 W. Kohn，以表彰他们在量子化学领域做出的开创性贡献。颁奖公报说：“量子化学不再是纯粹的实验科学了……当接近 90 年代快结束的时候，我们看到化学理论和计算的研究有了很大的进展，其结果使整个化学正在经历着一场革命性的变化。” 由于 J. A. Pople 的杰出贡献，Gaussian 软件从 1970 年问世以来，已经经历了 50 年的发展，使之成为广大化学工作者和大学生手中的工具，为化学的发展做出了巨大的贡献。90 年代，W. Kohn 发展的密度泛函理论的进入，使这一软件的功能更加强大。2013 年，诺贝尔化学奖授予 M. Karplus，M. Levitt 和 A. Warshel，以表彰他们为复杂化学系统创立了多尺度模型所做的贡献。因为他们让经典物理学与迥然不同的量子物理学在化学研究中“并肩作战”，翻开了化学史的“新篇章”。

经过近一百年的发展，量子化学已经发展成为一门独立的，同时也与化学各分支学科以及物理、生物、计算数学等学科互相渗透的学科，并在多个领域如生物、材料、能源、环境、化工生产以及激光技术等多个领域中得到了广泛应用。

量子化学以量子力学为理论基础，量子力学包含若干基本假设，从这些基本假设出发，可推导出许多重要结论，用以解释和预测许多实验事实。这些假设不能用逻辑方法证明，只能由实验验证。一百多年以来，经过大量实践，证明了这些基本假设是正确的。

（1）波函数和微观粒子的状态。在量子力学中，体系的状态和有关情况用坐标和时间的函数 $\Psi$ 来表示。$\Psi$ 是体系的状态函数，它是体系中所有粒子的坐标函数，同时也是时间的函数。

（2）量子力学算符假设。对于体系的每一个可观测物理量都有一个对应的量子力学算符。对应于物理量 $F$ 的量子力学算符则将力学量 $F$ 经典力学表示式中的坐标和动量分别用坐标算符和动量算符代替后，即可得到力学量的算符。

$$\hat{q} = q(q\text{ 为笛卡儿坐标，包括 }x,\ y,\ z);\quad \hat{P}_q = -\mathrm{i}\hbar\frac{\partial}{\partial q}$$

$$F(q,\ P,\ t) \Rightarrow \hat{F}\left(q,\ -\mathrm{i}\hbar\frac{\partial}{\partial q},\ t\right) \tag{2-1}$$

（3）本征函数集完备性假设。代表任意物理量的线性自轭算符的本征函数集构成一个完备集。

（4）测量平均值假设。一个态为微观体系的物理量 $A$ 的测量平均值是：

$$\langle A\rangle = \int \psi \hat{A} \psi \mathrm{d}\tau = \langle \psi \mid \hat{A} \mid \psi \rangle \tag{2-2}$$

式中，$\hat{A}$ 是物理量；$A$ 对应的是量子力学算符。

（5）Pauli 原理。在同一原子轨道或分子轨道上，最多只能容纳两个电子，并且两个电子的自旋状态必须相反，或者说两个自旋相同的电子不能占据同一轨道。电子具有自旋角动量，它的三个分量对应量子力学的三个线性自轭算符 $\hat{S}_x$、$\hat{S}_y$ 和 $\hat{S}_z$，它们遵循角动量的对易关系：

$$[\hat{S}_x,\ \hat{S}_y] = \mathrm{i}\hbar\hat{S}_z;\ [\hat{S}_y,\ \hat{S}_z] = \mathrm{i}\hbar\hat{S}_x;\ [\hat{S}_x,\ \hat{S}_z] = \mathrm{i}\hbar\hat{S}_y \tag{2-3}$$

## 2.2 从头算自洽场方法

从头算（ab initio）[3]是求解多电子体系问题的量子理论全电子计算方法，它以分子轨道理论为基础，在求解体系的薛定谔方程时，仅引入了物理模型的三个基本近似（非相对论近似、Borm-Oppenh eimer 近似和单电子近似），采用几个最基本的物理量（光速 $c$、普朗克常数 $h$、基本电荷 $e$、电子质量 $m$ 等），对分子的全部积分严格进行计算，不需任何经验数据。目前利用从头算方法已经可以计算一些较为复杂的分子体系的某些化学性质，并能达到实验化学精度[4]。因此，从头算方法已经被越来越多的理论和实验化学家们所使用。

### 2.2.1 薛定谔方程和三个基本近似

薛定谔方程（Schrödinger equation）是奥地利物理学家薛定谔提出的量子力学中的一个基本方程，也是量子力学的一个基本假定。它揭示了微观物理世界物质运动的基本规律，是原子物理学中处理一切非相对论问题的有力工具，在原子、分子、固体物理、核物理、化学等领域中被广泛应用。量子化学计算的理论依据是薛定谔方程。多体理论是量子化学的核心问题，$n$ 个粒子构成的量子体系的性质原则上可通过 $n$ 个粒子体系的薛定谔方程来描述，若要确定多粒子体系某状态的电子结构，则需要在非相对论近似下，求解定态薛定谔方程。

$$\left(-\sum_{p}\frac{1}{2M_p}\nabla_p^2-\sum_{i}\frac{1}{2}\nabla_i^2+\sum_{p<q}\frac{Z_pZ_q}{R_{pq}}+\sum_{i<j}\frac{1}{r_{ij}}-\sum_{p,\ i}\frac{Z_p}{r_{pi}}\right)\Psi=E_{\mathrm{T}}\Psi \tag{2-4}$$

组成分子体系的原子核的质量要比电子的大 $10^3\sim10^5$ 倍，而分子中电子运动的速度比原子核要快得多，因此当核间发生微小运动时，电子的运动能随时进行调整，建立起与变化后的核力场相对应的运动状态，即在任一确定的核排布下，电子都有相应的运动状态。据此，M. Born 和 R. Oppenheimer[5] 对分子体系的定态薛定谔方程式（2-4）进行处理时，将分子中核的运动与电子运动分开，把电子运动与原子核运动之间的相互影响作为微扰，从而得到在某固定核位置时体系的电子运动方程：

$$\left(-\frac{1}{2}\sum_{i}\nabla_i^2+\sum_{p<q}\frac{Z_pZ_q}{R_{pq}}+\sum_{i<j}\frac{1}{r_{ij}}-\sum_{p,\ i}\frac{Z_p}{r_{pi}}\right)\Psi^{(e)}=E^{(e)}\Psi^{(e)} \tag{2-5}$$

式中，$E^{(e)}$ 近似代表核固定时体系的能量，又是核运动方程中的势能，亦被称为势能面。方程式（2-5）即为量子化学各种计算方法所求解的方程。

对于多电子体系，由于电子间存在着复杂的瞬时相互作用，其势能函数形式比较复杂，使电子运动方程难以得到精确解，采用单电子近似方法，假定每个电子都是在各原子核和其他电子的有效平均势场中独立地运动着，其运动状态近似用单电子薛定谔方程来描述，求解每个电子单电子的薛定谔方程，得到单电子波函数和总能量。

### 2.2.2 Hartree-Fock 方程

Hartree-Fock 理论方法是量子力学中处理多电子体系的一种近似方法，是量子化学中最重要的方程之一，基于分子轨道理论的所有量子化学计算方法基本上都是以 Hartree-Fock 方程为基础的。它是由 D. Hartree 和 V. Fock 等人将定态薛定谔方程中电子运动和核运动分开处理，把多电子的问题分解成若干单电子的问题，从而得到了 Hartree-Fock 方程：

$$\hat{H}\Psi_i=\varepsilon\Psi_I \tag{2-6}$$

式中，$\Psi_i$ 为单电子分子轨道，Hartree-Fock 的工作对薛定谔方程求解时引入自洽场方法，对分子轨道进行了迭代计算。对于分子体系的求解，由于每次迭代都要改变分子轨道，需要大量的函数积分进行计算，给求解带来极大困难。因此在 Hartree-Fock 方程处理原子结构的基础上，C. C. J. Roothaan 提出，将分子轨道按某个完全基函数集合（基组-Basis）展开，用有限展开项，按照一定精度要求逼近分子轨道。这样对分子轨道的变分转化成对展开系数的变分，Hartree-Fock 方程从一组非线性的积分-微分方程转化成一组数目有限的代数方程：Hartree-Fock-Roothaan 方程，只需要迭代求解分子轨道的组合系数即可，大体步骤[1]如下：

（1）给定体系的物理参数，选定基函数；

（2）计算重叠矩阵 $\boldsymbol{S}$，Hamilton 矩阵 $\hat{\boldsymbol{H}}$ 和双电子积分（$\mu\nu \mid \lambda\sigma$），初始猜，形成初始电子密度矩阵 $\boldsymbol{P}^{(0)}$；

（3）造 Fock 矩阵 $\boldsymbol{F}$，计算 $\boldsymbol{S}^{-1/2}$矩阵；

（4）计算 $\boldsymbol{F}^{\tau}=(\boldsymbol{S}^{-1/2})^{\mathrm{T}}\boldsymbol{F}(\boldsymbol{S}^{-1/2})$；

（5）求解方程 $\boldsymbol{F}^{\tau}\boldsymbol{C}^{\tau}=\boldsymbol{C}^{\tau}\boldsymbol{\varepsilon}$，得到本征值 $\boldsymbol{E}$ 和本征矢 $\boldsymbol{C}^{\tau}$；

（6）计算 $\boldsymbol{C}=\boldsymbol{S}^{-1/2}\boldsymbol{C}^{\tau}$得到分子轨道系数 $\boldsymbol{C}$；

（7）根据 $\boldsymbol{C}$ 计算密度矩阵 $\boldsymbol{P}$ 和总能量 $\boldsymbol{E}$；

（8）检查是否收敛，是，进行下一步，否，重复步骤（3）~（8）；

（9）计算所需的各种物理量；

（10）输出计算结果。

从头计算法在求解 Hartree-Fock-Roothaan 方程的过程中，一般只要选择合适地基函数，自洽迭代次数足够多，就可以得到接近自洽场极限的精确解。因而，它在理论和方法上都是较严格的，常优于半经验的计算方法，是其他电子计算方法的基础。但在 Hartree-Fock 方法中，并没有电子运动的相关效应项，所以在一些相关效应明显的体系中，得到的解并不理想。

### 2.2.3　从头算后自洽场方法

Hartree-Fock 方程的自洽场解法考虑了粒子间的平均相互作用，但没有考虑电子间的瞬时相关。为了对这种电子的瞬时相关效应进行修正，以获得相应的电子相关能，人们发展出了后自洽场（Post-SCF）方法或电子相关方法，使得计算精度进一步提高，其中包括微扰理论（Moller-Pleset pertubration theory，MP）和组态相互作用理论（congfiguration interaction，CI）等。

P. O. Löwdin[6] 对电子相关能提出的定义为：一个哈密顿量的某个本征态的电子相关能，是指在该状态下的哈密顿量的精确本征值和其 Hartree-Fock 极限期望值之差。相关能反映了独立粒子模型的偏差，Hamilton 算符的精确度等级不同，相关能也不同。电子相关能在体系总能量中所占比例仅为0.3%～1%，就相对误差而言，Hartree-Fock 方法还是一种相当好的近似。而对于研究电子激发、反应途径（势能面）、分子离解等化学过程时，由于相关能的数值与一般化学过程中能量变化（反应热或活化能）的数量级相同，所以必须在 Hartree-Fock 基础上考虑电子相关能。不进行精确相对论校正而给出的电子相关能也是一种近似值。

电子相关能与分子体系总能相比是个小量，其中只有双重激发组态占重要地位，因此可用多体微扰理论（Many-Body perturbation theory，MBPT）算电子相关[7,8]。微扰理论根据选取微扰项的不同，分为二级微扰（MP2）、三级微扰（MP3）、四级微扰（MP4）和五级微扰（MP5）方法。其中，在密度泛函方法得到广泛应用之前，MP2 方法是考虑电子相关最便宜的方法。MP3 对于 MP2 处理不好的体系一般也没有好的结果，MP4 能得到很精确的结果，但是 MP4 比 MP2 昂贵很多。

设 Hamilton 算符表示为：

$$\hat{H} = \hat{H}_0 + \hat{V} \tag{2-7}$$

式中，$\hat{H}$ 为无微扰的 Hamilton 算符；$\hat{V}$ 为微扰量。则薛定谔方程可表示为：

$$(E - \hat{H}_0) | \Psi\rangle = \hat{V} | \Psi\rangle \tag{2-8}$$

将 $\Psi$ 按 $\hat{H}_0$ 的本征函数系 $\Phi_i$ 展开得到：

$$\hat{H}_0 \Phi_i = E_i \Phi_i \quad (i = 0, 1, \cdots, \infty) \tag{2-9}$$

$$\Psi = \sum_{i=0}^{\infty} a_i \Phi_i \quad a_0 = 1 \tag{2-10}$$

一般情况下 $E \neq E_i$，设正交归一化条件为 $\langle \Phi_i | \Phi_j \rangle = \delta_{ij}$，$\langle \Phi_0 | \Psi \rangle = 1$，由式（2-10）可以得到：

$$(E - E_i) a_i = \langle \Phi_i | \hat{V} | \Psi \rangle \tag{2-11}$$

用投影算符 $\hat{P}_0 = | \Phi_0 \rangle \langle \Phi_0 |$ 把函数 $\Psi$ 投影到 $\Phi_0$ 的子空间内：

$$\hat{P}_0 | \Psi \rangle = \left( \int \Phi_0 \Psi \mathrm{d}\tau \right) | \Phi_0 \rangle = a_0 | \Phi_0 \rangle \tag{2-12}$$

$$\begin{aligned} | \Psi \rangle &= \sum_i a_i | \Phi_i \rangle = | \Phi_0 \rangle + \sum_{i=1}^{\infty} a_i | \Phi_i \rangle \\ &= | \Phi_0 \rangle + \frac{1 - \hat{P}_0}{E - \hat{H}_0} \hat{V} | \Psi \rangle = | \Phi_0 \rangle + \hat{G}\hat{V} | \Psi \rangle \end{aligned} \tag{2-13}$$

上式可用迭代法求解。可以得出：

$$\Psi = \sum_{n=0}^{\infty} (\hat{G}\hat{V})^n | \Phi_0 \rangle$$

$$E = E_0 + \langle \Phi_0 | \hat{V} | \Psi \rangle = E_0 + \left\langle \Phi_0 \middle| \hat{V} \sum_{n=0}^{\infty} (\hat{G}\hat{V})^n \middle| \Phi_0 \right\rangle \tag{2-14}$$

具体的是：

$$\Psi = | \Phi_0 \rangle + | \Psi^{(1)} \rangle + | \Psi^{(2)} \rangle + \cdots$$

$$E = E_0 + \varepsilon^{(1)} + \varepsilon^{(2)} + \cdots \tag{2-15}$$

其中，

$$\Psi^{(1)} = \hat{G}\hat{V} | \Phi_0 \rangle, \ \Psi^{(2)} = \hat{G}\hat{V}\hat{G}\hat{V} | \Phi_0 \rangle \cdots$$

$$\varepsilon^{(1)} = \langle \Phi_0 | \hat{V} | \Phi_0 \rangle, \ \varepsilon^{(2)} = \langle \Phi_0 | \hat{V}\hat{G}\hat{V} | \Phi_0 \rangle, \ \varepsilon^{(3)} = \langle \Phi_0 | \hat{V}\hat{G}\hat{V}\hat{G}\hat{V} | \Phi_0 \rangle, \ \cdots \tag{2-16}$$

定义 $\hat{H}^c = \hat{H} - \langle \Phi_0 | \hat{H} | \Phi_0 \rangle$，

$$\hat{H}^c | \Psi \rangle = E_c | \Psi \rangle, \ E_c = E - \langle \Phi_0 | \hat{H} | \Phi_0 \rangle \tag{2-17}$$

$E_c$就是体系的电子相关能。

最常见的描述电子相关的方法是组态相互作用[9~11]，它是最早提出的计算电子相关能的方法之一。由一个斯莱特行列式或数个斯莱特行列式按某种方式组合所描述的分子的电子结构称为组态，这种取多斯莱特行列式波函数的方法称为组态相互作用法（configuration interaction，CI）。从一组在 Fock 空间完全的单电子波函数 $\{\Psi_k(x)\}$ 出发，可以造出一个完全的行列式函数集合 $\{\Phi_k\}$。

$$\Phi_k = (N!)^{-\frac{1}{2}} \det\{\Psi_{k1}(x_1)\Psi_{k2}(x_2)\cdots\Psi_{kN}(x_N)\} \tag{2-18}$$

任何多电子波函数都可以用它来展开。通常 $\{\Psi_k(x)\}$ 张成的空间为轨道空间，$\{\Phi_k\}$ 张成的空间为组态空间。在组态相互作用法中，将多电子波函数近似展开为有限个行列式波函数的线性组合展开：

$$\begin{aligned}\Psi &= \sum_{s=0}^{M} C_s \Phi_s \\ &= \Phi_0 + \sum_a \sum_i C_i^a \Phi_i^a + \sum_{a,b} \sum_{i,j} C_{ij}^{ab} \Phi_{ij}^{ab} + \sum_{a,b,c} \sum_{i,j,k} C_{ijk}^{abc} \Phi_{ijk}^{abc} + \cdots\end{aligned} \tag{2-19}$$

按变分法确定系数 $C_s$，即选取 $C_s$ 使体系能量取极小值，得到广义本征值方程：

$$\boldsymbol{Hc} = \boldsymbol{ScE} \tag{2-20}$$

令 $H_{si} = \langle \Phi_s | \hat{H} | \Phi_i \rangle$，$S_{si} = \langle \Phi_s | \Phi_i \rangle$，$\boldsymbol{c}$ 为系数矩阵，$\boldsymbol{E}$ 为能量本征值矩阵，满足以下条件：

$$c_p^{\mathrm{T}} = \sum_{s,i} c_{sp} S_{si} c_{iq} = \delta_{pq} \tag{2-21}$$

若为正交归一集合，则以上两式变为：

$$\boldsymbol{Hc} = \boldsymbol{cE} \tag{2-22}$$

$$c_p^{\mathrm{T}} c_q = \delta_{pq} \tag{2-23}$$

组态相互作用法（CI）中 $\Phi_s$ 被称为组态函数，简称组态（configuration），是一种行列式函数。为了提高计算效率，一般让它满足一定的对称性条件，如自旋匹配、对称匹配等。完全的 CI 计算能给出精确的能量上限结果，而且计算出的能量具有广延量的性质，即“大小一致性”。CI 展开式包括了合适对称性的所有可能的构型态函数（CSFs），则就是完全组态相互作用，但是由于 CI 展开式收敛较慢且考虑多电子激发时组态数增加很快，通常只能考虑有限的激发，如 CISD 方法只考虑了单、双激发。而这种截断的 CI 计算就不再具有大小一致性。J. A. Pople 等人通过在 CI 方程中引入新项，使非完全 CI 计算具有大小一致性，新项以二次项形式出现，该方法就称为 QCI（quadratic configuration interaction）方法[12]。QCISD（T）[13]方法是在 QCISD 方法的基础上，再采用微扰的方法考虑三激发。与 CID 和 CISD 方法相比，QCID、QCISD 和 QCISD（T）方法除避免了大小不一致性外，还包含了更高级别的电子相关能。

## 2.3　密度泛函理论

密度泛函理论（density functional theory，DFT）是处理多电子体系中电子相关作用的另一种颇为有效的量子力学方法。在化学和物理学等方面有着广泛的应用，近年来，DFT 同分子动力学方法相结合，在材料设计和模拟计算方面已成为该领域的核心技术。根据量子力学规律，体系的性质由其状态波函数确定。对一个含有 $N$ 个电子的多电子体系，体系波函数由 $3N$ 个空间变量和 $N$ 个自旋变量，总共 $4N$ 个变量决定。而随着体系结构的增大，电子数也会随着增多，这使计算量大大增加，要精确求解 Schrödinger 方程也很困难。在这种情况下，基于电子密度而不是波函数来表述体系能量的 DFT 得到了广泛的关注，并飞速发展。

### 2.3.1　Thomas-Fermi 模型

1927 年，L. H. Thomas[14] 和 E. Fermi[15] 提出了原子的电子气模型（Thomas-Fermi model，TFM），提出可以通过体系的电子密度来表达体系的动能。于是，将原子的动能表示成电子密度的泛函，同时考虑了原子核与电子，以及电子与电子间的相互作用。他们考察的模型是理想均匀的电子气模型，把空间分割成许多小立方体，然后在这些足够小的立方体中求解粒子的薛定谔方程（这些粒子存在于无限势阱中且假设电子间不存在相互作用），得出密度和能量的计算表达式，通过组合简化，即可得到动能和电子密度 $\rho$ 的关系式：

$$T_{\mathrm{TF}}[\rho] = C_{\mathrm{F}}\int \rho^{\frac{5}{3}}(\vec{r})\mathrm{d}\vec{r},\quad C_F = \frac{3}{10}(3\pi^2)^{\frac{2}{3}} \tag{2-24}$$

若考虑电子间库仑势和核吸引势的影响，就可得到原子的总能量与电子密度 $\rho$ 之间的关系式：

$$E_{TF}[\rho(r)] = C_F\int\rho^{\frac{5}{3}}(\vec{r})\,d\vec{r} - Z\int\frac{\rho(\vec{r})}{r}d\vec{r} + \frac{1}{2}\iint\frac{\rho(\vec{r}_1)\rho(\vec{r}_2)}{\vec{r}_{12}}d\vec{r}_1 d\vec{r}_2 \quad (2\text{-}25)$$

式中，$Z$ 为核电荷数。

TFM 虽然是一个很粗糙的模型，但是它具有非常重要的意义，因为它将电子动能第一次明确地以电子密度形式表示。

### 2.3.2 Hohenberg-Kohn 定理

密度泛函理论是建立在 P. Hohenberg 和 W. Kohn[16] 的关于非均匀电子气理论基础之上的，它回答了建立密度泛函理论最关心的两个问题：（1）是否可以用电子密度取代波函数描述体系的性质。（2）如何通过粒子密度准确定位体系的性质。后来该理论被 M. Levy 进行了推广[17]，可以将其归结为两个基本定理。

（1）第一定理：不计自旋的全同费米子系统的基态能量是粒子数密度函数 $\rho[r]$ 的唯一泛函。“泛函”是由于标量 $E_0$ 是函数 $\rho[r]$ 的函数，粒子数密度函数 $\rho[r]$ 是一个决定系统基态物理性质的基本变量。多粒子系统的所有基态性质，如能量、波函数及所有算符的期望值等，都是密度函数的唯一泛函，都由密度泛函唯一确定。

（2）第二定理：能量泛函 $E[\rho]$ 在粒子数不变条件下对正确的粒子数密度函数 $\rho[r]$ 取极小值，并等于基态能量。

Hohenberg-Kohn 第一定理说明多粒子体系的基态电子密度与和外部势场之间存在着一一对应的关系，同时也明确了体系的粒子数以及哈密顿算符，于是便得到了体系的所有其他基态性质。第二定理说明能量泛函对粒子数密度函数的变分是确定系统基态能量的途径，但如何找到泛函的具体形式这一问题仍悬而未决。

### 2.3.3 Kohn-Sham 方程

DFT 方法中分子体系的基态总能量 $E$ 可分解为：

$$E[\rho] = E_T[\rho] + E_V[\rho] + E_J[\rho] + E_X[\rho] + E_C[\rho] \quad (2\text{-}26)$$

式中，$E_T$为电子动能；$E_V$为电子与原子核吸引势能，简称外场能；$E_J$为库仑作用能；$E_X$为交换能；$E_C$为相关能。$E_V$和 $E_J$是直接项，代表经典的库仑相互作用；而 $E_T$、$E_X$和 $E_C$不是直接的，它们是 DFT 方法中设计泛函的基本问题。基于 Hohenberg-Kohn 定理，1965 年 W. Kohn 和 L. J. Sham[18] 提出将能量泛函的主要部分先分离出来，即将独立粒子的动能和库仑能从 $E[\rho]$ 中分出，剩余部分作近似处理，并由此推导出了一组用于确定电子基态密度的自洽方程式（即 Kohn-Sham 方程）。该方程的求解与 HF 方程相同，也采用自洽计算方法。Kohn-Sham 方程的关键是用无相互作用的粒子模型来代替有相互作用粒子哈密顿量中的相应项，而将有相互作用粒子的全部复杂性归入到交换关联能中。随后在改进泛函方面发展很快，尤其是在泛函中引入密度梯度可得到更精确的交换和相关能。

计算分子体系的基态能量 $E$ 时，电子密度的分布函数可表示为：

$$\rho[r] = \sum_{\sigma} \rho_{\sigma} \sum_{i=1}^{N_{\sigma}} \rho_{i\sigma} = \sum_{\sigma} \sum_{i=1}^{N_{\sigma}} |\varphi_{i\sigma}(r)|^{2} \tag{2-27}$$

式中，$\sigma$ 代表 $\alpha$ 或 $\beta$ 自旋；$N_{\sigma}$ 为 $\alpha$ 或 $\beta$ 的电子数。式（2-26）中，$E_{\mathrm{T}}[\rho]$、$E_{\mathrm{V}}[\rho]$、$E_{\mathrm{J}}[\rho]$、$E_{\mathrm{X}}[\rho]$ 和 $E_{\mathrm{C}}[\rho]$ 分别具有如下意义。

非相关电子的动能：

$$E_{\mathrm{T}}[\rho] = \sum_{\sigma=\alpha,\ \beta} \sum_{i=1}^{N_{\sigma}} \left\langle \varphi_{i\sigma} \middle| -\frac{1}{2}\nabla^{2} \middle| \varphi_{i\sigma} \right\rangle \tag{2-28}$$

电子与核的吸引能用外部势表示：

$$E_{\mathrm{V}}[\rho] = \int \mathrm{d}r\rho(r)v(r) \tag{2-29}$$

库仑作用能：

$$E_{\mathrm{J}} = -\frac{1}{2}\int \mathrm{d}r\mathrm{d}r' \frac{\rho(r)\rho(r')}{|r-r'|} \tag{2-30}$$

交换相关能 $E_{\mathrm{XC}}(\rho)$：

$$E_{\mathrm{XC}}[\rho] = E_{\mathrm{X}}[\rho] + E_{\mathrm{C}}[\rho] \cong \int f(\rho_{\alpha}(\vec{r}),\ \rho_{\beta}(\vec{r}),\ \nabla\rho_{\alpha}(\vec{r}),\ \nabla\rho_{\beta}(\vec{r}))\mathrm{d}^{3}\vec{r} \tag{2-31}$$

式中，$\rho_{\alpha}$，$\rho_{\beta}$ 分别为 $\alpha$，$\beta$ 的自旋密度。

### 2.3.4 交换相关能泛函

Kohn-Sham 方程中最后包含一个交换相关势项 $E_{\mathrm{XC}}$，它是未知的，目前还没有关于交换相关能的确切泛函形式，因而不能对其展开进行实际求解，只能从理论上证明它的存在。但交换相关能却决定着 Kohn-Sham 方程的最高求解精确程度，因此密度泛函理论的一个核心问题就是寻求交换相关能泛函的精确形式。而最简单的近似处理交换相关能的方法是局域密度近似（LDA）泛函[19,20]。局域密度近似中，假定电子的密度在原子尺度范围的变化是非常缓慢的，也就是整个分子或固体区域如同一个均匀的电子气体系。它总的交换相关能可以通过对均匀电子气的积分得到：

$$E_{\mathrm{XC}}[\rho] \cong \int \varepsilon_{\mathrm{XC}}[\rho]\rho(\vec{r})\mathrm{d}\vec{r} \tag{2-32}$$

LDA 是对于理想均匀的电子气是精确的，但实际的原子或分子体系的远不是均匀的，所以由 LDA 近似计算得到的原子或分子的化学性质不是很准确。针对 LDA 存在的问题，又提出了多种提高近似能量密度泛函精度的方法。例如，广义梯度近似（GGA）泛函对 LDA 的电子密度分布不均匀引进的误差进行了校正，它考虑了电子密度的非均匀性，这一般是在交换相关能泛函中引入电子密度梯度 $\mathrm{d}(\rho)/\mathrm{d}r$ 来完成。1988 年 A. D. Becke[21] 提出的交换能泛函 B88 的具体形式为：

$$E_{\mathrm{X}}^{\mathrm{B88}} = E_{\mathrm{X}}^{\mathrm{LDA}} - \beta \sum_{\sigma} \rho_{\sigma}^{\frac{4}{3}} \frac{x_{\sigma}^{2}}{1 + 6\beta x_{\sigma} \sinh^{-1} x_{\sigma}} \mathrm{d}^{3} r \tag{2-33}$$

式中，$x_{\sigma} = \rho_{\sigma}^{\frac{4}{3}} |\nabla \rho_{\sigma}|$ 称为约化密度梯度，是无量纲的量；$\beta = 0.0042$。

目前得到广泛使用的相关能泛函是 LYP，其表达式为：

$$E_{\mathrm{C}}^{\mathrm{LYP}}[\rho] = - a\rho \frac{1}{1 + d\rho^{-\frac{1}{3}}} - ab\rho^{-\frac{2}{3}} \left[ C_{\mathrm{F}} \rho^{-\frac{2}{3}} - 2t_{\mathrm{w}} + \frac{1}{9} \left( t_{\mathrm{w}} + \frac{1}{2} \nabla^{2} \rho \right) \right] \exp(- c\rho^{-\frac{1}{3}}) \tag{2-34}$$

式中，$a$、$b$、$c$、$d$ 分别为通过拟合 He 原子相关数据而得到的参数：$a = 0.04918$，$b = 0.312$，$c = 0.2533$，$d = 0.349$；$C_{\mathrm{F}} = \frac{3}{10}(3\pi^{2})^{\frac{2}{3}}$；$t_{\mathrm{w}}$ 为定域 Weizsacker 动能密度：$t_{\mathrm{w}} = \frac{1}{8}\left( \frac{|\nabla \rho|^{2}}{\rho} - \nabla^{2} \rho \right)$。

在一些计算软件如 Gaussian，Dmol3 和 CASTEP 中，GGA 中常见的交换关联势有 PW91[22]、PBE[23] 等。与 LDA 相比较，GGA 提高了原子的交换能和相关能的计算精度。

现在常用的交换相关能泛函是将 Hartree-Fock 交换能泛函与近似交换相关能密度泛函按一定的比例混合得到杂化型泛函。如果假定各按 50%比例混合，则得到“半对半（half and half）”泛函[24]，其表达式为：

$$E_{\mathrm{XC}}^{\mathrm{HH}} = \frac{1}{2} E_{\mathrm{XC}}^{\mathrm{HF}} + \frac{1}{2} E_{\mathrm{XC}}^{\mathrm{LSDA}} \tag{2-35}$$

上述假定太粗略，如果能选择合适的 $E_{\mathrm{XC}}^{\mathrm{LSDA}}$，结合实验数据优化混合比例，将会提高能量密度泛函的精度。由于它的理论依据是绝热关联公式，杂化能量密度泛函方法也可统一称为绝热关联方法，缩写为 ACM（adiabatic connection method）。B3P[25]、B3LYP[26]、B1B95[27]、B97[28]、B98[29]、PBE0[30] 等都属于该类方法，实践中最流行的是 B3LYP 方法，这种泛函的表达式如下：

$$E_{\mathrm{XC}} = E_{\mathrm{XC}}^{\mathrm{LDA}} + a_{0}(E_{\mathrm{X}}^{\mathrm{HF}} - E_{\mathrm{X}}^{\mathrm{LDA}}) + a_{\mathrm{X}} \Delta E_{\mathrm{X}}^{\mathrm{B88}} + a_{\mathrm{C}} \Delta E_{\mathrm{C}}^{\mathrm{non-local}} \tag{2-36}$$

## 2.4 过渡态理论

1935 年，H. Eyring，A. G. Evans 和 M. Polanyi 提出了过渡态理论[31~33]（transition state theory，TST）。该理论认为在有机化学反应中，反应物分子要经过一个高能量活化络合物的过渡状态，然后再转化成产物，而不是通过简单碰撞就变成产物，并且形成这个过渡态需要一定的活化能，因此过渡态又称活化络合物。理论上，可以利用分子动力学、量子化学等方法得到过渡态的结构和性质。通过计算力常数矩阵（Hessian 矩阵）可以进一步判断一阶导数得到的极值点是过渡态构型还是极小点构型。过渡态处于势能面上的“鞍点”，是一个一级鞍点，只有一个坐标的二阶导数小于零，其余均大于零。所以，过渡态的力常数矩阵中有且只有一个负的本征值。而对势能面的极小值点，力常数矩阵的本征值都是正值。表现在振动频率中，过渡态有且只有一个虚频振动模式。这个虚频振动模式是导致活化络合物（过渡态）转变成产物和反应物的主要因素，而极小点构型的振动频率全都为正值。在反应过程中，势能面上有一条极小能量反应途径（minimum energy reaction path，MERP）把反应过程中的反应物、过渡态和生成物直接连接起来。每个基元反应都包括三个状态：初始状态、过渡状态和最终状态，而过渡态（TS）和起始物之间的能量差 $\Delta G^{\neq}$ 则为该步骤的活化能。

同时，过渡态理论也常被称为绝对反应速率理论（absolute rate theory）。瑞典的阿伦尼乌斯经过大量研究，总结出阿伦尼乌斯公式（arrhenius equation），一个反应速率常数随温度变化关系的经验公式：

$$k = \frac{k_B T}{h}\exp\left(-\frac{\Delta G^{\neq}}{RT}\right) \tag{2-37}$$

式中，$k$ 为速率常数；$k_B$ 为 Boltzmann 常数；$h$ 为 Planck 常数；$R$ 为气体常数；$T$ 为温度。

## 2.5 振动频率

在量子化学理论研究中，振动频率是一个非常重要的物理量。

### 2.5.1 谐振频率的计算

分子的振动涉及由化学键相连接的原子之间相对位置的移动。按照 Born-Oppenherimer 近似原理，可把核视为固定不动，从而把电子与原子核的运动分离开处理。由于分子内化学键的作用，使各原子核处在能量最低的稳定构型并在其平衡位置附近作微小振动，可以把振动与运动幅度相对较大的平动和转动分离开来，这样核运动波函数就可近似分离为平动、转动和振动三个部分。设体系有 $N$ 个原子，如不考虑它的势能高次项，其平衡位置时附近原子核的振动总能量可以近似认为：

$$E = T + V = \frac{1}{2}\sum_{i=1}^{3N}\dot{q}_i^2 + V_{eq} + \frac{1}{2}\sum_{i,\ j=1}^{3N}\left(\frac{\partial^2 V}{\partial q_i \partial q_j}\right)_{eq} q_i q_j \tag{2-38}$$

式中，$q_i = M_i^{\frac{1}{2}}(x_i - x_{i,\ eq})$；$M_i$ 为原子质量；$x_{i,eq}$ 为核的平衡位置坐标；$x_i$ 为偏离平衡位置的坐标；$V_{eq}$ 为平衡位置的势能，可取为势能零点。

根据 Lagrange 方程 $\frac{d}{dt}\left(\frac{\partial T}{\partial \dot{q}_i}\right) + \frac{\partial V}{\partial q_i} = 0$（$i = 1,\ 2,\ 3,\ \cdots,\ 3N$）代入 $T$ 和 $V$ 的表

示式，于是得到的微分方程为：

$$\sum_{j=1}^{3N}\ddot{q}_j=-\sum_{i=1}^{3N}f_{ij}q_i\quad(j=1,\ 2,\ 3,\ \cdots,\ 3N)\tag{2-39}$$

式中，$f_{ij}=\left(\frac{\partial^2 V}{\partial q_i\partial q_j}\right)_{\mathrm{eq}}$ 是力常数矩阵 $\boldsymbol{F}$ 的矩阵元，$f_{ij}$可通过势能一阶导数的数值微商或解析的二次微商得到，即可得久期方程：

$$\sum_{j=1}^{3N}(f_{ij}-\lambda\delta_{ij})C_j\tag{2-40}$$

式中，$\delta_{ij}=1(i=j$时）或$\delta_{ij}=0(i\neq j$时）。久期行列式 $|\boldsymbol{F}-\lambda\boldsymbol{I}|=0$ 时，$C_j$才有非零解，其中 $\boldsymbol{I}$ 是单位矩阵。

通过求解此本征方程，可得出本征值 $\lambda$ 和相应的本征矢量。各原子以相同的频率和初相位绕其平衡位置作简谐振动并且同时通过其平衡位置，这种振动叫做正则振动。式（2-40）利用标准方法求得 3$N$ 个正则模式下的频率模式，其中 6 个（非线性多原子分子）或 5 个（线性多原子分子）频率值趋于零，其物理意义是扣除了平动和转动自由度。

### 2.5.2　热力学性质的计算

完成平衡几何下频率的计算后，按照统计力学可以得到绝对熵如下所示：

$$S=S_{\mathrm{tr}}+S_{\mathrm{rot}}+S_{\mathrm{el}}-nR[\ln(nN_0)-1]+S_{\mathrm{vib}}\tag{2-41}$$

平动熵为：

$$S_{\mathrm{tr}}=nR\left\{\frac{3}{2}+\ln\left[\left(\frac{3\pi MkT}{2}\right)^{\frac{3}{2}}\left(\frac{nRT}{p}\right)\right]\right\}\tag{2-42}$$

转动熵为：

$$S_{\mathrm{rot}}=nR\left[\frac{3}{2}+\ln\left(\frac{\pi\nu_{\mathrm{A}}\nu_{\mathrm{B}}\nu_{\mathrm{C}}}{s}\right)^{\frac{1}{2}}\right]\tag{2-43}$$

电子熵为：

$$S_{\mathrm{el}}=nR\ln\ \varpi_{\mathrm{el}}\tag{2-44}$$

振动熵为：

$$S_{\mathrm{vib}}=nR\sum_i\left[(\mu_i\mathrm{e}^{\mu_i}-1)^{-1}-\ln(1-\mathrm{e}^{-\mu_i})\right]\tag{2-45}$$

式中，$n$ 为分子物质的量；$R$ 为气体常数；$N_0$为阿伏伽德罗常数；$M$ 为分子质量；$k$ 为玻耳兹曼常数；$T$ 为绝对温度；$p$ 为压强；$S$ 为转动对称数；$\varpi_{\mathrm{el}}$ 为电子基态简并度；$\nu_{\mathrm{A(B,\ C)}}=\frac{h^2kT}{8\pi I_{\mathrm{A(B,\ C)}}}$；$h$ 为普朗克常数；$I_{\mathrm{A(B,C)}}$ 为转动惯量；$\mu_i=\frac{h\nu_i}{kT}$，$\nu_i$ 为振动频率。

按照统计力学，假定所研究的体系是理想气体，于是从绝对零度到某一特定

温度 $T$，焓的变化为：

$$\Delta H(T)=H_{\mathrm{trans}}(T)+H_{\mathrm{rot}}(T)+\Delta H_{\mathrm{vib}}(T)+RT \tag{2-46}$$

式中，$H_{\mathrm{trans}}(T)=\dfrac{3RT}{2}$；$H_{\mathrm{rot}}(T)=\dfrac{3RT}{2}$（对于线性分子，$H_{\mathrm{rot}}(T)=RT$）；$\Delta H_{\mathrm{vib}}(T)=H_{\mathrm{vib}}(T)-H_{\mathrm{vib}}(0)=hN\sum\limits_i\dfrac{\nu_i}{(\mathrm{e}^{h\nu_i/kT}-1)}$（$i$ 代表正则振动模式），零点振动能定义为：$H_{\mathrm{vib}}(0)=\dfrac{1}{2}h\sum\limits_i\nu_i$。根据标准的统计力学公式也可以得到相应的自由能变化。

## 2.6 内禀反应坐标法

对于化学反应路径，各原子的运动可以近似看作为质点的运动，所以它应该服从 lagrange 微分方程：

$$\frac{\mathrm{d}}{\mathrm{d}t}\left(\frac{\partial L}{\partial\dot{\xi}_i}\right)-\frac{\partial L}{\partial\xi_i}=0\quad(i=1,2,\cdots,n) \tag{2-47}$$

对于非线性多原子分子，$n=3N-6$，$N$ 为反应体系中原子核的个数。$\xi_i$ 为广义坐标；$\dot{\xi}_i$ 为广义速度。

求解方程（2-47）需要确定初始条件，K. Fukui 假定中原子的运动是无限缓慢的准静态过程，因此可得到方程的一组唯一解。K. Fukui 把这组唯一解定义为内禀反应坐标（IRC）[34,35]。可得到：

$$\frac{\mathrm{d}}{\mathrm{d}t}\left(\frac{\partial L}{\partial\dot{\xi}_i}\right)=\sum_j\alpha_{ij}(\xi)\ddot{\xi}_j$$

代入式（2-47），则有：

$$\sum_{j=1}^{3N-6}\alpha_{ij}(\xi)\ddot{\xi}_i+\frac{\partial E}{\partial\xi_i}=0 \tag{2-48}$$

由于原子运动是无限缓慢的，所以在任何时刻 $t$，初速度都可以看作为零，也就是加速度的方向与速度的方向和位移 $\Delta\xi$ 的方向是相同的。因此 $\ddot{\xi}_j=\kappa\Delta\xi_j$（$j=1,2,\cdots,n$，$\kappa$ 为常数），代入式（2-48）可以得到：

$$\sum_j\alpha_{ij}\kappa\Delta\xi_j+\frac{\partial E}{\partial\xi_j}=0 \tag{2-49}$$

整理为：

$$\frac{\sum\limits_j\alpha_{ij}(\xi)\Delta\xi_j}{\dfrac{\partial E}{\partial\xi_j}}=\text{常数} \tag{2-50}$$

式（2-50）确定的运动轨迹便是内禀反应坐标[36,37]，它表示反应体系中原子的内禀运动。如果采用质权坐标，则有 $\xi_i = \sqrt{m_i x_i}$，可以得到：

$$\frac{\Delta\xi_1}{\frac{\partial E}{\partial\xi_1}} = \frac{\Delta\xi_2}{\frac{\partial E}{\partial\xi_2}} = \frac{\Delta\xi_3}{\frac{\partial E}{\partial\xi_3}} = \cdots = \frac{\Delta\xi_{3N}}{\frac{\partial E}{\partial\xi_{3N}}} \tag{2-51}$$

式（2-51）便是 IRC 方程。由此方程可看出，该方程正是等势能面切平面的法线方程。

内禀反应坐标法是近年来在化学反应量子化学研究领域中新发展的方法，其对于直接有效的确认过渡态具有重要意义。对于一个给定的势能面，反应坐标不一定是实际轨线，但是它给出了许多低能轨线可能遵守的途径，并且提供了探讨势能面实质有效的方法。因此，内禀反应坐标法是研究化学反应机理及分子反应动力学的强有力的理论工具。

## 2.7　量子化学计算软件

计算化学程序种类繁多，功能各异，包括 Gaussian、VASP、Crystal、Gamess、MOPAC 等，已成为科研工作者不可或缺的重要工具。

Gaussian 作为功能强大的量子化学综合软件包，从 1970 年完成其第 1 版后，不断完善，相继推出了十多个版本。90 年代以来的版本有 Gaussian 94、Gaussian 98、Gaussian 03、Gaussian 09，目前最新的是 Gaussian16。

以 Gaussian 09[38] 为例，可预测气相和液相条件下，分子和化学反应的许多性质，主要包括：分子稳定构型和过渡态的能量与结构，分子轨道，原子电荷，偶极矩与多极矩，振动频率分析，红外与拉曼光谱，热化学性质，键能与反应能，电离势与亲合能，反应通道，NMR、磁化率和超极化率，静态与含频极化度和超极化度，静电势与电子密度，基态或激发态，自旋-自旋耦合常数，**g** 张量及超精细光谱张量，各向异性超精细耦合常数，谐性与非谐性振动及振-转耦合，预共振 Raman 光谱，旋光性，电子和振动圆二色性；可以使用周期性条件，可以对大体系采用洋葱算法（ONIOM）等。因此，Gaussian 09 程序广泛应用于理论化学计算领域。

在研究化学反应机理的工作中，通常需要完成以下几种基本的计算任务类型：单点能计算（SP），几何构型优化（OPT），频率和热化学分析（FREQ），内禀反应坐标计算（IRC），势能面扫描（SCAN）等。在此基础上，可以进一步完成更为复杂的计算任务。

在进行 Gaussian 计算时，每一个计算任务都必须建立并命名检查点文件、指定执行路径、设置电荷、设置自旋多重度和定义分子中所有原子的坐标，最重要的是指定合适的方法和基组。输入文件的扩展名为 gjf，输出文件的扩展名为 out

或 log，还有存储中间结果的 checkpoint 文件，扩展名为 chk。

Gauss View 程序与 Gaussian 程序配套使用。Gauss View 程序是帮助 Gaussian 用户建立输入文件和查看计算结果常用到的图形界面程序。通常用于构建、修改、观察分子几何构型，同时还可以在输入文件中编辑不同任务类型的关键词，并提交任务，最后显示计算结果。

---

## 参 考 文 献

[1] 徐光宪，黎乐民，王德民. 量子化学基本原理和从头计算法 [M]. 北京：科学出版社，1985.

[2] 唐敖庆，杨忠志，李前树. 量子化学 [M]. 北京：科学出版社，1982.

[3] HEHRE W J, RADOM L, SCHLEYER P v R, et al. Ab initio molecular orbital theory [M]. New York: John Wiley & Sons, 1986.

[4] POPLE J A, HEAD-GORDOR M, RAGHAVACHARI K. Quadratic configuration interaction: A general technique for determining electron correlation energies [J]. J Chem Phys., 1987, 87: 5968~5975.

[5] BORN M, OPPENHEIMER R. Zur quantentheorie der molekeln (Quantum Theory of the Molecules) [J]. Ann. d. Physik., 1927, 84: 457~484.

[6] LÖWDIN P O. Correlation problem in many-electron quantum mechanics [J]. Adv. Chem. Phys., 1959, 2: 207~322.

[7] MOLLER C, PLESSET M S. Note on an Approximation Treatment for Many-Electron Systems [J]. Phys. Rev., 1934, 46: 618~622.

[8] HEAD-GORDON M, POPLE J A, FRISCH M J. MP2 energy evaluation by direct methods [J]. Chem. Phys. Lett., 1988, 153: 503~506.

[9] POPLE J A, SEEGER R, Krishnan R. Variational configuration interaction methods and comparison with perturbation theory [J]. Int. J. Quant. Chem., 1977, 12: 149~163.

[10] KRISHNAR R, SCHLEGEL H B, POPLE J A. Derivative studies in configuration-interaction theory [J]. J. Chem. Phys., 1980, 72: 4654~4655.

[11] SALTER E A, TRUCKS G W, BARTLETT R J. Analytic energy derivatives in many-body methods I. First derivatives [J]. J. Chem. Phys., 1989, 90: 1752~1766.

[12] POPLE J A, HEAD-GORDON M, RAGHAVACHARI K. Quadratic configuration interaction. A general technique for determining electron correlation energies [J]. J. Chem. Phys., 1987, 87: 5968~5975.

[13] He Z, KRAKA E, CREMER D. Application of quadratic CI with singles, doubles, and triples (QCISDT): An attractive alternative to CCSDT [J]. Int. J. Quant. Chem., 1996, 57: 157~172.

[14] THOMAS L H. The Calculation of Atomic Fields [J]. Proc. Camb. Phil. Soc., 1927, 23:

542~548.

[15] FERMI E. Un metodo statistico per la determinazione di alcune priorieta dell'atome [J]. Rend. Accad. Naz. Lincei., 1927, 6: 602~607.

[16] HOHENBERG P, KOHN W. Inhomogeneous electron gas [J]. Phys. Rev., 1964, 136: B864~B871.

[17] LEVY M. Universal variational functionals of electron densities, first-order density matrices, and natural spin-orbitals and solution of the v-representability problem [J]. Proc. Natl. Acad. Sci. USA, 1979, 76: 6062~6065.

[18] KOHN W, SHAM L J. Self-consistent equations including exchange and correlation effects [J]. Phys. Rev., 1965, 140: A1133~A1138.

[19] HEDIN L, LUNDQVIST B I. Explicit local exchange correlation potentials [J]. J. Phys. Chem., 1971, 4: 2064~2083.

[20] CEPERLEY D M, ALDER B J. Ground state of the electron gas by a stochastic method [J]. Phys. Rev. Lett., 1980, 45: 566~569.

[21] BECKE A D. Density-functional exchange-energy approximation with correct asymptotic behavior [J]. Phys. Rev. A, 1988, 38: 3098~3100.

[22] PERDEW J P, CHEVARY J A, VOSKO S H, et al. Atoms, molecules, solids, and surfaces: Application of the general gradient approximation for exchange and correlation [J]. Phys. Rev. B, 1992, 46: 6671~6687.

[23] PERDEW J P, BURKE K, ERNZERHOF M. Generalized gradient approximation made simple [J]. Phys. Rev. Lett., 1996, 77: 3865~3868.

[24] BECKE A D. New mixing of Hartree-Fock and local density-functional theories [J]. J. Chem. Phys., 1993, 98: 1372~1377.

[25] BECKE A D. Density-functional thermochemistry. Ⅲ. The role of exact exchange [J]. J. Chem. Phys., 1993, 98: 5648~5653.

[26] STEVENS P J, DEVLIN J F, FRISCH M J, et al. Ab Initio calculation of vibrational absorption and circular dichroism spectra using density functional force fields [J]. J. Phys. Chem., 1994, 98: 11623~11627.

[27] BECKE A D. New dynamical correlation functional and implications for exact-exchange mixing [J]. J. Chem. Phys., 1995, 104: 1040~1046.

[28] BECKE A D. Density-functional thermochemistry. V. Systematic optimization of exchange-correlation functionals [J]. J. Chem. Phys., 1997, 107: 8554~8560.

[29] BECKE A D. A new inhomogeneity parameter in density-functional theory [J]. J. Chem. Phys., 1998, 109: 2092~2098.

[30] ADAMO C, BARONE V. Toward reliable density functional methods without adjustable parameters: The PBE0 model [J]. J. Chem. Phys., 1999, 110: 6158~6170.

[31] EYRING H. The activated complex in chemical reactions [J]. J. Chem. Phys., 1935, 3: 107~115.

[32] DONALD G, GARRETT B C, KLIPPENSTEIN S J. Current status of transition-state theory [J]. J. Phys. Chem., 1996, 100: 12771~12800.

[33] TRUHLAR D G, GARRETT B C. Variational transition state theory [J]. Ann. Rev. Phys. Chem., 1984, 35: 159~189.

[34] FUKUI K. A formulation of the reaction coordinate [J]. J. Phys. Chem., 1970, 74: 4161~4163.

[35] FUKUI K, KATO S, FUJIMOTO H. Constituent analysis of the potential gradient along a reaction coordinate. method and an application to $CH_4$ + T reaction [J]. J. Am. Chem. Soc., 1975, 97: 1~7.

[36] FUKUI K, TACHIBANA A, YAMASHITA K. Toward chemodynamics [J]. Int. J. Quantum. Chem., 1981, 20: 621~632.

[37] FUKUI K. Variational principles in a chemical reaction [J]. Int. J. Quantum. Chem., 1981, 20: 633~642.

[38] FRISCH M J, TRUCKS G W, SCHLEGEL H B, et al. Gaussian 09, revision D. 01; Gaussian, Inc.: Wallingford, CT, 2009.

# 3 钯催化氯代烯丙基萘和丙二烯三丁基锡脱芳构化反应的理论研究

## 3.1 引言

许多天然产物和人工合成的生物活性物质都含有脂肪族类的碳环化合物，因此芳香化合物的脱芳构化反应受到了人们越来越多的关注。然而，芳烃中离域 π 键的特殊稳定性使其脱芳构化具有一定的挑战性[1,2]。在过去的几十年，人们实现了多种破坏共轭 π 体系的脱芳构化方法，例如，氧化反应[3]、还原反应[4]、光环加成反应[5]、亲电加成反应[6]、亲核加成反应[7]、［2，3］-σ-重排反应[8]等。随着这些方法的不断改进，再加上芳香化合物可以大量获得且价格低廉，芳香化合物的脱芳构化反应正在成为一种方便且有用的制备脂环族化合物的方法[9]。

2001 年，M. Bao[10] 等人报道了 Pd 催化氯苯和丙烯基三丁基锡的脱芳构化反应。该反应的条件和 Stille 偶联反应相似，但产物却不是 Stille 偶联产物。Stille 偶联反应是有机亲电试剂卤代物（RX）和有机锡试剂（$R'SnR^1_3$）在钯催化剂作用下形成新的碳碳键的交叉偶联反应，通常直接偶联得到 R—R′σ 键产物，卤代物和有机锡试剂上的烷基构型保持不变。例如，式（3-1）是一个 Stille 偶联反应，Pd 催化溴苯和乙烯基三丁基锡得到了丙烯基苯偶联产物。然而在 M. Bao 等人报道的实验结果中直接偶联到甲基上的 Stille 偶联产物没有检测到，却检测到偶联到取代基团对位的脱芳构化产物，如式（3-2）所示。

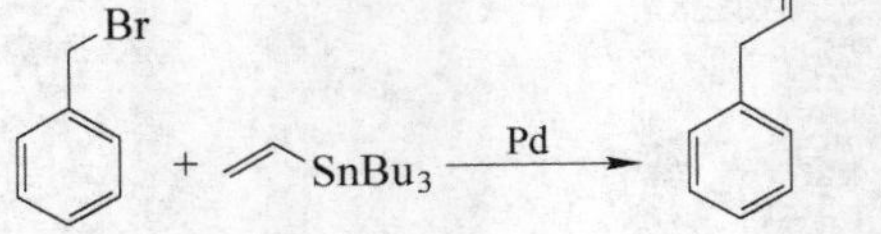

(3-1)

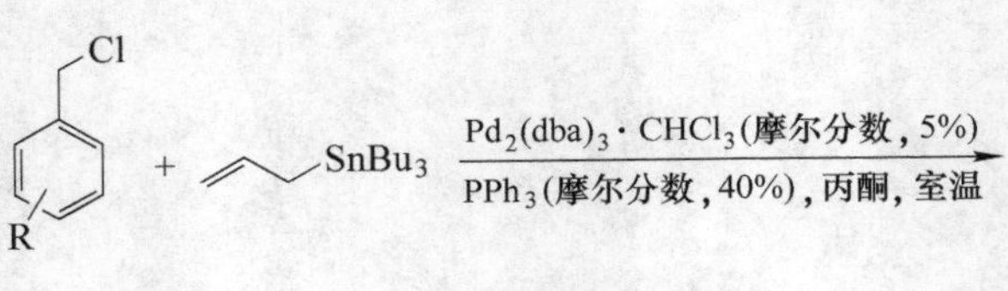

Br; + SnBu$_3$ —Pd→

(3-2)

Cl; R; + SnBu$_3$ —$Pd_2(dba)_3 \cdot CHCl_3$(摩尔分数，5%) / $PPh_3$(摩尔分数，40%)，丙酮，室温→ R

对此，实验上提出了可能的反应机理，如图 3-1 所示，氯甲基苯与 Pd(0) 催化剂发生氧化加成生成 Pd(Ⅱ) 中间体 3A，然后异构化为中间体 3B，接着中间体 3B 和丙烯基三丁基锡进行金属转化形成中间体 3C，最后发生还原消除生成产物 3E 和催化剂再生，从而完成整个催化循环。此外，他们认为中间体 3D 应该要比中间体 3C 更稳定。

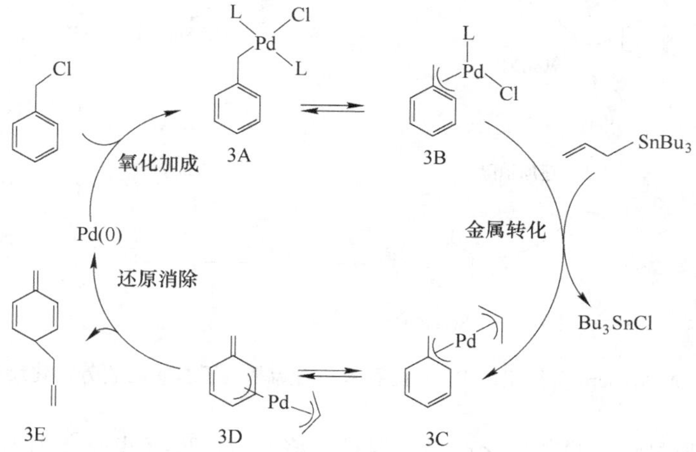

图 3-1　M. Bao 等提出的 Pd 催化氯苯和丙烯基三丁基锡的脱芳构化反应的机理

2006 年，A. Ariafard[11] 等人采用密度泛函理论在 B3LYP 水平下对 Pd 催化氯苯和丙烯基三丁基锡的脱芳构化反应的还原消除步进行了理论研究。在还原消除步中，他们提出了一条不同于 M. Bao 等提出的反应机理（图 3-2），即氯甲基苯与催化剂发生氧化加成生成中间体 3A，中间体 3A 与丙烯基三丁基锡发生金属转化形成的是中间体 3F，接着 3F 进行异构化反应转化成中间体 3G，最后发生还原消除生成产物 3H 和催化剂再生。通过理论计算分别对实验上和新提出的这两条路径的还原消除步进行了比较分析。结果表明，在还原消除步中，从中间体 3F 到中间体 3H 的反应能垒要比实验上提出的从中间体 3C 到中间体 3E 的反应能垒低 123.0kJ/mol。此外，他们还对其他可能形成 C—C 键的反应路径进行了研究。

最近，M. Bao[12] 等人又报道了在常温下钯化合物（$Pd(PPh_3)_4$）催化氯代烯丙基萘和丙二烯三丁基锡的脱芳构化反应（式（3-3））。同样，该反应与钯化合物催化有机亲电试剂和有机锡烷的 Stille 偶联反应相似，然而实验上发现钯化合物（Pd（$PPh_3)_4$）催化氯代烯丙基萘和丙二烯三丁基锡的脱芳构化反应生成了邻位的脱芳构化产物，Stille 偶联产物却没有检测到。为了更好地理解这个反应，Bao 等人提出了可能的反应机理（图 3-3）。实验上提出的反应机理和 Stille 偶联反应的机理相类似包含三步：氧化加成，金属转化和还原消除。如图 3-3 所示，M. Bao 等人认为该反应机理的关键步是中间体 3d 的异构化反应生成中间体 3K，而中间体 3d 是由 3J 和丙二烯三丁基锡的金属转化形成的，然后通过还原消除生

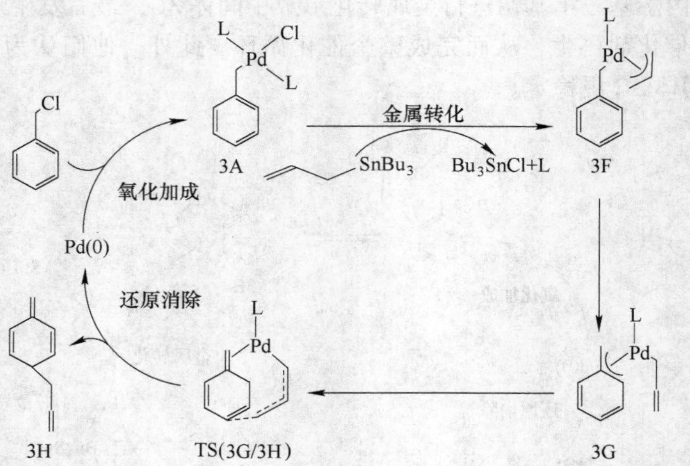

图 3-2　A. Ariafard 等提出的 Pd 催化氯苯和丙烯基三丁基锡的脱芳构化反应机理

成实验上所观察到的脱芳构化产物。但是，该反应机理有些地方仍不清楚，其中也没有任何的中间体从反应体系中检测和分离出来。

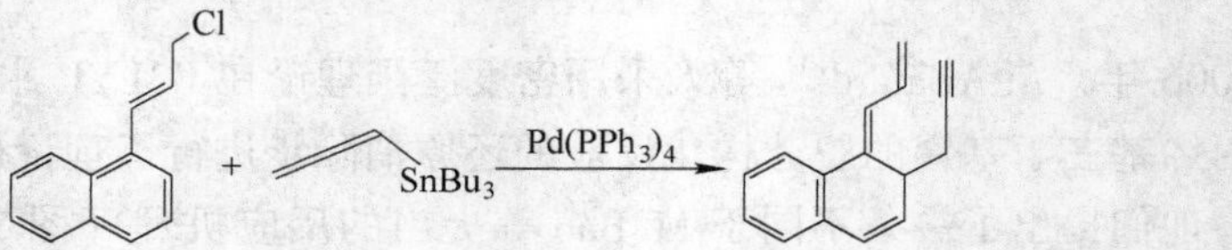

(3-3)

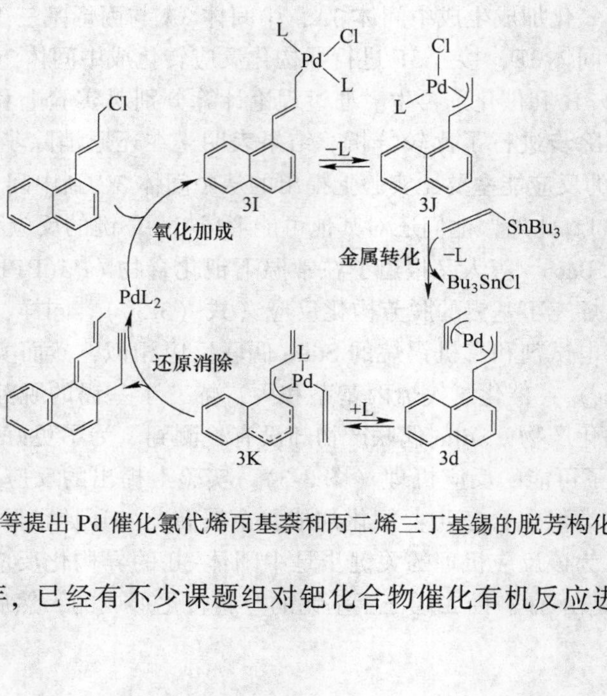

图 3-3　M. Bao 等提出 Pd 催化氯代烯丙基萘和丙二烯三丁基锡的脱芳构化反应机理

在过去的几年，已经有不少课题组对钯化合物催化有机反应进行了理论研究。例如，Y. Yamamoto 和 F. Pichierri[13]报道了用密度泛函理论研究钯催化乙醛烯丙基化的反应机理和化学选择性；Li[14]等人用密度泛函研究了钯催化芳基氯和芳基溴的偶联反应；在密度泛函理论的 B3LYP 水平下计算研究（$\eta^1$-烯丙基）Pd 化合物的结构和反应性[15]。钯化合物催化氯代烯丙基萘和丙二烯三丁基锡的脱芳构化反应还没有理论计算研究。反应机理仍然尚不清晰。有关中间体之间相互转换的结构和能量方面仍不清楚。另外，当研究这个反应的机理时发现许多有趣的问题。$\eta^1$-烯丙基配体从钯迁移到 $\eta^3$-萘基配体的邻位碳上是否容易发生？为什么在反应中观察不到邻位丙二烯基化产物和 Stille 偶联产物？每一步的催化反应是如何进行的？在整个催化反应中哪一步是决速步？为了回答以上问题和理解反应机理，我们对 $Pd(PPh_3)_4$ 催化氯代烯丙基萘和丙二烯三丁基锡的脱芳构化反应进行了理论研究。

## 3.2 计算方法

本章中所有计算均使用 Gaussian 03[16]程序在密度泛函理论的 B3LYP[17]水平下完成。对催化循环所涉及的所有反应物、产物、中间体及过渡态的几何构型进行优化，并在相同水平下对各能量驻点进行了振动频率分析，确认这些驻点分别是势能面上的真正极小值点（虚频数为 0，NImag = 0）或一级鞍点（虚频数为 1，NImag = 1）。对 Pd、P、Cl、Sn 等原子采用赝势 LANL2DZ[18]基组，C 和 H 原子采用 6-311G(d，p）基组。为了确认过渡态连接正确的中间体或产物，即该过渡态是我们想要的，在同一水平进行了内禀反应坐标（IRC）计算[19,20]。大量的理论研究表明，B3LYP 方法适用于 Pd 化合物催化的反应体系。为了进一步证明计算方法的选择是正确的，所有的几何结构在 B3LYP/6-31G(d，p）水平上优化后，在 B3LYP/SDD[21]，PBE1PBE[22]/LANL2DZ+p 计算了单点能。在下面的讨论中，如无特殊说明都采用气相的相对 Gibbs 能来分析整个反应机理。溶剂化效应则采用溶剂连续化介质模型（PCM）[23,24]与 UAHF[25]半径，在已经得到的几何结构以二氯甲烷为溶剂进行了单点计算。为了评估反应中萘环的芳香性，用 GIAO[26]方法中的核独立化学位移（NICS）[27]进行计算分析。

## 3.3 结果与讨论

在这部分中，对钯催化氯代烯丙基萘和丙二烯三丁基锡的脱芳构化反应的 Gibbs 能量曲线图进行了详细的研究。图 3-4 中展示了可能的反应机理。为了节约计算资源，采用了简化的 $PH_3$配体代替 $PPh_3$作为催化剂模型。尽管对于膦配体 $PH_3$没有完全包含位阻和电子效应，但选择 $Pd(PH_3)_4$作为催化剂的模型是可以解释当前的催化反应机理的，下面将会对配体效应进行讨论。接下来将按以下顺序讨论整个反应的机理。

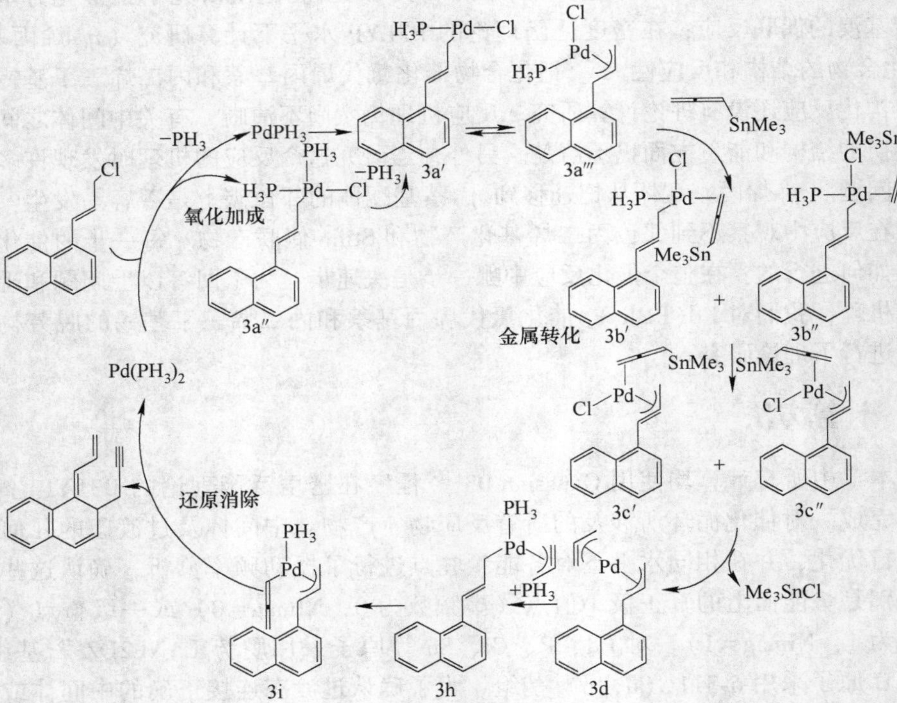

图 3-4　钯化合物催化合成炔丙基产物可能的反应路径

### 3.3.1　氧化加成

催化循环首先从氯代烯丙基萘氧化加成到钯化合物开始的，如图 3-4 所示。许多研究显示在这步中真正的催化剂是 $L_2Pd(0)$ 或者 LPd(0)[28,29]。因此，为了易于比较，选择 $Pd(PH_3)_2$作为能量零点。图 3-5 显示了氧化加成反应的 Gibbs 能量曲线图，一些关键的中间体和过渡态在图 3-6 中给出。

氯代烯丙基萘的氧化加成可能通过两种不同的路径进行。其中一条路径是一个 $PH_3$配体从 $Pd(PH_3)_2$解离产生单配体化合物 $PdPH_3$，接着氯代烯丙基萘和 $PdPH_3$通过氧化加成并转化成三配位的化合物 3a′。14 电子的不饱和化合物 $Pd(PH_3)_2$是线形结构，两个 $PH_3$配体分别在 Pd 金属中心两边，P—Pd 键的键长是 2. 376Å；而失去一个 $PH_3$配体后 P—Pd 键的键长缩短到 2. 318Å，这可能是由于 $PH_3$配体的反位效应引起的。接着 12 电子的化合物 $PdPH_3$结合一分子的氯代烯丙基萘通过 TS($PdPH_3$/3a′) 生成三配位的化合物3a′。从图 3-5 的能量图中

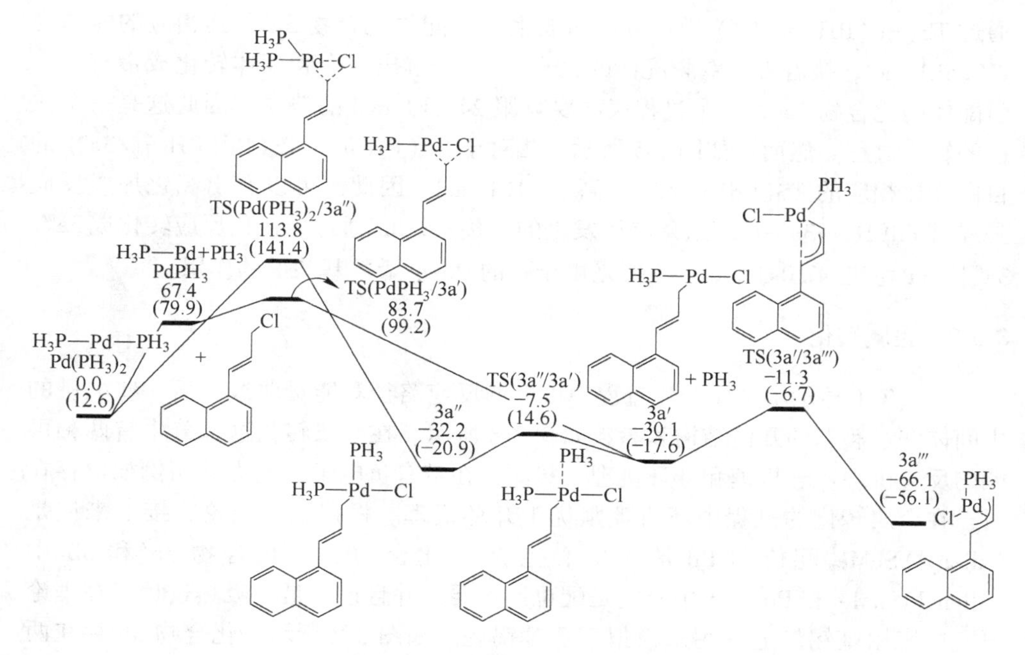


图 3-5　氧化加成过程中可能的反应路径及能量图

（kJ/mol，括号中为溶剂校正的相对 Gibbs 能）

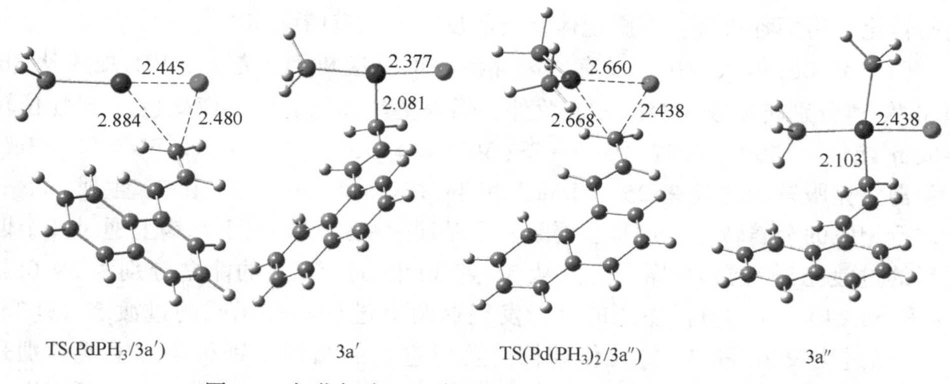


图 3-6　氧化加成过程中关键结构的几何构型和参数

（键长单位为 Å[1]）

可以看到，相对于起始点 $Pd(PH_3)_2$，这步放能 30.1kJ/mol 并且需要克服 83.7kJ/mol 能垒。另一条路径是氯代烯丙基萘直接和双膦配体化合物 $Pd(PH_3)_2$

[1] 在计算化学中，键长单位常用 Å，$1Å=10^{-10}m$。

通过 TS($Pd(PH_3)_2$/3a″) 进行氧化加成生成三配位化合物 3a″。其相应的能垒为 113. 8kJ/mol。接着带有双膦配体的化合物 3a″分解出一个膦配体转化成带有一个膦配体的化合物 3a′。这个过程仅需要克服 24. 7kJ/mol 的势垒，因此这是一个快速的转化过程。然而，如图 3-5 所示，相对于 $Pd(PH_3)_2$，TS($Pd(PH_3)_2$/3a″) 的自由能比相应的 TS($PdPH_3$/3a′) 高 30. 1kJ/mol。因此，可以看出氧化加成反应是经过 $PdPH_3$→3a′→3a‴这条路径发生的。接着，3a′通过异构化反应转化成 3a‴。3a‴比 3a′稳定 36. 0kJ/mol，主要是由于强的 Pd-$\eta^3$烯丙基萘键的作用。

### 3.3.2　金属转化

图 3-7 中显示了金属转化过程中可能的反应路径和能量曲线，而一些关键的中间体和过渡态的几何结构和参数如图 3-8 所示。在金属转化这部分中有两种可能的反应机理：环机理和开环机理。然而，在带有负电子的离去基团例如氯存在时，在金属转化的过程中环机理则优于开环机理。根据这一结论，接下来便是 (allenyl) $SnMe_3$ 配位到 Pd 原子中心生成 π 化合物 3b。化合物 3b′和 3b″中 (allenyl) $SnMe_3$和 Pd 原子中心间是配位键较弱，并且这步是一吸热过程。在理论研究中三甲基锡烷通常用来模拟三丁基锡烷。如图 3-8 所示，化合物 3b 存在两种结构 3b′和 3b″，在 3b′中 C1—C2 键和 C4—C5 键的方向是相反的，而在 3b″中 C1—C2 键和 C4—C5 键在同一方向，且 3b″只比 3b′稳定 2. 5kJ/mol。它们几何结构的特殊性为后来生成烯丙基脱芳构化产物准备了有利条件。从 3b′和 3b″开始，金属转化经历两种机理：有膦配体参与的反应和没有膦配体参与的反应。

（1）M. Bao 等人提出的没有膦配体参与的反应机理。首先，$PH_3$配体从 3b′和 3b″解离分别转换成 3c′和 3c″。此外，烯丙基萘和钯的配位模式也从 $\eta^1$配位转换成 $\eta^3$配位。这两个过程（3b′→TS(3b′/3c′)→3c′，3b″→TS(3b″/3c″)→3c″）分别需要克服较低的能垒 25. 1kJ/mol 和 43. 1kJ/mol。一旦 3c′和 3c″生成，下一步进行相应的金属转化。这步主要是三甲基锡烷从丙二烯三丁基锡上通过一个四元环的过渡态迁移到 Cl 原子上。从 3c′到 3d 和 3c″到 3d 的能垒分别为 59. 0kJ/mol 和 58. 5kJ/mol。值得注意的是，发现这两个过程具有相同的过渡态 TS(3c/3d)。通过比较 3c′和 3c″的几何结构，发现它们的结构差别很小，主要差别是 C1—C2 键配位的方向不同，并且 3c′只比 3c″稳定 0. 5kJ/mol。从结构上可以看出 3c′、3c″互为对映异构体，这也就解释了为什么这两个过程有相同的过渡态。此结论和实验的结果相一致，钯化合物催化氯代烯丙基萘和丙二烯基三丁基锡只产生了炔丙基产物。以上的讨论说明金属转化步是决定脱芳构化产物的关键步。接着一分子的 $PH_3$配体配位到中间体 3d 的 Pd 原子中心转换成中间体 3h，从中间体 3d 到中间体 3h 只有 51. 9kJ/mol 的能垒说明这一步骤很容易发生。如图 3-8 所示，由于匹配的轨道作用，$PH_3$配体从侧面进攻 Pd 并且占据了其中心位置，与

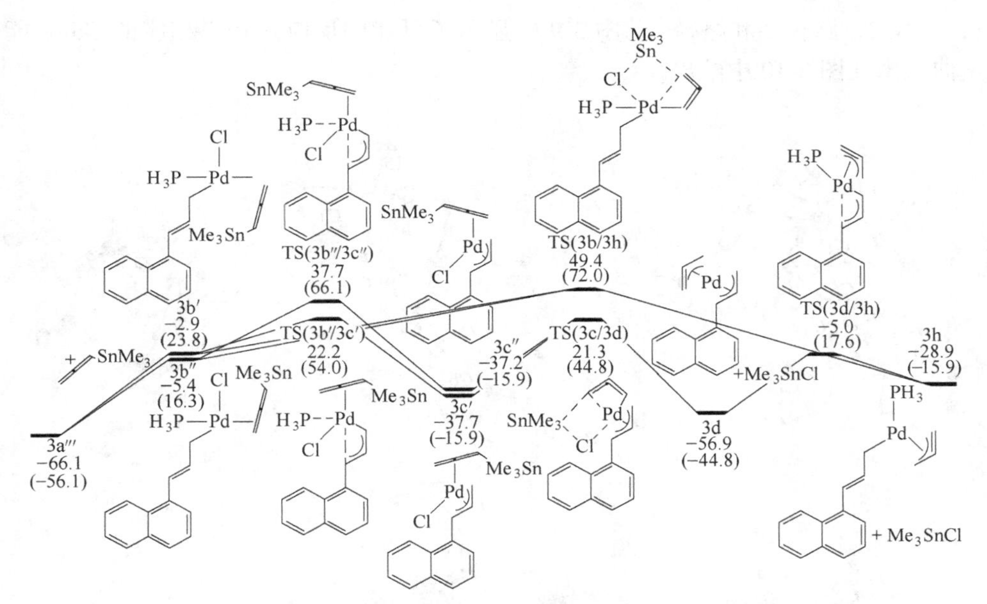


图 3-7 金属转化过程中可能的反应路径及能量图
（kJ/mol，括号中为溶剂校正的相对 Gibbs 能）

此同时破坏了和 $\eta^3$-烯丙基的配位。此外，中间体 3h 不如中间体 3d 稳定，很可能是由于 Pd 和 $\eta^1$-烯丙基弱配位作用而导致的。

（2）存在 $PH_3$配体的机理。三甲基锡烷进行迁移直接从 3b′和 3b″转化成中间体 3h。相同的是，步骤 3b′→3h 和 3b″→3h 有相同的过渡态 TS(3b/3h)。从 3b′到 3h 和从 3b″到 3h 的能垒分别为 52.3kJ/mol 和 54.8kJ/mol。其原因和之前讨论的步骤 3c′→3d 和 3c″→3d 是类似的。所以，将不再进行详细讨论。

如果两条路径从同一起始点出发，则最高势垒低的路径为最优路径。因此，从 3a‴开始在存在 $PH_3$配体的路径中过渡态 TS(3b′/3c′) 和 TS(3b″/3c″) 的相对 Gibbs 能分别是 22.2kJ/mol 和 37.7kJ/mol。另一方面，在不存在 $PH_3$配体的路径中过渡态 TS(3b/3h) 的相对 Gibbs 能是 49.4kJ/mol，它要比过渡态 TS(3b′/3c′) 和 TS(3b″/3c″) 的相对 Gibbs 能高 27.2kJ/mol 和 11.7kJ/mol。能垒的差别说明在动力学角度上存在 $PH_3$配体的路径要优于不存在 $PH_3$配体的路径。此外，中间体 3d 要比中间体 3h 稳定 28.0kJ/mol。因此，可以得出在金属转化步中不存在 $PH_3$配体的路径是最优路径。以上这些结论和实验预测的相一致：金属转化是由 3a‴和丙二烯基三甲基锡烷之间发生并生成中间体 3d，而不是中间体 3h。

### 3.3.3 还原消除

在还原消除过程中，预测了四条可能的路径。这四条路径分别被命名为路径

1，路径 2，路径 3 和路径 4。图 3-9 中显示了可能的反应路径，相应的 Gibbs 能量曲线图在图 3-10 中给出。

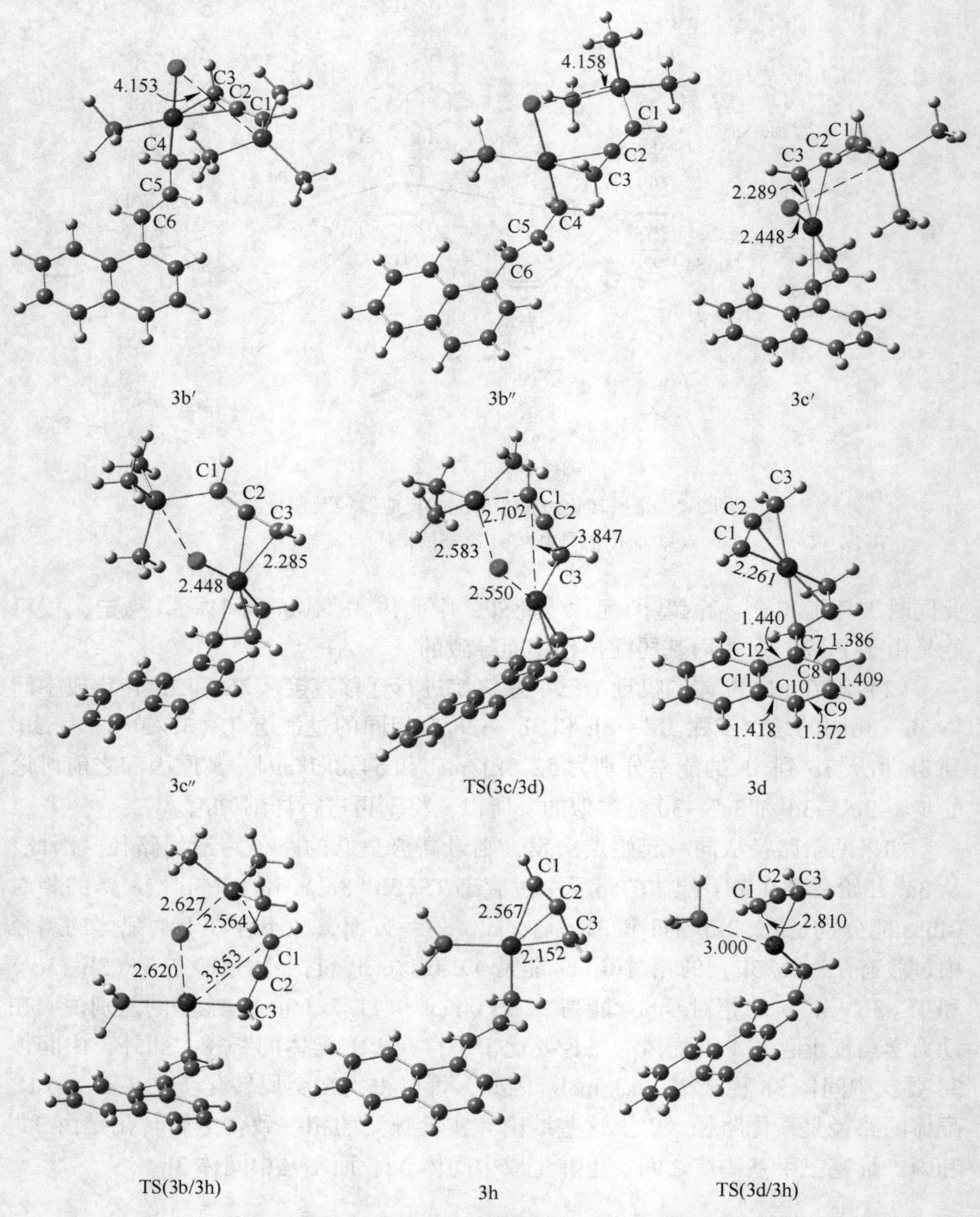


图 3-8 金属转化过程中关键结构的几何构型和参数

（键长单位为 Å）

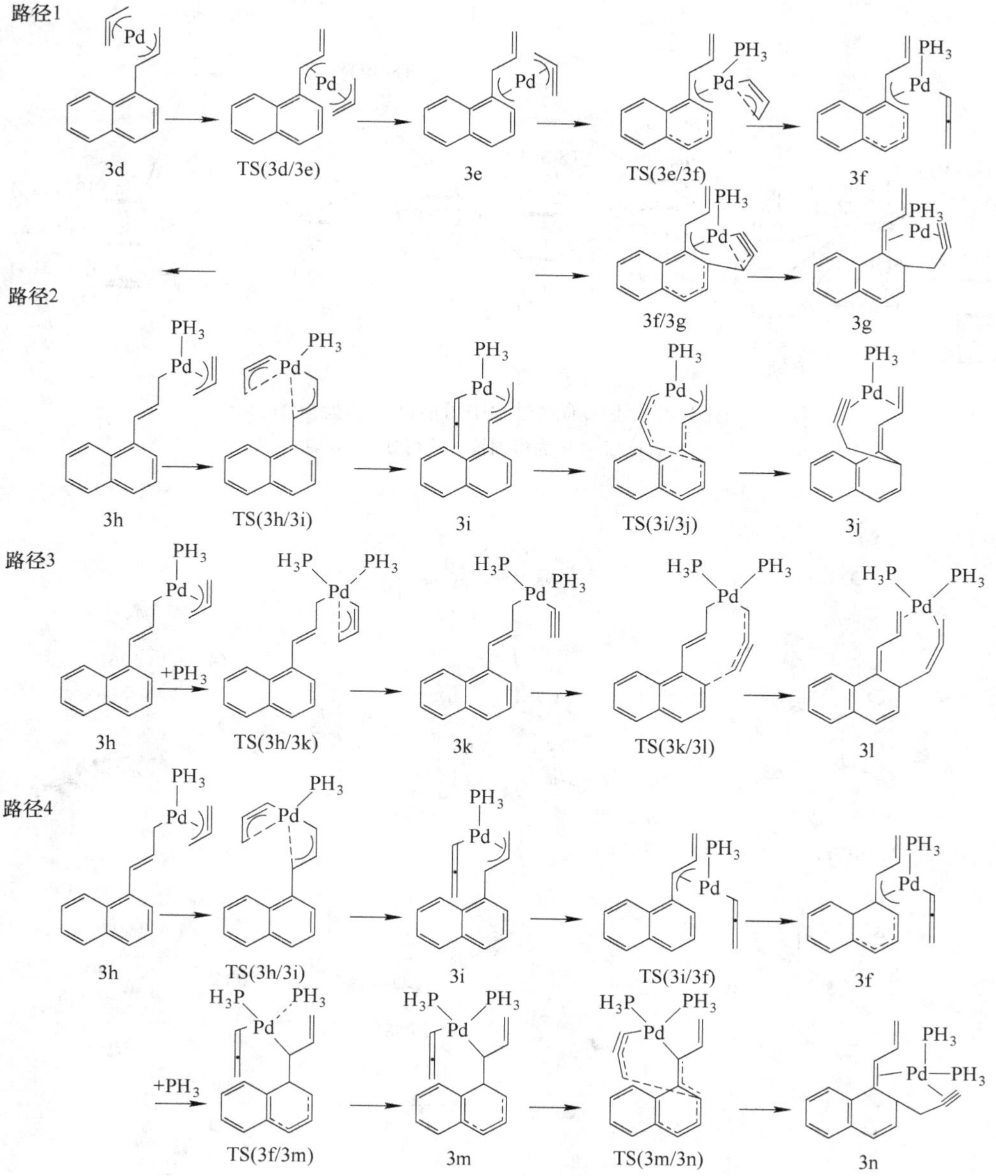

图 3-9 还原消除过程中可能的反应路径

#### 3.3.3.1 路径 1

如图 3-3 所示，M. Bao 等人提出的机理中的关键是中间体 3d 异构化为中间体 3f。一些主要物种的几何结构和参数如图 3-11 所示。

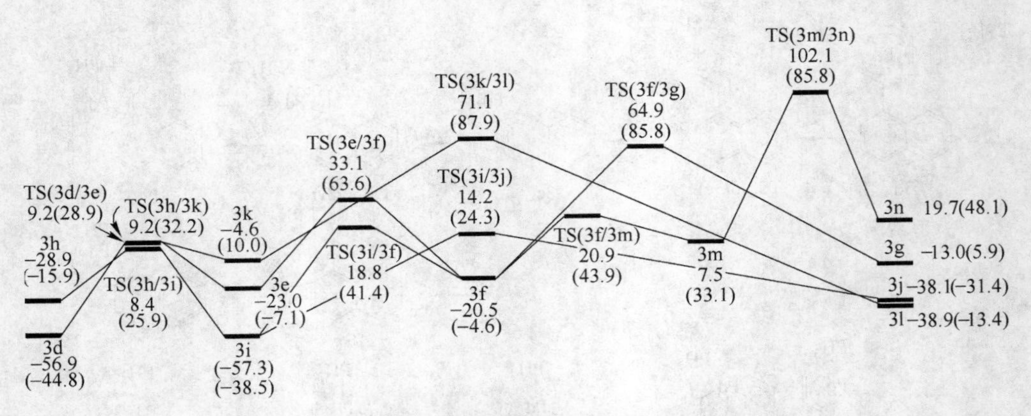


图 3-10　还原消除过程中可能路径的能量图

（kJ/mol，括号中为溶剂校正的相对 Gibbs 能）

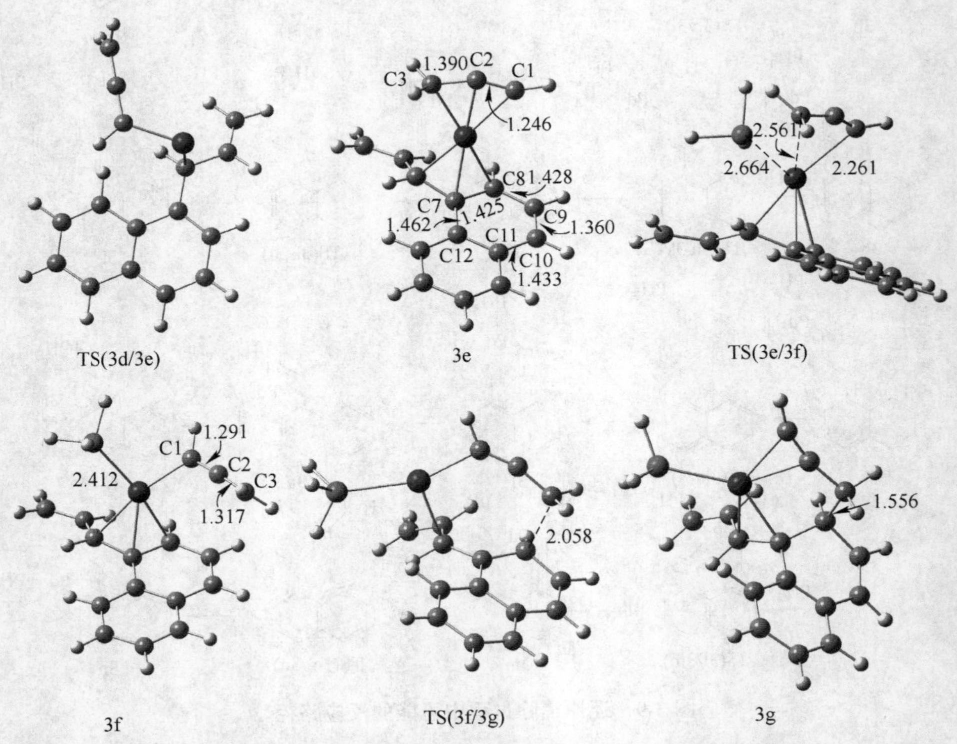


图 3-11　还原消除过程中路径 1 中主要结构的几何构型和参数

（键长单位为 Å）

从中间体 3d 开始，$\eta^3$-炔丙基重排生成化合物 3e，优化得到了过渡态 TS（3d/3e）。在 Gibbs 能量曲线图 3-10 中显示这一过程（3d→TS(3d/3e) →3e）需要克服能垒 66.1kJ/mol。化合物 3e 明显的比中间体 3d 不稳定 33.9kJ/mol。它们之间的能量差别主要是由于在化合物 3e 中 $\eta^3$-内-萘基的芳香性要比中间体 3d 中 $\eta^3$-外-萘基的芳香性弱。与中间体 3d 的几何结构相比，C7—C12、C7—C8、C8—C9 和 C10—C11 中间体的键长在 3e 中分别是 1.462Å、1.425Å、1.428Å 和 1.433Å，它们分别要比在中间体 3d 中长 0.022Å、0.039Å、0.019Å 和 0.015Å；而 C9—C10 键的键长却缩短成 1.360Å。此外，NICS 值的计算结果也支持以上的结论。NICS 值是在离苯环中心 1.0Å 的位置进行计算，负的 NICS 值说明具有芳香性，正的 NICS 值说明反芳香性，而小的 NICS 值则说明非芳香性。对于中间体 3d 和 3e，它们的 NICS(1) 值分别为−23.6 和−17.0，这就说明中间体 3d 的芳香性的确要比化合物 3e 的高。

接下来是化合物 3e 进一步转换成中间体 3f。在这步中一分子的 $PH_3$ 配体和金属钯原子进行了配位，烯丙基配体的配位模式从 $\eta^3$ 配位变成了 $\eta^1$ 配位。如图 3-11 所示，在中间体 3f 中 C1—C2(1.291Å) 键变长了 0.045Å，而 C1—C3(1.317Å) 键变短了 0.073Å。这就说明在这一过程中炔丙基配体变成了丙二烯基配体，同时优化得到了过渡态 TS(3e/3f)。从图 3-10 的 Gibbs 能量曲线图中可以看出，这步 (3e→TS(3e/3f)→3f) 吸能 2.5kJ/mol 并需要克服 56.1kJ/mol 的能垒。

最后是还原消除步。过渡态 TS(3f/3g) (427.8i$cm^{-1}$) 的虚频振动模式生动地描述了这一过程。在这步 (3f→TS(3f/3g)→3g) 吸能 7.5kJ/mol，需要克服 85.4kJ/mol 的能垒。从中间体 3d 到中间体 3g 的最高能垒是 121.8kJ/mol。

#### 3.3.3.2 路径 2

路径 2 提出了一个不同于路径 1 的新机理，认为还原消除步从中间体 3h 开始。路径 2 中相关的中间体和过渡态的几何结构如图 3-12 所示。

首先，中间体 3h 异构化成中间体 3i 需要克服 37.3kJ/mol 的能垒。中间体 3i 要比中间体 3h 稳定 28.4kJ/mol，因而这一步是放能的。接下来则是生成相应的炔丙基脱芳构化产物。在路径 2 中，从中间体 3i 到中间体 3j 是非常重要的一步，$\eta^1$-丙二烯配体的端位上的碳原子和 $\eta^3$-萘配体邻位上的碳原子成键。类似的理论研究曾经证实，在双配位的 $\eta^1$-金属化合物分子内，烯丙基-烯丙基偶联的最优路径是烯丙基间的端位碳原子生成 C—C 键[30]，而本章的计算结果同样也验证了此猜测。中间体 3j 是产物前体，其中产物作为配体配位到 Pd 原子上。从中间体 3i 到 TS(3i/3j) 的能量势垒是 71.5kJ/mol，因此这步是容易进行的。路径 2 中，从中间体 3h 到中间体 3j 的最高势垒是合理的，因此图 3-4 中提出的路径是可行的。对于 3h 和 3j，它们的 NICS(1) 值分别为−23.8 和−10.3，说明中间体 3h 的芳香性要比化合物 3j 的高。

如图 3-10 所示，中间体 3i 的相对稳定性对过渡态 TS(3i/3j) 和中间体 3j 的相对稳定性起到了很重要的作用。路径 2 中最高的势垒要比路径 1 中最高的势垒低，因此路径 2 要优于路径 1。此外，3j 要比 3g 稳定 25. 1kJ/mol。

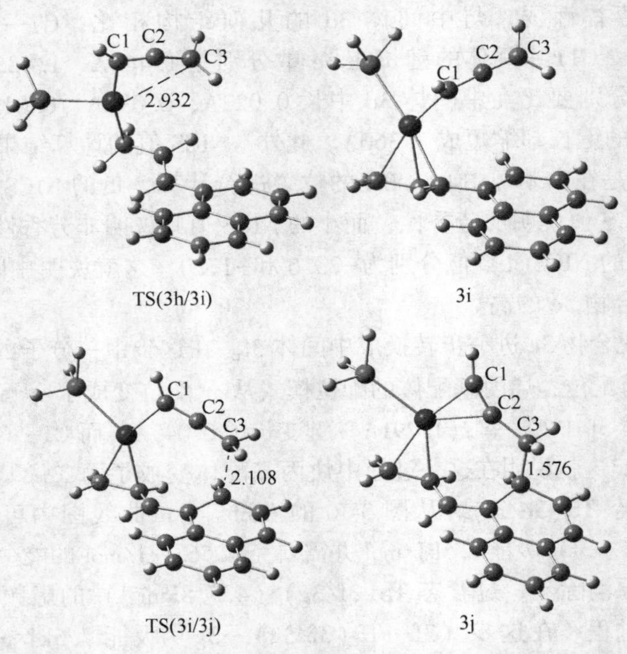


图 3-12　还原消除过程中路径 2 中主要结构的几何构型和参数
(键长单位为 Å)

#### 3. 3. 3. 3　路径 3

路径 1 和路径 2 中涉及的催化分子都是含有一个 $PH_3$配体，那么带有两个 $PH_3$配体的 Pd 催化剂是否能催化反应进行呢？因此，提出了路径 3。和路径 2 一样，路径 3 也是从中间体 3h 开始。路径 3 中相关的中间体和过渡态的几何结构和参数如图 3-13 所示。

含有两个 $PH_3$配体的化合物 3k 是一个 $PH_3$配位到中间体 3h 上形成的。当一分子 $PH_3$配体配位到中间体 3h 上时，$\eta^3$-炔丙基配体转变成了 $\eta^1$-炔丙基配体。带两个 $PH_3$配体的过渡态 TS(3h/3k) 是一个四配位化合物。Pd—C3 键在 3k 中比在中间体 3h 中短。3h→TS(3h/3k)→3k 是一吸能过程，相应的能垒是 38. 1kJ/mol。当中间体 3k 形成，接下来就是还原消除步。$\eta^1$-炔丙基配体的端位碳原子和 $\eta^3$-萘基配体的邻位碳原子进行成键，这步和之前讨论的路径 2 中的类似。对于中间体 3h 和 3l，它们的 NICS(1) 值分别为−23. 8 和−8. 8，这就说明中间体 3h 的芳香性要比化合物 3l 的高。

从中间体 3k 到中间体 3l 这步中，反应放出 34. 3kJ/mol 的能量并需要克服 75. 7kJ/mol 的能垒。路径 3 中的最高能垒比较高（128. 0kJ/mol，相对于中间体 3d）。另外，路径 3 的产物是丙二烯基化的脱芳构化产物，这一结果和实验是不一致的，在实验中的产物是烯丙基脱芳构化产物。综上所述，路径 3 的反应机理是不可行的。

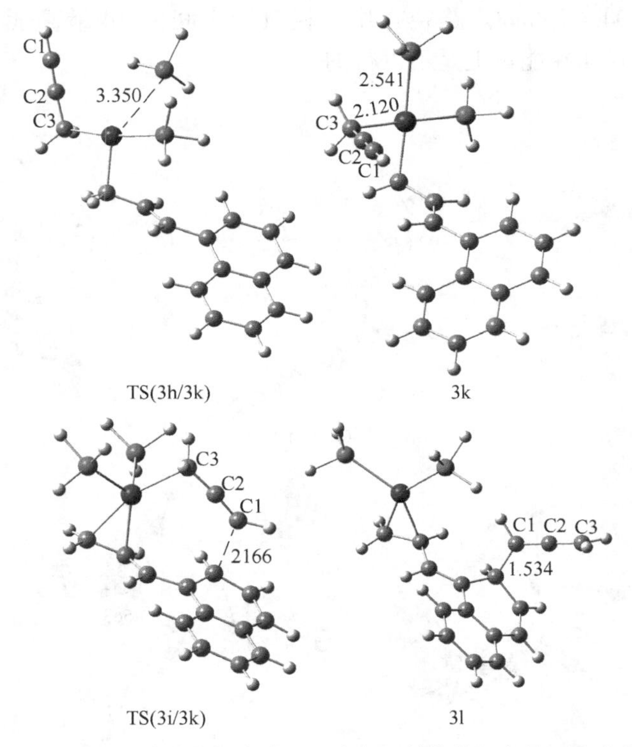


图 3-13 还原消除过程中路径 3 中主要结构的几何构型和参数
（键长单位为 Å）

#### 3.3.3.4 路径 4

考虑含有两个 $PH_3$配体的 Pd 化合物，如图 3-9 所示，中间体 3i 首先异构化成中间体 3f，接着一分子的 $PH_3$配体配位到中间体 3f 的 Pd 中心上，最终进行还原消除反应形成脱芳构化产物。根据这一观点，提出了路径 4。路径 4 中一些相关的中间体和过渡态的几何结构如图 3-14 所示。

中间体 3h 先异构化成中间体 3i 后，进一步转化成中间体 3f。从图 3-10 中可以看出，3i→TS(3i/3f)→3f 吸收了 36. 8kJ/mol 的能量并且需要克服 76. 1kJ/mol 的能垒。接着一分子 $PH_3$配体配位到中间体 3f 的 Pd 原子中心上，烯丙基萘基团和 Pd 原子中心的配位模式也从 $\eta^3$ 转换成 $\eta^1$ 配位。在过渡态 TS(3f/3m) 中，形成的 Pd—P 键的键长是 2.844Å。$PH_3$ 的配位需要克服 41.4kJ/mol 的能垒。随后，还原消除反应发生，$\eta^1$-丙二烯配体的端位碳原子和 $\eta^3$-萘配体的邻位碳原子进行成键，产生中间体 3n。对于中间体 3h 和 3n，它们的 NICS(1) 值分别为 −23.8 和 −9.6，说明中间体 3h 的芳香性要比中间体 3n 的高。从中间体 3m 到 TS(3m/3n) 的能垒是 94.6kJ/mol。路径 4 中，相对于中间体 3d 最高能垒是 159.0kJ/mol。显然，路径 4 在能量上是不可行的。

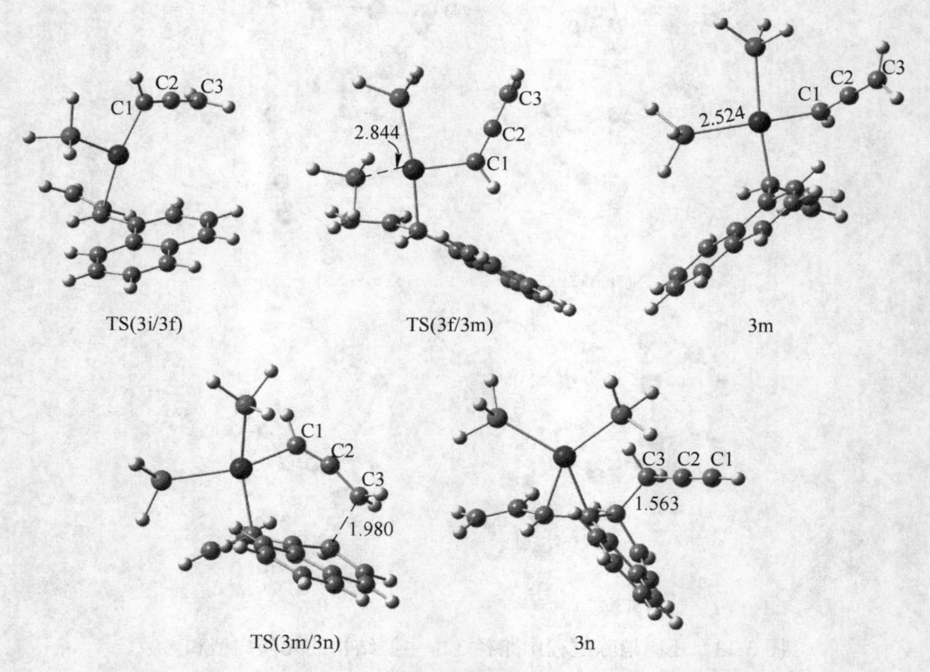


图 3-14　还原消除过程中路径 4 中主要结构的几何构型和参数（键长单位为 Å）

为了对还原消除步有更深入的理解，有必要对以上 4 条路径的竞争性进行讨论。众所周知，对于多步反应的机理，整个反应的最高势垒是整个最高自由能量点和稳定点间的差值。通过比较路径 1~4 的能量，可以看出路径 2 是最优路径，这是因为过渡态 TS(3i/3j) 是 4 条路径中最高能垒最低的。因此路径 2 在动力学角度上优于路径 1、路径 3 和路径 4。此外，路径 3 的产物是丙二烯基化产物而不是炔丙基产物，这与实验结果不相符，因而路径 3 可以排除。此外，化合物 3j 在热力学方面要比化合物 3g 和 3n 分别稳定 25.1kJ/mol 和 57.8kJ/mol。所有以上讨论得出路径 2 是还原消除步中的最优路径。

### 3.3.4 与 Stille 反应的对比

如前言所述，钯化合物催化有机亲电试剂和有机锡烷的反应是 Stille 偶联反应，被广泛应用在有机化学中。然而，M. Bao 等人报道的实验结果中，只检测到烯丙基脱芳构化产物而没有检测到 Stille 偶联产物。为了解释反应选择性的原因，对脱芳构化反应和 Stille 偶联反应的竞争进行了计算对比。图 3-15 中给出了从中间体 3d、3h 和 3k 直接偶联分别产生 Stille 偶联产物前体 3o、3p 和 3q 的 Gibbs 能量曲线图。

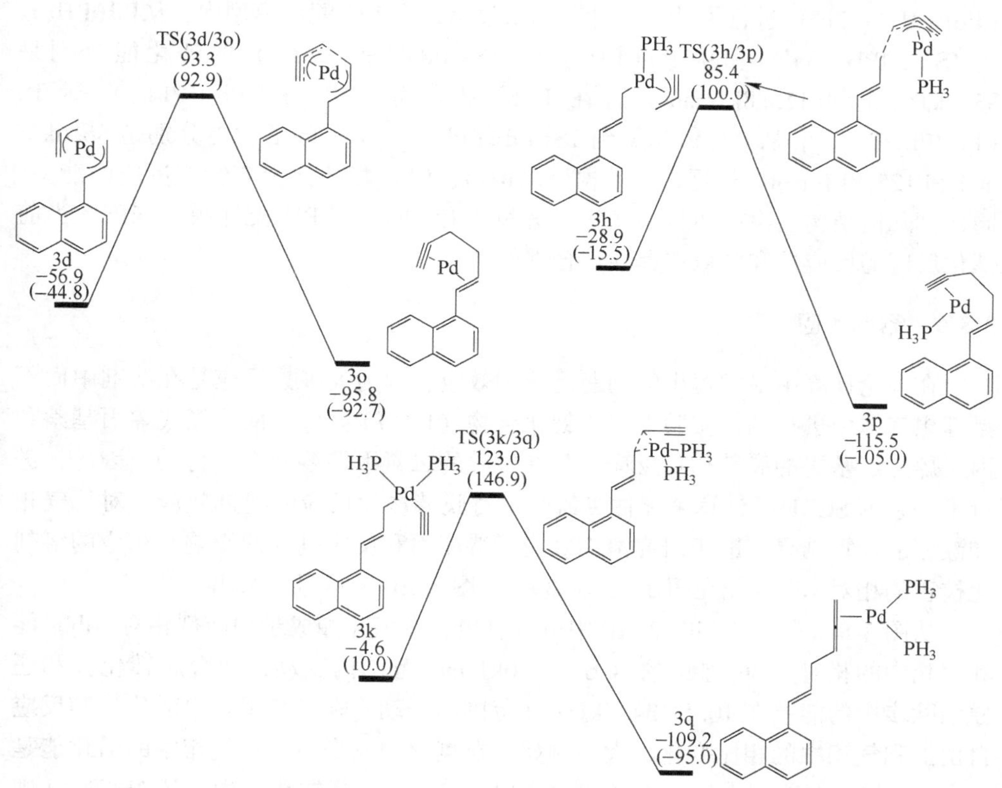


图 3-15 从中间体 3d、3h 和 3k 直接偶联分别产生产物前体 3o、3p 和 3q 的能量图（kJ/mol，括号中为溶剂校正的相对 Gibbs 能）

本节主要研究了从中间体 3d、3h 和 3k 分别直接偶联产生相应的产物前体 3o、3p 和 3q 的能垒。从图 3-15 中可以看出，相对于中间体 3d，三个过程（3d→3o、3h→3p 和 3k→3q）的能垒分别是 150.2kJ/mol、142.3kJ/mol 和 179.9kJ/mol，它们明显高于最优路径中 3h→3j 的能垒（71.5kJ/mol）。此外，含有 Stille 偶联产物作为配体的化合物前体 3o、3p 和 3q 要比含有烯丙基脱芳构化产物作为配体的化合物前体 3j 稳定得多，这是由于 Stille 偶联产物比脱芳构化产物稳定

99.6kJ/mol。因此，形成烯丙基脱芳构化产物的反应步 3h→3j 在动力学上要明显优于形成 Stille 偶联产物的反应步。

### 3.3.5 配体效应

在很多理论研究 Pd 化合物催化的 Stille 偶联反应中，都是用 $PH_3$配体来代替实验中用的 $PPh_3$配体。为了研究 $PH_3$配体取代 $PPh_3$配体所引起的空间效应，对真正的 $PPh_3$配体在氧化加成步中 $Pd(PH_3)_2$→TS($PdPH_3$/3a′) 和 $Pd(PH_3)_2$→TS($Pd(PH_3)_2$/3a″) 进行了计算。计算结果显示，在 $PH_3$配体模型中，从$Pd(PH_3)_2$到 TS($PdPH_3$/3a′) 和从 $Pd(PH_3)_2$ 到 TS($Pd(PH_3)_2$/3a″) 的活化能分别是 83.7kJ/mol 和 113.8kJ/mol；而在 $PPh_3$ 配体模型中，从 $Pd(PPh_3)_2$ 到 TS($PdPPh_3$/3a′) 和从 $Pd(PPh_3)_2$到 TS($Pd(PPh_3)_2$/3a″) 的活化能分别是 86.6kJ/mol 和 125.9kJ/mol。根据以上数据可以得出，$PPh_3$配体并没有影响反应的能垒。同样，几何结构也没有明显的变化。这些结论说明，用 $PH_3$配体模型来阐述当前催化反应的反应性和区域选择性是合理的。

### 3.3.6 溶剂效应

在理论计算中最常提出的问题是溶剂效应，因为大多数反应是在溶剂中而不是理想气体中进行的。实验上对于钯化合物（$Pd(PPh_3)_4$）催化氯代烯丙基萘和丙二烯三丁基锡的脱芳构化反应，是在常温的二氯甲烷溶液中进行的。因此，进行了一系列 SCRF 的计算来评估二氯甲烷对脱芳构化反应的溶剂效应。对比气相和液相的计算结果有助于研究溶剂效应对势能面和反应机理的影响。相应的溶剂化校正的相对 Gibbs 能在图 3-5、图 3-7 和图 3-10 的括号中给出。

从图 3-5、图 3-7 和图 3-10 中可以看出，在氧化加成步中溶剂相对 Gibbs 能和气相中的相对 Gibbs 能差在 4.6~27.6kJ/mol 范围内变动，而金属转化步和还原消除步中的能差在 10.5~34.7kJ/mol 范围内变动。在二氯甲烷中活化能和反应自由能和气相中的相比变化不大。例如，在氧化加成步中，在气相中的活化能是 83.7kJ/mol，在液相中的活化能是 86.6kJ/mol；在金属转化步中，从 3b′到 3d 中气相中的活化能是 59.0kJ/mol，在液相中的活化能是 60.7kJ/mol，从 3b″到 3d 中气相中的活化能是 58.5kJ/mol，在液相中的活化能是 60.7kJ/mol；在还原消除步中，在气相中的活化能是 71.5kJ/mol，在液相中的活化能是 62.8kJ/mol。根据上面的数据，可以看出溶剂对反应的影响不大。此外，化合物 3j 在溶剂中要比气相中稳定。因此，与气相相比，二氯甲烷作为溶剂反应更易进行。

综上所述，一方面，二氯甲烷溶剂中的相对 Gibbs 能与气相相比没有非常大的能量差别；另一方面，溶剂化效应的引入并没有改变反应的 Gibbs 能量曲线的基本趋势。

## 3.4 结论

通过对实验上报道的钯化合物催化α-氯代烯丙基萘和丙二烯三丁基锡的脱芳构化反应的理论研究，得出整个催化循环经历了三个阶段：(1) 氧化加成；(2) 金属转化；(3) 还原消除。氯代烯丙基萘的氧化加成经历的是单膦配体催化的路径，首先催化剂 $Pd(PH_3)_2$解离一个 $PH_3$配体产生单膦配体化合物 $PdPH_3$，接着氯代烯丙基萘和 $PdPH_3$通过氧化加成转化成三配位的化合物 3a′，3a′再异构化为中间体 3a‴。金属转化步中，Pd 原子中心与丙二烯三丁基锡配位生成π化合物 3b′和 3b″，3b′和 3b″都分别脱去 $PH_3$配体得到中间体 3c′和 3c″，然后它们经过过渡态 TS(3c/3d) 生成中间体 3d。中间体 3d 是一关键中间体，由它进一步生成了中间体 3h，从而导致了最终的产物脱芳构化产物而不是 Stille 偶联产物。在还原消除步中是通过路径 2 进行的。路径 2 主要是中间体 3h 先异构化生成中间体 3i，最终 $\eta^1$-丙二烯配体的端位碳原子和 $\eta^3$-萘的邻位碳原子进行偶联生成邻位炔丙基脱芳构化产物。在整个催化循环中，氧化加成步中的能垒最高，因此是反应的决速步，并且整个反应是放热和放能的。

在此基础上，对脱芳构化反应和 Stille 偶联反应路径的竞争进行了计算比较，发现 Stille 偶联产物在动力学上不易产生的。最后，考虑了溶剂效应，与气相相比，二氯甲烷作为溶剂并没有改变自由能曲线的基本趋势。

## 参 考 文 献


[1] CHORDIA M D, HARMAR W D. Asymmetric dearomatization of $\eta^2$-Arene complexes: synthesis of stereodefined functionalized cyclohexenones and cyclohexenes[J]. J. Am. Chem. Soc., 2000, 122: 2725~2736.

[2] PIGGE F C, CONIGLIO J J, DALVI R. Exploiting phosphonate chemistry in metal-mediated dearomatization: stereoselective construction of functionalized spirolactams from arene ruthenium complexes[J]. J. Am. Chem. Soc., 2006, 128: 3498~3499.

[3] MEJORADO L H, HOARAU C, Pettus T R R. Diastereoselective dearomatization of resorcinols directed by a lactic acid tether: unprecedented enantioselective access to p-quinols[J]. Org. Lett., 2004, 6: 1535~1538.

[4] (a) HELLER E, LAUTENSCHLAGER W, HOLZGRABE U. Microwave-enhanced hydrogenations at medium pressure using a newly constructed reactor[J]. Tetrahedron Lett. 2005, 46 : 1247~1249. (b) Birch A J. The birch reduction in organic synthesis[J]. Pure Appl. Chem., 1996, 68: 553~556.

[5] YOKOYAMA A, MIZUNO K. Stereoselective photocycloaddition of alkenes to naphthalene rings

assisted by hydrogen bonding[J]. Org. Lett., 2000, 2: 3457~3459.

[6] DELAFUENTE D A, MYERS W H, SABAT M, et al. Tungsten(0)$\eta^2$-thiophene complexes: dearomatization of thiophene and its facile oxidation, protonation, and hydrogenation [J]. Organometallics., 2005, 24: 1876~1885.

[7] CLAYDEN J, TUMBULL R, PINTO I. Nucleophilic addition to electron-rich heteroaromatics: dearomatizing anionic cyclizations of pyrrolecarboxamides[J]. Org. lett., 2004, 6: 609~611.

[8] CARUANA P A, FRONTIER A J. Dearomatization of furans via [2, 3]-Still-Wittig rearrangement[J]. Tetrahedron., 2004, 60: 10921~10926.

[9] LU S R, XU Z W, BAO M, et al. Carbocycle synthesis through facile and efficient palladium-catalyzed allylative dearomatization of naphthalene and phenanthrene allyl chlorides[J]. Angew. Chem. Int. Ed., 2008, 47: 4366~4369.

[10] BAO M, NAKAMURA H, YAMAMOTO Y. Facile Allylative Dearomatization Catalyzed by Palladium[J]. J. Am. Chem. Soc., 2001, 123: 759~760.

[11] ARIAFARD A, LIN Z. DFT Studies on the mechanism of allylative dearomatization catalyzed by palladium[J]. J. Am. Chem. Soc., 2006, 128: 13010~13016.

[12] PENG B, FENG X J, ZHANG X, et al. Propargylic and allenic carbocycle synthesis through palladium-catalyzed dearomatization reaction[J]. J. Org. Chem., 2010, 75: 2619~2627.

[13] PICHIERRI F, YAMAMOTO Y. Mechanism and chemoselectivity of the Pd(Ⅱ)-catalyzed allylation of aldehydes: a density functional theory study[J]. J. Org. Chem., 2007, 72: 861~869.

[14] LI Z, FU Y, GUO Q X, et al. Theoretical study on monoligated Pd-catalyzed cross-coupling reactions of aryl chlorides and bromides[J]. Organometallics., 2008, 27: 4043~4049.

[15] GARCIA-IGLESIAS M, BUNUEL E, CARDENAS D J. Cationic ($\eta^1$-allyl)-palladium complexes as feasible intermediates in catalyzed reactions[J]. Organometallics., 2006, 25: 3611~3618.

[16] FRISCH M J, et al. Gaussian 03, RevisionD. 01; Gaussian, Inc: Wallingford, CT, 2004.

[17] BECKE A D. Density-functional thermochemistry. III. The role of exact exchange[J]. J. Chem. Phys., 1993, 98: 5648~5652.

[18] (a) WADT W R, HAY P J. Ab initio effective core potentials for molecular calculations. Potentials for main group elements Na to Bi[J]. J. Chem. Phys., 1985, 82: 284~298. (b) Hay P J, Wadt W R. Ab initio effective core potentials for molecular calculations. Potentials for K to Au including the outermost core orbitals[J]. J. Chem. Phys., 1985, 82: 299~310.

[19] FUKUI K. Formulation of the reaction coordinate[J]. J. Phys. Chem., 1970, 74: 4161~4163.

[20] FUKUI K. The path of chemical reactions-the IRC approach[J]. Acc. Chem. Res., 1981, 14: 363~368.

[21] ANDRAE D, HAEUSSERMANN U, DOLG M, et al. Energy-adjustedab initio pseudopotentials for the second and third row transition elements[J]. Theor. Chim. Acta., 1990, 77: 123~141.

[22] ADAMO C, BARONE V. Toward reliable density functional methods without adjustable parameters: The PBE0 model[J]. J. Chem. Phys., 1999, 110: 6158~6170.

[23] MIERTUS S, SCROCCO E, TOMASI J. Electrostatic interaction of a solute with a continuum. A direct utilizaion of AB initio molecular potentials for the prevision of solvent effects[J]. Chem. Phys., 1981, 55: 117~129.

[24] MIERTUS S, TOMASI J. Approximate evaluations of the electrostatic free energy and internal energy changes in solution processes[J]. Chem. Phys., 1982, 65: 239~245.

[25] BARONE V, COSSI M, TOMASI J. A new definition of cavities for the computation of solvation free energies by the polarizable continuum model [J]. J. Chem. Phys., 1997, 107: 3210~3221.

[26] WOLINSKI K, HINTON J F, PULAY P. Efficient implementation of the gauge-independent atomic orbital method for NMR chemical shift calculations[J]. J. Am. Chem. Soc., 1990, 112: 8251~8260.

[27] SCHLEYER P v R, MAERKER C, DRANSFELD A, et al. Nucleus-independent chemical shifts: a simple and efficient aromaticity probe [J]. J. Am. Chem. Soc., 1996, 118: 6317~6318.

[28] CHRISTMANN U, VILAR R. Monoligated palladium species as catalysts in cross-coupling reactions[J]. Angew. Chem., Int. Ed., 2005, 44: 366~374.

[29] CRISP G T. Variations on a theme-recent developments on the mechanism of the Heck reaction and their implications for synthesis[J]. Chem. Soc. Rev., 1998, 27: 427~436.

[30] MENDEZ M, CUERVA J M, GOMEZ-BENGOA E, et al. Intramolecular coupling of allyl carboxylates with allyl stannanes and allyl silanes: a new type of reductive elimination reaction? [J]. Chem. Eur. J., 2002, 8: 3620~3628.

# 4 钯催化氯甲基萘和丙二烯三丁基锡脱芳构化反应的理论研究

## 4.1 引言

芳香化合物广泛易得，价格便宜。通过脱芳构化反应将芳香化合物转化为药物、天然产物、生物化合物及功能分子是一条具有高经济效益的途径。但是由于芳香化合物中离域 π 键的特殊稳定性，这使得脱芳构化研究具有挑战性。在之前的几十年间，科学家们实现了多种脱芳构化反应来破坏这种共轭的 π 体系。例如，Birch 还原[1]，酶的羰基化作用[2]，光环加成反应[3]，亲电加成反应[4]，亲核加成反应[5]等。此外，还有以过渡金属为介导的脱芳构化方法也受到了关注[6]。芳香体系和过渡金属的络合活化了芳烃，从而有助于过渡金属和芳香络合体系［M($\eta^2$-芳烃)］(M=Os、Re、Mo 和 W）进行亲电加成，以及过渡金属和芳香络合体系［M($\eta^2$-芳烃)］(M=Cr、Mn、Fe 和 Ru）进行亲核加成。

近来，M. Bao[7]课题组报道了在常温下钯化合物（$Pd(PPh_3)_4$）催化氯甲基萘和丙二烯三丁基锡的脱芳构化反应生成炔丙基和丙二烯基两种产物（式(4-1)。因为钯化合物催化有机亲电试剂和有机锡烷的这类反应通常是 Stille 偶联反应。Stille 偶联反应一般是 R 基团和 R′基团直接偶联成 R—R′产物，但同时不改变它们各自烷烃的构型。然而，实验结果却发现在钯化合物（$Pd(PPh_3)_4$）催化氯甲基萘和丙二烯三丁基锡的脱芳构化反应中产生了对位的炔丙基和丙二烯基脱芳构化产物，Stille 偶联产物却没有观察到。针对实验结果，M. Bao 等人提出了可能的反应机理（图 4-1)。这个反应机理和 Stille 偶联反应的机理相类似主要包含三个主要步骤（氧化加成、金属转化、还原消除)。

Cl + $SnBu_3$ —$Pd(PPh_3)_4$→ + (4-1)

前人对钯催化有机反应的理论研究已经报道了很多。例如，Stille 偶联反应中金属转化步的理论研究[8]；Z. Li[9]等人用密度泛函研究了钯催化芳基氯和芳基溴的偶联反应；A. Ariafard 和 B. F. Yates 研究了 Stille 偶联反应中催化剂膦配体的空间效应[10]等。很明显，以上的理论计算主要是研究了钯化合物催化 Stille 偶联反应的机理，而对钯化合物催化脱芳构化反应的机理却研究甚少。此外，当我们研究这个反应的机理时发现许多重要的科学问题。为什么 1, 3-丙二烯配体的1, 3-重排从钯中心原子迁移到 $\eta^3$-萘配体的对位？每一步的基元反应是如何进行的？为什么这个反应会生成炔丙基和丙二烯基两种产物，而没有生成 Stille 偶联产物？为了回答上述问题，有必要继续对 $Pd(PPh_3)_4$ 催化氯甲基萘和丙二烯三丁基锡的脱芳构化反应进行深入的理论研究。

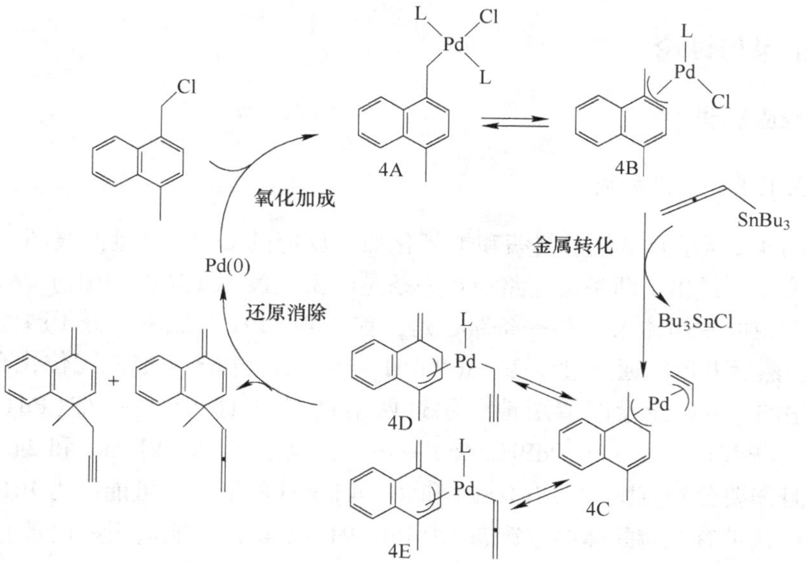

图 4-1 M. Bao 等提出 Pd 催化氯甲基萘和丙二烯三丁基锡的脱芳构化反应机理

在本章中，采用密度泛函理论对氯甲基萘和丙二烯三丁基锡的脱芳构化反应进行了理论计算，确定了相关的中间体和过渡态的优化结构，并使用相对 Gibbs 能和相对焓来分析反应机理。

## 4.2 计算方法

所有的计算工作均是在 Gaussian 03[11] 程序中进行。对于催化循环所涉及的所有反应物、产物、中间体及过渡态的几何构型在密度泛函理论的 B3LYP[12] 水平下进行优化。并在相同水平下对各能量驻点进行了振动频率分析，确认这些驻点分别是势能面上的真正极小值（所有频率都是正值）或一级鞍点（有且只有一个虚的振动频率）。对 Pd、P、Cl 和 Sn 等原子采用赝势 LANL2DZ[13] 基组，C 和 H 原子采用 6-311G(d, p)[14] 基组。为了确保过渡态连接正确的中间体或产物，即该过渡态是我们想要的，在同一水平进行了内禀反应坐标（IRC）计算[15]。对反应中所涉及的一些关键驻点，使用 NBO[16] 分析研究了其电荷变化。为了节约计算资源，采用简化的 $PH_3$ 配体代替 $PPh_3$ 作为催化剂模型，相关研究表明此模型对于 Pd 催化体系的研究是有效的。为了评估脱芳构化反应中萘环的芳香性，用 GIAO[17] 方法中的核独立化学位移（NICS）[18] 进行计算。在下面的讨论中，如无特殊说明都采用气相的相对 Gibbs 能来分析整个反应机理。溶剂化效应则采用溶剂连续化介质模型（PCM）[19] 与 UAHF[20] 半径，在已经得到的几何结构以二氯甲烷为溶剂进行了单点计算。

## 4.3　结果与讨论

### 4.3.1　反应机理

#### 4.3.1.1　氧化加成

如图 4-2 所示是氯代甲基萘和钯氧化加成反应的 Gibbs 能量曲线图。在氧化加成反应中，提出了两条反应路径：一条是经由过渡态 TS($Pd(PH_3)_2$/4a）生成一个四配位的中间体 4a；另一条路径是，首先 $Pd(PH_3)_2$ 脱去一分子膦配体生成 $PdPH_3$，然后 $PdPH_3$ 通过过渡态 TS($PdPH_3$/4b）氧化加成生成三配位化合物 4b。图 4-2 中的 Gibbs 能量图清晰地显示这两个过程（$Pd(PH_3)_2$→TS($Pd(PH_3)_2$/4a)→4a，$Pd(PH_3)_2$→TS($PdPH_3$/4b)→4b）分别放出 25.5kJ/mol 和 24.7kJ/mol 的能量且需要分别克服 116.7kJ/mol 和 87.9kJ/mol 的能垒。可能因为 $PH_3$ 配体的空间效应，带有双膦配体的过渡态 TS($Pd(PH_3)_2$/4a）的能量明显比带有单膦配体的过渡态 TS($PdPH_3$/4b）要高 28.8kJ/mol。此外，在溶液中 TS($Pd(PH_3)_2$/4a）的相对溶剂自由能为 142.3kJ/mol，比 TS($PdPH_3$/4b）高出 40.2kJ/mol。因此，氧化加成的发生是通过 $PdPH_3$→TS($PdPH_3$/4b)→4b 这条路径发生的。此外，双膦配体化合物 4a 可以脱去一个 $PH_3$ 配体形成单膦配体化合物 4b。接下来，三配位化合物 4b 经过过渡态 TS(4b/4c′）和 TS(4b/4c″）分别生成四配位化合物 4c′和 4c″。很明显，在整个催化循环反应中 4c′和 4c″是最稳定的中间体，它们的相对 Gibbs 能都为-43.5kJ/mol。应该注意的是，由于钯和萘环强烈的相互作用，4c′和 4c″的结构是不利于丙二烯三丁基锡和钯中心配位的。因此，中间体 4c′和 4c″并不是反应中的活性物种。我们猜测在氧化加成步中还可能存在着其他有利于生成 π 化合物的中间体。从这一点考虑出发，通过过渡态 TS(4b/4c‴）生成了活性中间体 4c‴。与中间体 4c′和 4c″不同，4c‴是一个钯和甲基萘 $\eta^1$ 配位的 T 型几何构型。这步中（4b→TS(4b/4c‴)→4c‴）的活化能垒只有 42.3kJ/mol，并且吸能 36.0kJ/mol。

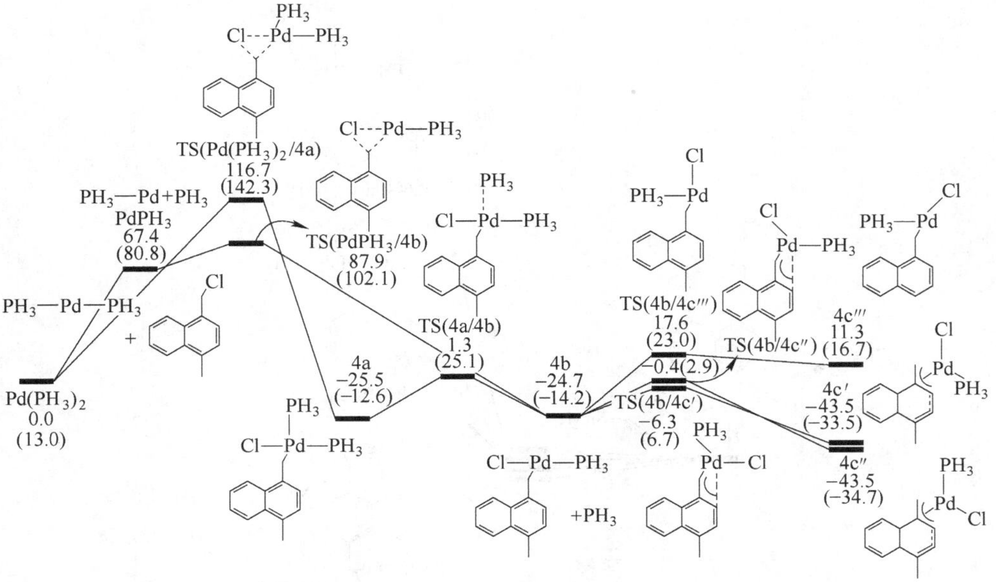

图 4-2　氧化加成过程的能量曲线图

（kJ/mol，括号中为溶剂校正的相对 Gibbs 能）

#### 4.3.1.2　金属转化

在图 4-4 中显示了金属转化反应的 Gibbs 能量曲线图。最近的理论研究结果提供了许多金属转化机理的详细信息，金属转化过程中首先生成一个 π 化合物，然后由 π 化合物通过一个四配位的环状过渡态进行金属转化反应。首先，讨论 (allenyl)$SnMe_3$配位到钯原子中心的配位情况。在理论研究中通常用 $SnMe_3$来模拟 $SnBu_3$。如上所述，中间体 4c‴具有一个空位点能和（allenyl)$SnMe_3$通过弱的配位键成键并形成 π 化合物 4d。因此，（allenyl)$SnMe_3$和 4c‴形成的加合物不是势能面上的最稳定点。由于钯和（allenyl)$SnMe_3$配体配位的方向和位置不同，因此 π 化合物 4d 有四种不同的结构。如图 4-3 所示，4d″中（allenyl)$SnMe_3$的方向和 4d′的相反，且 4d″的能量比 4d′高 5. 8kJ/mol。(allenyl)$SnMe_3$和萘甲基处于对位的异构体 4d‴较不稳定（11. 7kJ/mol），4d⁗最稳定（4. 6kJ/mol）。由于 4d′、4d″、4d‴和 4d⁗之间能量差别不大，所以它们都有可能参与到接下来的反应中。此外，这些异构体的几何构型都可以为以后生成炔丙基和丙二烯基脱芳构化产物提供有利条件。

从 4d′、4d″、4d‴和 4d⁗开始，金属转化反应可能有两种反应机理，分别为三步机理和一步机理。

(1) 三步机理。四个中间体 4d′、4d″、4d‴和 4d⁗经历过渡态 TS(4d′/4e′)、

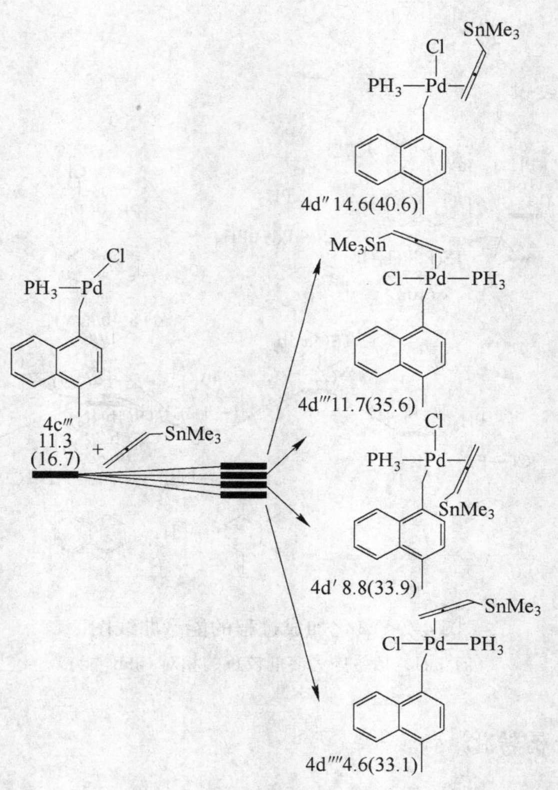


图 4-3　由中间体 4c‴形成的 π 化合物

（kJ/mol，括号中为溶剂校正的相对 Gibbs 能）

TS(4d″/4e″)、TS(4d‴/4e‴) 和 TS(4d⁗/4e⁗) 分别脱去一个膦配体生成 4e′、4e″、4e‴和 4e⁗。从能量图 4-4 可以看出，这个反应需要分别克服 30. 9kJ/mol、26. 8kJ/mol、30. 1kJ/mol 和 46. 4kJ/mol 的能垒，然后分别放出 16. 7kJ/mol、21. 7kJ/mol、17. 6kJ/mol 和 14. 6kJ/mol 的能量。从化合物 4e 开始下一步是金属转化步。这一步涉及大的结构重排，包括三甲基锡通过一个四元环的过渡态从 (allenyl)$SnMe_3$迁移到了氯原子上。此外，丙二烯基和钯原子的配位也从 $\eta^2$配位变成了 $\eta^3$配位。值得注意的是，化合物 4e′和 4e″互为对映异构体。因此，4e′→4f″和 4e″→4f″两步反应具有相同的过渡态 TS(4α/4f″)。这两步的活化势垒分别为 56. 4kJ/mol 和 55. 6kJ/mol 且分别放出 10. 1kJ/mol 和 10. 9kJ/mol 的能量。同样的，4e‴和 4e⁗是另一对对映异构体，两步反应（4e‴→4f′和 4e⁗→4f′）也具有相同过渡态 TS(4β/4f′)。在这两步中分别克服能垒 78. 7kJ/mol 和 82. 8kJ/mol，分别放能 11. 3kJ/mol 和 7. 2kJ/mol。这个结果印证了氯甲基萘与丙二烯三丁基锡反应生成两种产物，即炔丙基和丙二烯基脱芳构化产物的实验结果。上述结论表明，决定脱芳构化产物的关键步骤是金属转化反应。接下来是 $PH_3$ 配体配位到 4f′和 4f″上生成中间体 4k′和 4k″。由于 $PH_3$ 配体从侧面进攻钯中心位置时，匹配的轨道作用和萘环上断键的协同作用，使得这一转换的能垒不高。如图 4-4 所示，4f′和 4f″与 4k′和 4k″之间确实存在可逆平衡。

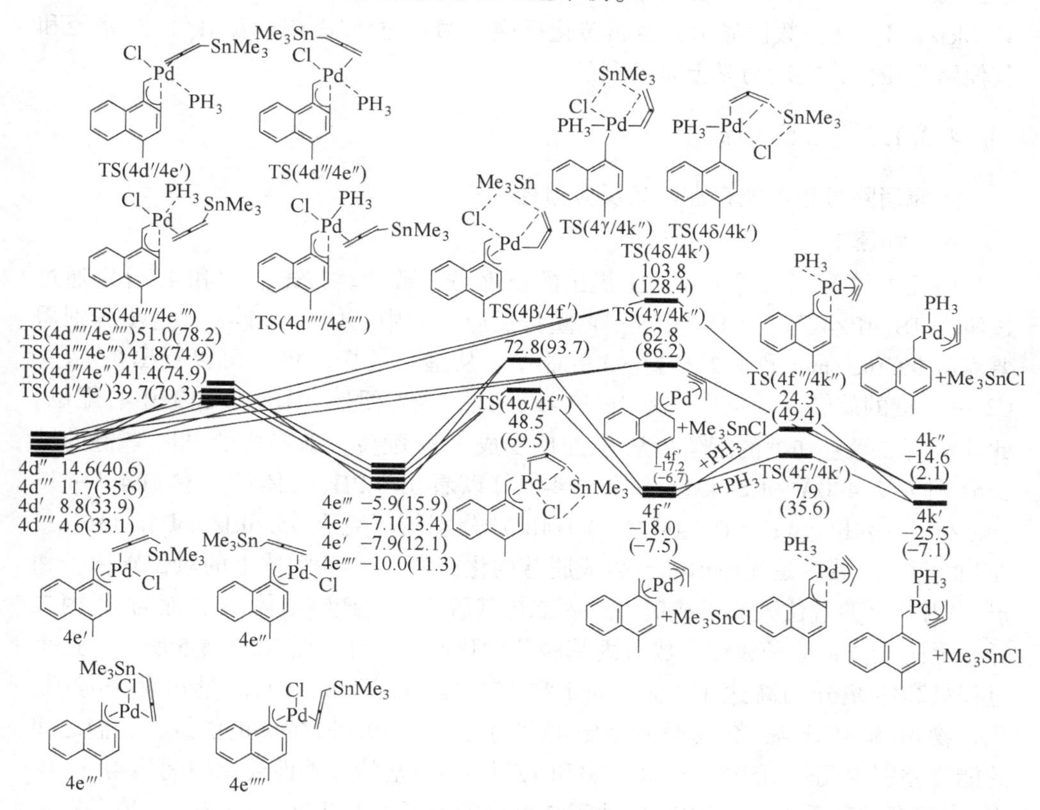


图 4-4　金属转化过程的能量图

（kJ/mol，括号中为溶剂校正的相对 Gibbs 能）

（2）一步机理。与“三步路径”机理不同，一步路径机理是 $SnMe_3$ 通过一个四元环的过渡态直接进行迁移。因为 4d′和 4d″互为对映异构，4d‴和 4d⁗互为对映异构体，所以 4d′→4k″和 4d″→4k″两步具有相同的过渡态 TS(4γ/4k″)，而 4d‴→4k′和 4d⁗→4k′两步具有相同的过渡态 TS(4δ/4k′)。如能量图 4-4 所示，这四步（4d′→4k″、4d″→4k″、4d‴→4k′和 4d⁗→4k′）分别放出 23.4kJ/mol、29.2kJ/mol、37.2kJ/mol 和 30.1kJ/mol 的能量，同时分别需要克服 54.0kJ/mol、48.2kJ/mol 和 92.1kJ/mol 和 99.2kJ/mol 的能垒。

（3）“三步”和“一步”机理的竞争性。总结图 4-4 中的计算数据，可以得到完整的金属转化过程的能量曲线图。从 4d′、4d″、4d‴和 4d⁗开始，三步机理中过渡态 TS(4α/4f″) 和 TS(4β/4f′) 的能量最高，其自由能分别是 48.5kJ/mol 和 72.8kJ/mol。在一步机理中过渡态 TS(4γ/4k″) 和 TS(4δ/4k′)，它们的自由能分别是 62.8kJ/mol 和 103.8kJ/mol。很明显，过渡态 TS(4δ/4k′) 能量很高，分别比 TS(4α/4f″)、TS(4β/4f′) 和 TS(4γ/4k″) 高 55.3kJ/mol、31.0kJ/mol 和 41.0kJ/mol。这些数据显示，金属转化反应中通过过渡态 TS(4δ/4k′) 的路径和其他路径相比，在动力学上是不利的。

#### 4.3.1.3 还原消除

还原消除过程可能存在四条反应路径。

A 路径 1

路径 1 与 M. Bao 等人实验上提出的机理是一致的。首先，4f′和 4f″分别通过过渡态 TS(4f′/4g′) 和 TS(4f″/4g″) 重排反应生成中间体 4g′和 4g″，这步分别需要克服 99.6kJ/mol 和 112.6kJ/mol 的能垒。从虚频的振动模式可以看出是 C1—C2—C3 键的旋转。一旦中间体 4g′和 4g″形成，接着便是 $PH_3$配体和钯中心配位。此外，丙二烯基和钯的配位也从 $\eta^3$配位变成了 $\eta^1$配位。新形成的 Pd—P 键的键长分别为 2.440Å 和 2.431Å。从图 4-5 可以看出，$PH_3$配体的配位（4g′→TS(4g′/4h′)→4h′，4g″→TS(4g″/4h″)→4h″）分别需要克服 55.6kJ/mol 和 43.1kJ/mol 的能垒。然后是还原消除步生成脱芳构化产物。$\eta^3$-萘配体上的对位碳原子和 $\eta^1$-炔丙基上的端位碳原子成键生成丙二烯基脱芳构化产物前体 4i′，而与 $\eta^1$-丙二烯基上的端位碳原子成键生成炔丙基脱芳构化产物前体 4i″。如图 4-5 所示，这个过程最高能垒分别高达 131.8kJ/mol 和 153.1kJ/mol。从总的能量角度来考虑，化合物 4f′和 4f″比 4g′和 4g″分别稳定 48.2kJ/mol 和 49.0kJ/mol 的能量，它们之间的能量差别主要是由于在化合物 4g′和 4g″中 $\eta^3$-萘基的芳香性要比中间体 4f′和 4f″中 $\eta^3$-萘基的芳香性弱。NICS 值计算结果也验证了以上结果。NICS(1) 值是在距苯环中心垂直距离为 1.0Å 处计算的。化合物 4f′、4f″、4g′和 4g″的 NICS(1) 值分别为−16.4、−16.7、−10.2 和−9.1，表明 4f′和 4f″苯环上的芳香性的确比 4g′和 4g″的强。从 4f′和 4f″到 4i′和 4i″的最高势垒分别为 192.1kJ/mol 和 194.1kJ/mol，说明路径 1 不是还原消除反应的最优路径。

B 路径 2

M. Bao 和 Y. Yamamoto 曾经提出一个稍微不同的机理[21]，同样从中间体 4f′和 4f″开始。如图 4-6 所示，路径 2 和路径 1 是相似的，两条路径的主要区别是从 4g′和 4g″开始通过过渡态 TS(4g′/4j′) 和 TS(4g″/4j″) 直接还原消除生成脱芳构化产物，而不是 $PH_3$配体先和钯中心配位。在路径 2 中，从 4f′和 4f″到 4g′和 4g″的过程和在路径 1 是一样的。为了简化，在这里只画出了这条路径的自由能量曲线图，没有讨论该路径的详细反应机理。从 4f′到 4j′的路径 2a 和从 4f″到 4j″的路径 2b 分别吸

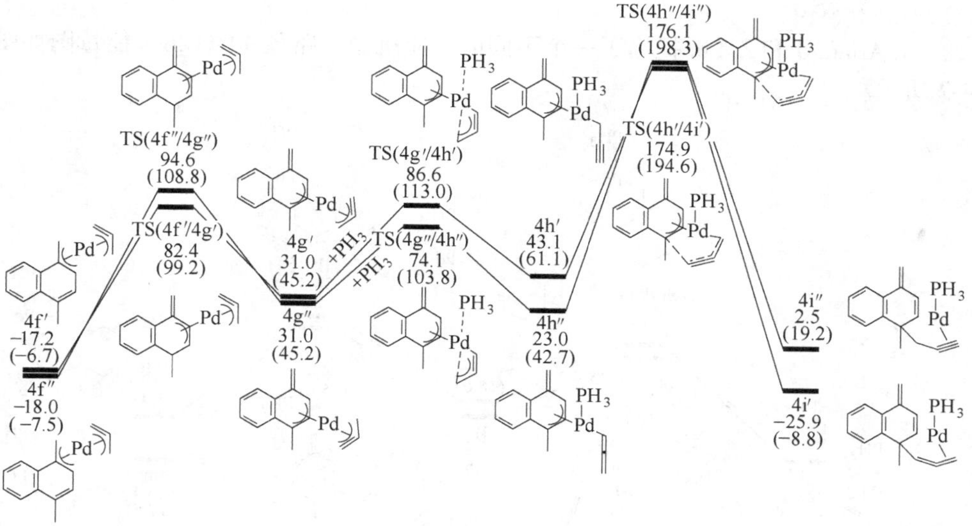

图 4-5 还原消除过程中路径 1 的能量图
（kJ/mol，括号中为溶剂校正的相对 Gibbs 能）

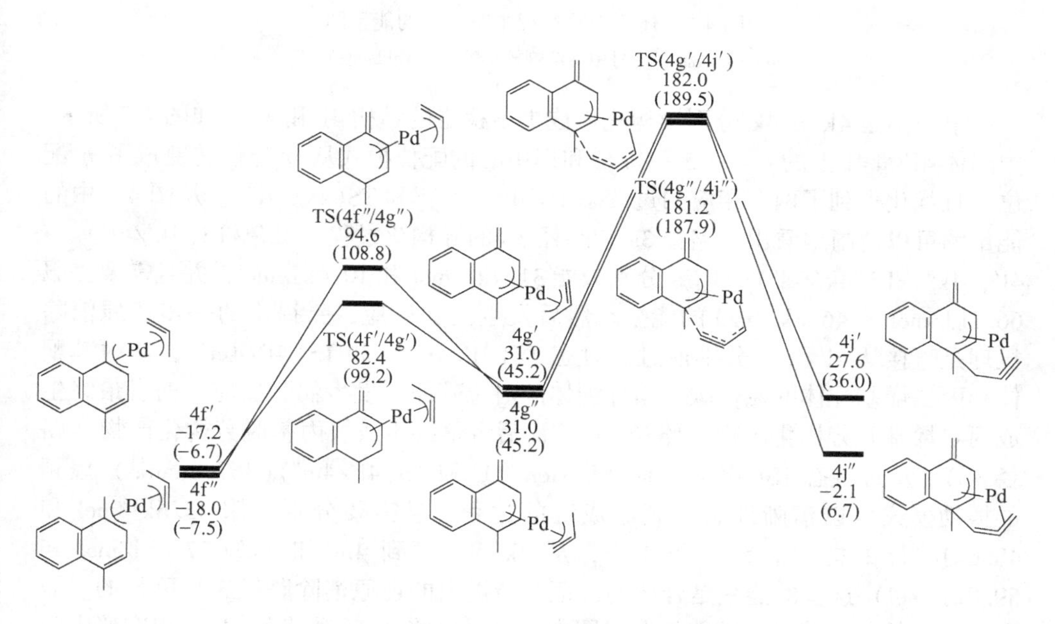


图 4-6 还原消除过程中路径 2 的能量图
（kJ/mol，括号中为溶剂校正的相对 Gibbs 能）

能 44.8kJ/mol 和 15.9kJ/mol，并且都需要克服 199.2kJ/mol 的能垒。这些数据表明，路径 2a 和路径 2b 在动力学上是不利的，因此，在反应中也是不可行的。

C 路径 3

A. Ariafard 和 Z. Lin 提出了一个不同的反应机制。路径 3 的 Gibbs 能量图如图 4-7 所示。

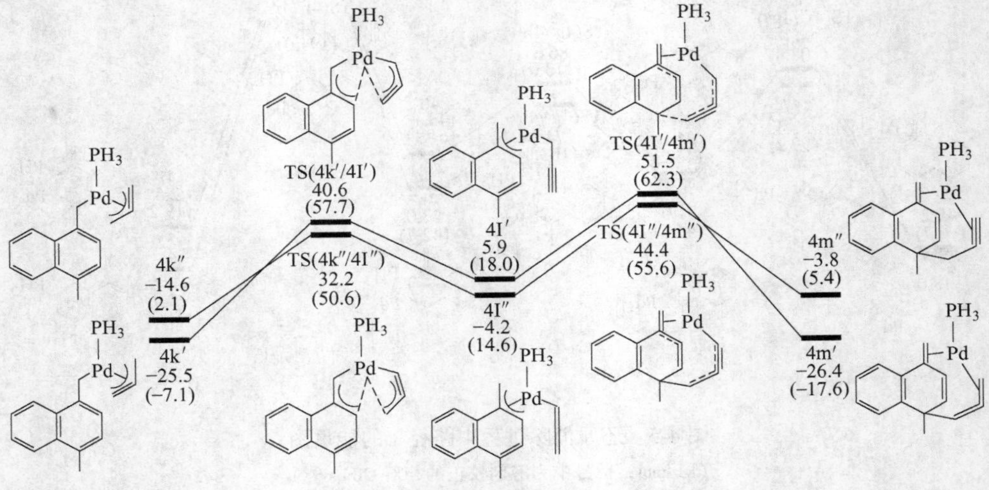

图 4-7 还原消除过程中路径 3 的能量图

（kJ/mol，括号中为溶剂校正的相对 Gibbs 能）

第一步是 4k′和 4k″分别异构化形成更不稳定的结构 4l′和 4l″。如图 4-7 所示，中间体 4l′和 4l″上的 C4—C5—C6 键和钯中心的配位模式从 $\eta^3$配位转变成了 $\eta^1$配位，且优化得到了两个相应的过渡态 TS(4k′/4l′) 和 TS(4k″/4l″)。从图 4-7 中的能量图可以清晰地看出，路径 3a 和路径 3b 的异构化过程（4k′→TS(4k′/4l′)→4l′，4k″→TS(4k″/4l″)→4l″）分别吸能 31. 4kJ/mol 和 10. 4kJ/mol，并且需要克服 66. 1kJ/mol 和 46. 8kJ/mol 的能垒。然后发生消除反应，新提出的一步还原消除机理是直接从 4l′和 4l″分别通过过渡态 TS(4l′/4m′) 和 TS(4l″/4m″)，炔丙基配体和丙二烯基配体的端位碳与萘环配体的对位碳原子发生偶联反应。前者最终生成丙二烯基脱芳构化产物（路径 3a），而后者最终生成炔丙基脱芳构化产物（路径 3b）。从过渡态 TS(4l′/4m′)(292. 1icm$^{-1}$) 和 TS(4l″/4m″)(357. 8icm$^{-1}$) 虚频的振动模式可以清晰地看到碳碳成键的过程，且需要分别克服 45. 6kJ/mol 和 48. 6kJ/mol 的能垒。在路径 3 中，从 4k′和 4k″到 4m′和 4m″(77. 0kJ/mol 和 59. 0kJ/mol) 这步的能垒是合适的，证明新提出的还原消除路径 3 是可行的。需要注意的是，在路径 3 的能量曲线图中可以看出路径 3a 和路径 3b 中相应的中间体和过渡状态的结构非常相似，差异微小并且能量很低，表明路径 3a 和路径 3b 在反应中都是可能存在的。该计算结果和实验结果是一致的，即反应生成了炔丙基和丙二烯基两种脱芳构化产物。此外，4m′和 4m″的 NICS(1) 值分别为−6. 7 和−5. 8，而 4k′和 4k″的 NICS(1) 值分别为−22. 7 和−22. 1，说明 4m′和 4m″中萘环的芳香性比 4k′和 4k″中的要低。

D 路径 4

如上所述，路径 3 涉及单膦配体的化合物 $PdPH_3$，那么是否存在双膦配体的化合物 $Pd(PH_3)_2$反应的机理呢？受这个想法的启发，计算了路径 4 的反应机理。和路径 3 相似，从 4k′和 4k″开始，如图 4-8 所示。

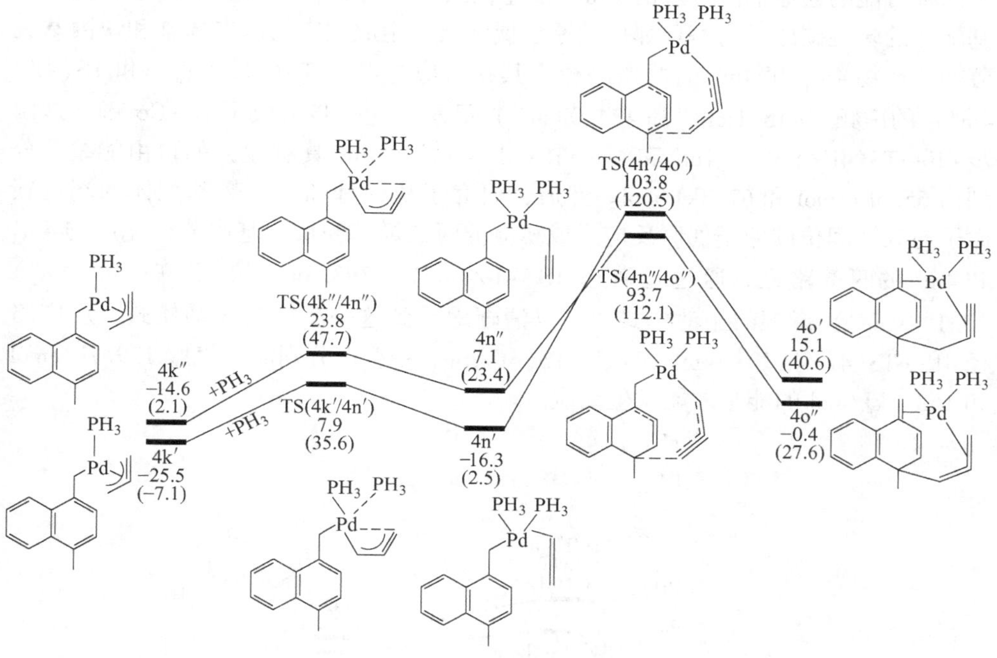

图 4-8 还原消除过程中路径 4 的能量图

（kJ/mol，括号中为溶剂校正的相对 Gibbs 能）

第一步涉及 $PH_3$配体进攻钯原子中心，过渡态 TS(4k′/4n′) 中 Pd—C3 键和 TS(4k″/4n″) 中 Pd—C1 键断裂，同时形成新的 Pd—P 键，且炔丙基和钯原子的配位模式也从 $\eta^3$配位变成 $\eta^1$配位。如图 4-8 中显示，反应路径 4k′→TS(4k′/4n′)→4n′和路径 4k″→TS(4k″/4n″)→4n″都具有较小的能垒，分别为 33.4kJ/mol 和 38.4kJ/mol。一旦生成 4n′和 4n″，下一步就进行还原消除反应。相应的路径中炔丙基配体和丙二烯基配体的端位碳与萘环配体对位碳直接成键，这和还原消除反应生成 4l′和 4l″时的机理是一致的。如图 4-8 所示，4o′和 4o″是包含产物作为配体并且带有两个膦配体的产物前体分子。此外，4o′和 4o″的 NICS(1) 值分别为−9.5 和−8.8，而 4k′和 4k″的 NICS(1) 值分别为−22.7 和−22.1，从中可以看出 4o′和 4o″中萘环的芳香性要比 4k′和 4k″中的低。然而，从化合物 4k′和 4k″生成前体化合物 4o′和 4o″的整个还原消除路径中，能垒较高分别为 129.3kJ/mol 和 108.3kJ/mol。因此，相对应的两条路径（路径 4a 和路径 4b）的反应机理是不可行的。

### 4.3.2　与其他生成脱芳构化产物的路径比较

在还原消除过程中，从 4l′和 4l″开始，除了上述路径 3a 和 3b 外，发现还存在 4 条可能的反应路径。本节研究讨论还原消除步中的区域选择性。图 4-9 显示了四种可能的还原消除反应的 Gibbs 能量曲线图。首先，计算了炔丙基和丙二烯基配体的端位碳原子与萘环邻位碳原子偶联反应生成相应的丙二烯基和炔丙基脱芳构化产物 $4m'_1$ 和 $4m''_1$ 的两条路径。其相对应过渡态 TS($4l'/4m'_1$) 和 TS($4l''/4m''_1$) 的虚频（415. 1icm$^{-1}$和 424. 0icm$^{-1}$）显示，这一步形成了 C—Cσ 键。这两步 $4l' \rightarrow$TS($4l'/4m'_1$)$\rightarrow 4m'_1$ 和 $4l'' \rightarrow$TS($4l''/4m''_1$)$\rightarrow 4m''_1$ 具有较大的自由能垒，分别为 65. 6kJ/mol 和 67. 8kJ/mol。然后，研究了炔丙基和丙二烯基配体的端位碳原子与萘环间位碳原子偶联反应生成相应的丙二烯基和炔丙基脱芳构化产物 $4m'_2$ 和 $4m''_2$ 的两条路径。通过过渡态 TS($4l'/4m'_2$)（393. 3icm$^{-1}$）和 TS($4l'/4m''_2$)（331. 4icm$^{-1}$）虚频的振动模式，可以清晰地看到这一反应的振动模式。反应路径 $4l' \rightarrow$TS($4l'/4m'_2$)$\rightarrow 4m'_2$ 和 $4l'' \rightarrow$TS($4l''/4m''_2$)$\rightarrow 4m''_2$ 分别需要克服 139. 7kJ/mol 和 163. 2kJ/mol 的能垒才能发生反应。

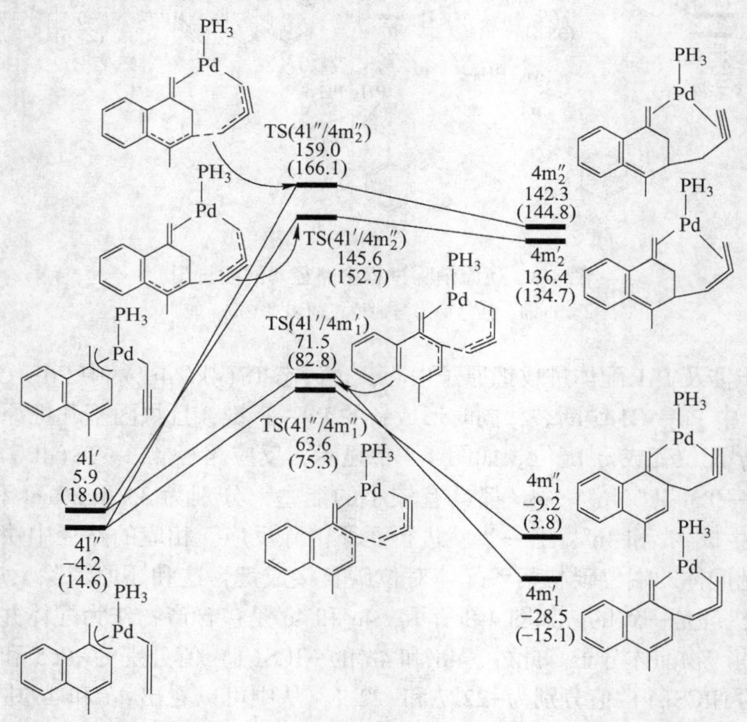


图 4-9　生成其他脱芳构化产物路径的能量图

（kJ/mol，括号中为溶剂校正的相对 Gibbs 能）

对比图 4-7 和图 4-9 的计算结果可以看出，过渡态 TS(4l′/4m$_1'$)、TS(4l″/4m$_1''$)、TS(4l′/4m$_2'$) 和 TS(4l″/4m$_2''$) 的能量比过渡态 TS(4l′/4m′) 和 TS(4l″/4m″) 的高，这也支持了之前的结论，在还原消除步中炔丙基和丙二烯基配体的端位碳原子与萘环对位碳原子发生偶联反应。为了进一步证明以上结论的正确性，对 4l′和 4l″进行了 NBO 电荷分析。发现炔丙基和丙二烯基配体的端位碳原子带负电，$\eta^3$-萘基配体的对位碳原子比邻位和间位碳原子带有更多的正电荷。这些结果与实验结果相一致，反应产物是对位的脱芳构化产物 4m′和 4m″，而没有邻位和间位的脱芳构化产物 4m$_1'$、4m$_2'$、4m$_1''$ 和 4m$_2''$。

### 4.3.3 脱芳构化反应和 Stille 偶联反应路径的比较

如引言所述，钯催化有机锡化合物（$RSnBu_3$）和卤代烃（R′X）的 Stille 偶联反应是直接偶联生成 R—R′，R 和 R′基团构型不会发生变化。为了比较脱芳构化反应和 Stille 偶联反应路径的竞争性，对丙二烯基和萘环直接偶联进行了计算研究。

本节详细地探讨了中间体 4f、4k 和 4n 直接偶联分别产生前体化合物 4p、4q 和 4r。从图 4-10 中的能量曲线图可以看出，过程 4f′→4p′和 4f″→4p″需要克服 134. 4kJ/mol 和 141. 4kJ/mol 的能垒；过程 4k′→4q′和 4k″→4q″需要克服 132. 2kJ/mol 和 112. 1kJ/mol 的能垒；过程 4n′→4r′和 4n″→4r″需要克服 124. 7kJ/mol 和 90. 4kJ/mol 的能垒。从上面的数据发现，直接偶联所需活化能都高于反应 4k′→4m′和 4k″→4m″(77. 0kJ/mol 和 59. 0kJ/mol) 的活化能。此外，发现前体化合物 4p′、4p″、4q′、4q″、4r′和 4r″比 4m′和 4m″相对稳定。因此，可以得出结论：还原消除反应 4l′→4m′和 4l″→4m″是动力学控制而不是热力学控制，比反应路径 4f′→4p′、4f″→4p″、4k′→4m′、4k″→4m″、4n′→4r′和 4n″→4r″更有利。

为了更好地理解为什么还原消除过程中最优路径中的过渡态 TS(4l′/4m′) 和 TS(4l″/4m″) 比直接偶联反应中的过渡态稳定，对中间体 4k′和 4k″进行了 NBO 电荷分析，发现炔丙基和丙二烯基配体的端位碳原子分别带有 -0. 419$e$ 和 -0. 577$e$，$\eta^3$-萘基配体的对位碳原子在 4k′和 4k″中分别带有-0. 008$e$ 和-0. 009$e$。而进行 Stille 直接偶联的碳原子在 4k′和 4k″中分别带有-0. 480$e$ 和-0. 550$e$。通过对比以上数据可以发现，炔丙基和丙二烯基配体的端位碳原子更易于与 $\eta^3$-萘基配体的对位碳原子进行偶联。此外，在过渡态 TS(4l′/4m′) 和 TS(4l″/4m″) 中，甲基萘基配体和 Pd 中心原子间存在着较强的配位作用，而在直接偶联反应的过渡态中甲基萘基配体和 Pd 中心原子之间已不存在相互作用。综上所述，我们的计算结果与实验结果是一致的，钯化合物（$Pd(PPh_3)_4$）催化氯甲基萘和丙二烯三丁基锡的反应生成的是对位的炔丙基和丙二烯基两种脱芳构化产物。

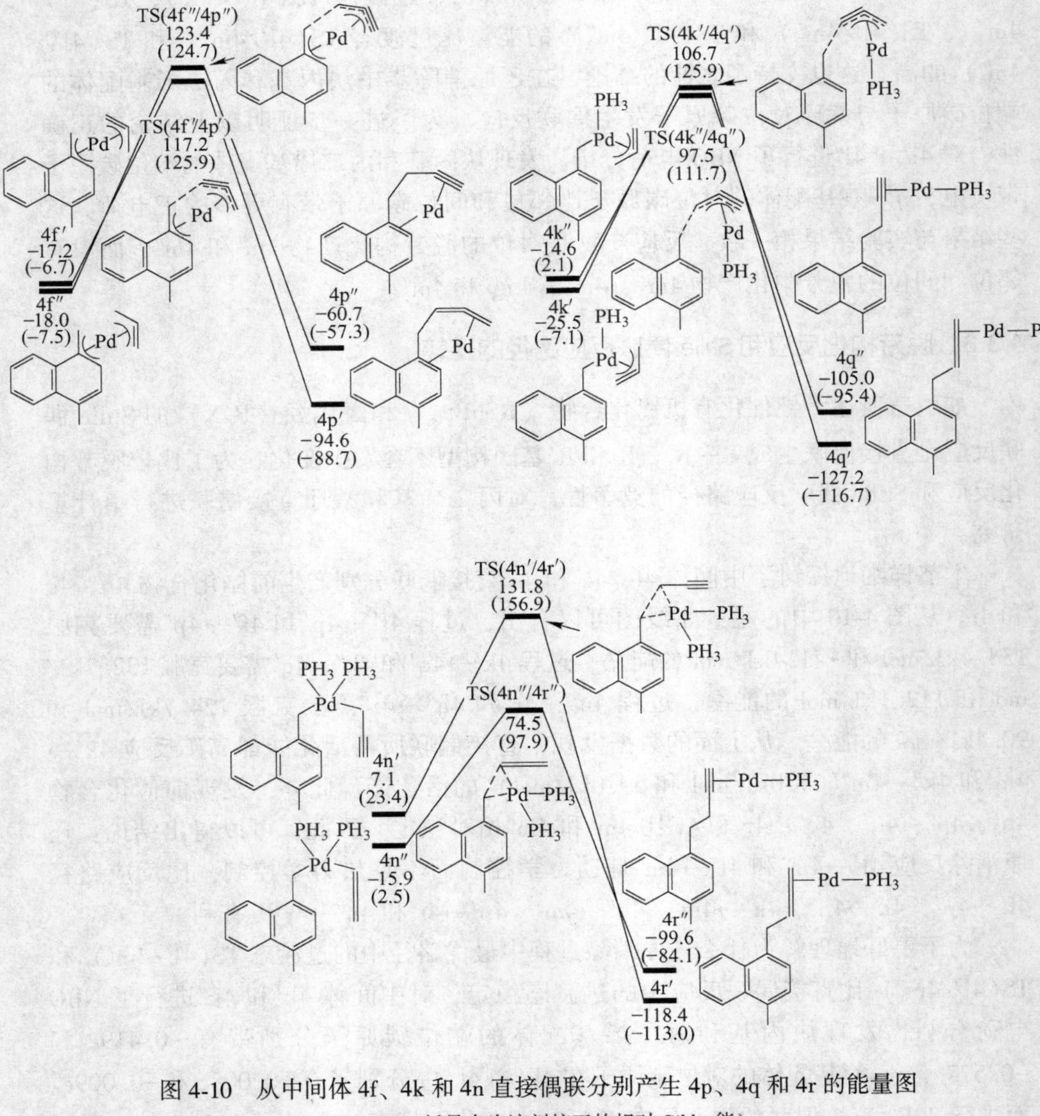

图 4-10　从中间体 4f、4k 和 4n 直接偶联分别产生 4p、4q 和 4r 的能量图

（kJ/mol，括号中为溶剂校正的相对 Gibbs 能）

## 4.3.4　在二氯甲烷溶液中的脱芳构化反应

实验是在室温下的二氯甲烷溶液中进行的。为了评估二氯甲烷溶剂对反应的影响，对整个脱芳构化反应中涉及的物种进行了 SCRF 计算。计算数据在能量曲线图 4-2～图 4-10 中的括号里给出。结果显示，溶剂效应对反应的影响很小。在溶液中反应的关键步仍然是 $Pd(PH_3)_2 \rightarrow TS(PdPH_3/4b) \rightarrow 4b$，只是相对能量稍微

有所增加（从气相中的87.9kJ/mol增加到液相中的89.1kJ/mol）。此外，研究发现，最后的化合物4m′和4m″在液相中比在气相更稳定，因此在二氯甲烷溶液中反应会放出更多的能量。

## 4.4 结论

整个反应是采用密度泛函理论B3LYP和双极化基组LANL2DZ进行模拟计算的，其中Pd、Cl、Sn和P用LANL2DZ基组，C和H用6-311G(d，p）基组。反应中所有涉及的中间体或者过渡态都是能量最小的。基于密度泛函理论计算的结果，发现钯化合物（$Pd(PPh_3)_4$）催化氯甲基萘和丙二烯三丁基锡的脱芳构化反应主要包括三个阶段：（1）氧化加成；（2）金属转化；（3）还原消除与催化剂的再生。在氧化加成中，带有双膦配体的过渡态比带有单膦配体过渡态的能量高。因此，不饱和的12电子单膦配体钯化合物$PdPH_3$是氧化加成时的主要活性物种。在整个催化循环反应中，这一步活化能最高，因此它是整个反应的决速步。中间体4c‴在反应路径中扮演重要角色，因为它有利于π化合物4d的形成。从中间体4d′、4d″、4d‴和4d⁗开始，经过四元环的过渡态进行金属转化反应。在还原消除反应中，中间体4k和4k″异构化生成4l′和4l″，接着通过炔丙基和丙二烯基配体的端位碳原子与萘环对位碳原子偶联进行还原消除反应。还原消除反应也可能从中间体4l′和4l″开始，通过炔丙基和丙二烯基配体的端位碳原子与氯甲基萘环的邻位或间位碳原子偶联产生不同的脱芳构化产物。研究发现，在该反应体系下对位偶联反应比邻、间位偶联反应优先发生。此外，计算结果显示直接偶联生成Stille产物在动力学上是不利的。

## 参考文献

[1] MANDER L N. Exploitation of aryl synthons in the synthesis of polycyclic natural products[J]. Synlett., 1991, 3: 134~144.

[2] HUDLICKY T, TIAN X, KONIGSBERGER K, et al. Toluene dioxygenase-mediated cis-dihydroxylation of aromatics in enantioselective synthesis. Asymmetric total syntheses of pancratistatin and 7-deoxypancratistatin, promising antitumor agents[J]. J. Am. Chem. Soc., 1996, 118: 10752~10765.

[3] WENDER P A, TERNANSKY R, DELONG M, et al. Arene-alkene cycloadditions and organic synthesis[J]. Pure Appl. Chem., 1990, 62: 1597~1602.

[4] CLAYDEN J, TUMBULL R, PINTO I. Nucleophilic addition to electron-rich heteroaromatics: dearomatizing anionic cyclizations of pyrrolecarboxamides[J]. Org. lett., 2004, 6: 609~611.

[5] DELAFUENTE D A, MYERS W H, SABAT M, et al. Tungsten(0) $\eta^2$-thiophene complexes: dearomatization of thiophene and its facile oxidation, protonation, and hydrogenation [J].

Organometallics, 2005, 24: 1876~1885.

[6] HARMAN W D. The activation of aromatic molecules with pentaammineosmium(Ⅱ)[J]. Chem. Rev., 1997, 97: 1953~1978.

[7] PENG B, FENG X J, ZHANG X, et al. Propargylic and allenic carbocycle synthesis through palladium-catalyzed dearomatization reaction[J]. J. Org. Chem., 2010, 75: 2619~2627.

[8] NOVA A, UJAQUE G, MASERAS F, et al. A critical analysis of the cyclic and open alternatives of the transmtaltion step in the Stille cross-coupling reaction[J]. J. Am. Chem. Soc., 2006, 128: 14571~14578.

[9] LI Z, FU Y, GUO Q X, et al. Theoretical study on monoligated Pd-catalyzed cross-coupling reactions of aryl chlorides and bromides[J]. Organometallics, 2008, 27: 4043~4049.

[10] ARIAFARD A, YATES B F. Subtle balance of ligand steric effects in Stille transmetalation[J]. J. Am. Chem. Soc., 2009, 131: 13981~13991.

[11] FRISCH M J, et al. Gaussian 03, RevisionD. 01; Gaussian, Inc: Wallingford, CT, 2004.

[12] BECKE A D. Density-functional thermochemistry. Ⅲ. The role of exact exchange[J]. J. Chem. Phys., 1993, 98: 5648~5652.

[13] (a) WADT W R, HAY P J. Ab initio effective core potentials for molecular calculations. Potentials for main group elements Na to Bi[J]. J. Chem. Phys., 1985, 82: 284~298. (b) HAY P J, WADT W R. Ab initio effective core potentials for molecular calculations. Potentials for K to Au including the outermost core orbitals[J]. J. Chem. Phys., 1985, 82: 299~310.

[14] HAHARAN P C, POPLE J A. The influence of polarization functions on molecular orbital hydrogenation energies[J]. Theor. Chim. Acta., 1973, 28: 213~222.

[15] GONZALEZ C, SCHLEGEL H B. Reaction path following in mass-weighted internal coordinates [J]. J. Phys. Chem., 1990, 94: 5523~5527.

[16] REED A E, CURTISS L A, WEINHOLD F. Interactions from a natural bond orbital, donor-acceptor viewpoint[J]. Chem. Rev., 1988, 88: 899~926.

[17] WOLINSKI K, HINTON J F, PULAY P. Efficient implementation of the gauge-independent atomic orbital method for NMR chemical shift calculations[J]. J. Am. Chem. Soc., 1990, 112: 8251~8260.

[18] SCHLEYER P v R, MAERKER C, DRANSFELD A, et al. Nucleus-independent chemical shifts: a simple and efficient aromaticity probe [J]. J. Am. Chem. Soc., 1996, 118: 6317~6318.

[19] MIERTUS S, SCROCCO E, TOMASI J. Electrostatic interaction of a solute with a continuum. A direct utilizaion of AB initio molecular potentials for the prevision of solvent effects[J]. Chem. Phys., 1981, 55: 117~129.

[20] BARONE V, COSSI M, TOMASI J. A new definition of cavities for the computation of solvation free energies by the polarizable continuum model [J]. J. Chem. Phys., 1997, 107: 3210~3221.

[21] BAO M, NAKAMURA H, YAMAMOTO Y. Facile allylative dearomatization catalyzed by palladium[J]. J. Am. Chem. Soc., 2001, 123: 759~760.

# 5 钯催化芳基卤和异腈酰胺化反应的理论研究

## 5.1 引言

酰胺类化合物是一类非常重要的官能团，它们是天然产物、生物活性分子和多功能药物等的重要结构单元[1]。因此，发展简单、高效的合成酰胺类化合物的方法具有重要的意义。过渡金属催化的碳碳偶联反应是形成 C—C 键和 C—杂原子键最有效的方法之一，它可以用一些简单易得的反应物直接合成酰胺类化合物[2,3]。近年来，过渡金属（例如 Ag、Ru 和 Rh）催化的酰胺化合物合成的反应被大量报道。由于钯催化的偶联反应可以为 C—C 键、C—杂原子键的形成提供更多的可能性，因此成为关注的重点[4,5]。最近，人们通过钯催化芳基卤用一氧化碳气体作为羰基化试剂来合成酰胺类化合物。虽然这类羰基化反应中钯催化剂有着很强的官能团耐受性和很高的催化效率，但是冗长的反应时间和高温高压的反应条件限制了羰基化反应的应用[6]；有毒气体一氧化碳在操作上不方便，羰基化反应的这些特点与绿色化学理念相悖，这就需要去发现和寻找新的符合绿色化学理念的合成方法。

异腈[7]是一类不饱和的分子，性质与一氧化碳类似，但由于其具有更高的反应活性而表现出与一氧化碳明显不同的化学性质。异腈可以代替一氧化碳参与钯催化的偶联反应，在这类反应中，异腈不仅可以为酰胺类化合物的形成提供羰基源，还可以提供氨基源。同时，在异腈的同一个碳原子上既可以发生亲核反应，又可以发生亲电反应。

1859 年化学家 Lieke 通过使用烯丙基碘和氰化银制得了烯丙基异腈，这是制得的第一个异腈类化合物。但是，当时 Lieke 并不知道他制得的是异腈类化合物，以为是腈类化合物。随后，化学家 Gautier 发现了腈和异腈类化合物之间的区别，人们才知道了异腈类化合物的存在。之后，化学家 A. W. Hoffmann[8] 利用伯胺、氢氧化钾和氯仿制得了异腈类化合物，反应方程式为：$RNH_2+CHCl_3+3KOH \rightarrow RNC+3KCl+3H_2O$，这时人们才开始逐渐关注异腈类化合物。异腈参与的反应主要有 3 类：（1）异腈参与的多组分反应；（2）异腈参与的自由基加成反应；（3）过渡金属催化的异腈参与的偶联反应。而钯催化异腈参与的碳碳偶联反应大致可以分为两类：零价钯催化的异腈迁移插入碳—卤键；二价钯催化的异腈迁移插入碳—氢键。

1986 年，M. Kosugi[9] 等人首次报道了 Pd 催化的芳基卤、异腈和有机锡试剂的合成芳基脒类衍生物的反应。虽然这个反应的产物收率低，且使用的是有毒的有机锡试剂和苯溶液，但是这让更多的化学研究人员关注过渡金属催化异腈迁移插入的偶联反应。

$$PhBr + C{\equiv}N{-}t\text{-}Bu + Bu_3Sn{-}NEt_2 \xrightarrow[\text{苯，393.15K}]{Pd(PPh_3)_4} PhC(=N{-}t\text{-}Bu)NEt_2 \quad (5\text{-}1)$$

2000 年，R. J. Whitby[10] 课题组报道了用芳基卤、胺类化合物、异腈在 $PdCl_2$ 或 $Pd(OAc)_2$ 催化作用下合成脒类衍生物的方法（式（5-2））。在这个实验中，R. J. Whitby 等人使用双（二苯基膦）二茂铁作为配体将二价钯还原成了零价钯参与反应。随后，他们用亲核试剂醇钠代替胺类化合物合成了亚胺酯化合物（式（5-3））[11]。2004 年，R. J. Whitby 等人在类似的实验条件下实现了双分子异腈的迁移插入反应，合成了 α-亚胺酯（式（5-4））[12]。同年，R. J. Whitby 他们使用反应物邻卤代苄胺或苄醇构建了苯并五元或六元环脒和亚胺酯类化合物；后来又在相似的实验条件下用烯基卤代物作为反应物，合成了 α，β-不饱和脒和亚胺酯类化合物（式（5-5））[13]。虽然反应体系中还是没有避免有毒的甲苯溶液作为溶剂，但是 R. J. Whitby 等的研究工作推动了异腈在过渡金属催化的 C—C 偶联反应方面的发展。对于这些反应的机理见图 5-1，实验上认为首先是 Pd(0) 和芳基卤发生氧化加成反应，得到芳基钯化合物 5A；接着发生了异腈的迁移插入反应，异腈迁移插入到邻位的 Pd—C 键得到中间体 5B；然后亲核试剂上的阴离子与钯催化剂上的卤素离子交换得到中间体 5C；最后一步是还原消除和催化剂钯的再生，得到 α-亚胺衍生物 5D 和 Pd(0)。

$$PhBr + R^3{-}\overset{\oplus}{N}{\equiv}\overset{\ominus}{C} + R_1NHR_2 \xrightarrow[\text{dppf，}CsCO_3\text{，PhMe}]{PdCl_2\text{或}Pd(OAc)_2} ArC(=NR^3)NR^1R^2 \quad (5\text{-}2)$$

$$ArBr + R^1{-}\overset{\oplus}{N}{\equiv}\overset{\ominus}{C} + PhONa \xrightarrow[\text{dppf，1，4－二氧六环}]{PdCl_2\text{，}NHR^2R^3} ArC(=NR^1)NR^2R^3 \quad (5\text{-}3)$$

$$o\text{-}BrC_6H_4(CH_2)_nXH + R{-}\overset{\oplus}{N}{\equiv}\overset{\ominus}{C} \xrightarrow[\text{PhMe，382.15K}]{PdCl_2\text{，dppf，}CsCO_3} \text{环状亚胺酯 (X=O) 或 环状脒 (X=NH)} \quad (5\text{-}4)$$

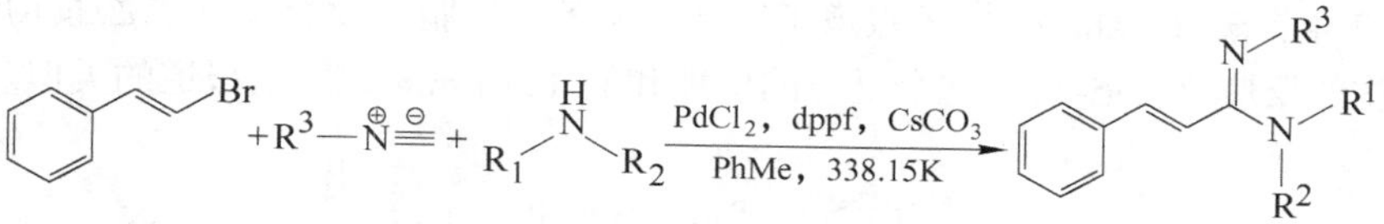
Br
$+R^3—\overset{\oplus}{N}\overset{\ominus}{\equiv}+$
H
N
$R_1$
$R_2$
$PdCl_2$，dppf，$CsCO_3$
PhMe，338.15K
N
$R^3$
N
$R^1$
$R^2$
(5-5)

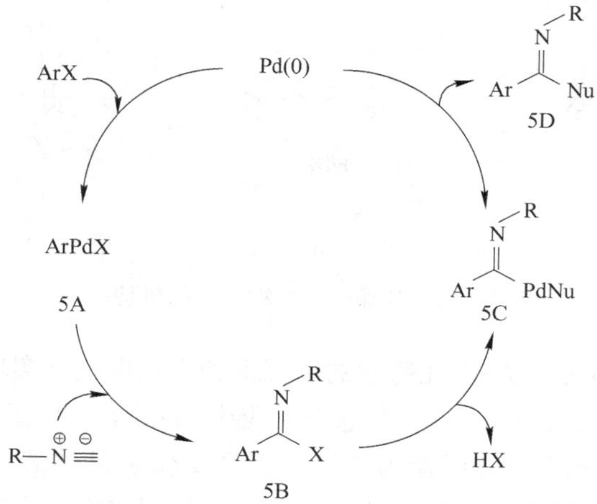
Pd(0)
ArX
ArPdX
5A
R—N≡
Ar X
5B
HX
Ar PdNu
5C
Ar Nu
5D

图 5-1 R. J. Whitby 等报道的钯催化异腈参与的偶联反应可能机理

2002 年，D. P. Curran[14] 等报道了在常温下钯化合物催化邻位碘代的 N-炔丙基取代的吡啶酮和异腈类化合物合成类似于喜树碱的天然产物的反应。这个反应不仅在常温下就可以进行，而且产物的产率还很高。详细机理见图 5-2，首先是邻位碘代 N-炔丙基取代的吡啶酮和零价钯催化剂发生氧化加成反应，得到中间体 5E；然后异腈类化合物迁移插入到 Pd—C 键，得到中间体 5F；第三步是对分子内的碳碳三键加成得到烯基钯中间体 5G；最后是活化氮原子邻位的 C—H 键，分子内关环并还原消除得到最终产物。

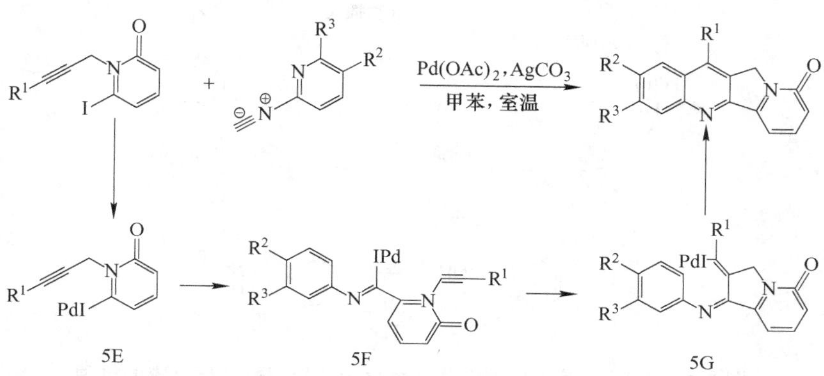
$Pd(OAc)_2$,$AgCO_3$
甲苯，室温
5E
5F
5G

图 5-2 喜树碱合成的机理

2002 年，S. Takahashi[15] 等报道了钯催化碘苯、异腈类化合物和二乙胺构建吲哚衍生物的反应（图 5-3）。这个反应的机理和 D. P. Curran 课题组报道的类似。

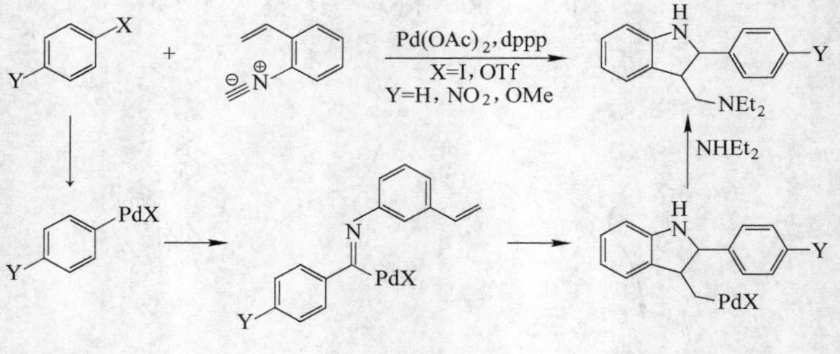

图 5-3　吲哚类衍生物合成的机理

2010 年，H. Jiang 等人[16] 在适宜的温度下利用钯催化剂实现了芳基卤化物与异腈的酰胺化反应（式（5-6））。在这个反应中，异腈的使用不仅为酰胺化合物的合成提供了一个全新而又环保的方法，而且简化了最初的反应路径和反应条件。和之前的合成酰胺类化合物反应不同的是，使用水作为亲核试剂参与异腈与钯催化的交叉偶联反应，并为酰胺类化合物的合成提供了氧源。此外，H. Jiang 等人根据实验结果猜测了可能的反应机理，主要包括氧化加成、异腈的迁移插入、阴离子交换、还原消除和氢迁移（图 5-4）。

$$\text{PhBr} + t\text{-Bu—N}\equiv\text{C} \xrightarrow[\text{DMSO, 363.15K}]{\text{PdCl}_2/\text{PPh}_3\text{, CsF}} \text{PhC(O)NH}t\text{-Bu} \quad (5\text{-}6)$$

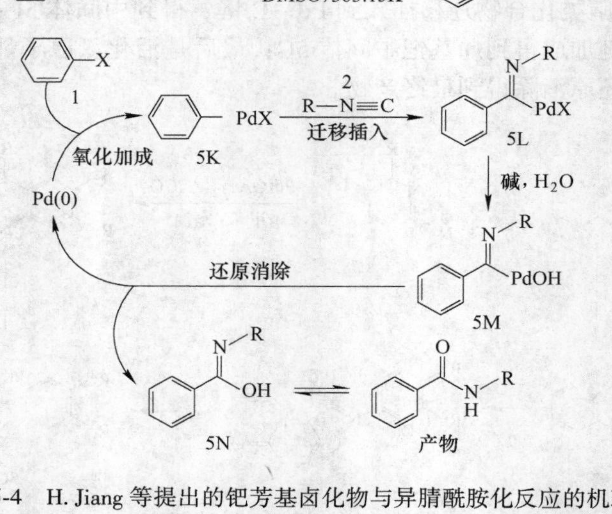

图 5-4　H. Jiang 等提出的钯芳基卤化物与异腈酰胺化反应的机理

虽然实验上发展了钯催化芳基溴和叔丁基异腈的酰胺化反应，但是对于这个反应详细的机理认识还不是很清楚，而且关于钯催化异腈参与的偶联反应的机理研究较少。但是到目前为止，关于钯催化 C—C 偶联反应的机理研究较多，例如，M. A. Carvajal 等[17]利用密度泛函理论研究了钯催化烯丙基氯的羰基化反应；Y. Hu 等[18]利用密度泛函理论在 B3LYP 水平下研究了醇钠作为碱时的钯催化芳基碘的羰基化反应。基于这些研究理论，我们采用密度泛函理论研究了钯催化芳基溴和叔丁基异腈合成酰胺类化合物反应的详细机理。此外，着重解决了以下 3 个问题：（1）对于这个反应体系，提出了 3 条单膦路径和 3 条双膦路径，计算结果显示单膦路径明显优于双膦路径；（2）对氟化铯在反应中的作用进行了深入地研究和分析，证明了氟化铯在阴离子交换过程中可以使反应放出更多的热；（3）水在氢迁移的过程中起到了协助作用和为产物的形成提供了氧源。

## 5.2 计算方法

本章中涉及的所有计算均是在 Gaussian 09[19] 程序中完成的。采用密度泛函理论方法中的 B3LYP 混合密度泛函对所有的反应物、过渡态、中间体及产物的几何构型进行了优化[20]。对 C、H、O 和 N 原子采用 6-311+G(d，p)[21]全电子基组，对 Pd、Cs、P 和 Br 原子采用 LANL2DZ 赝势基组[22]。此外，分别对 Pd（$\xi_f=1.472$），Br（$\xi_d=0.428$）和 P（$\xi_d=0.378$）增加极化函数[23]。理论研究结果证明，将三苯基膦（$PPh_3$）用 $PH_3$ 模型代替是可行的，并且在决速步中用实验中的配体 $PPh_3$ 进行了计算验证。在同一理论水平下对优化的构型进行频率分析，确认它们分别是势能面上的真正极小值（所有频率都是正值）或一级鞍点（有且只有一个虚的振动频率），以及得到这些构型的热力学校正项。采用内禀反应坐标（IRC）[24]在相同的理论水平上分析了文中所涉及的反应路径，确保所寻找到的过渡态是我们所需的且连接正确的反应物和产物。为了验证计算方法的准确性，将已在 B3LYP/LANL2DZ 理论水平上优化好的反应物、产物、中间体和过渡态结构再次分别在 M06[25]/LANL2DZ 理论水平上进行单点计算。对于反应中所涉及的一些关键结构，使用 Hirshfeld[26]分析解释了其电荷的分布情况。在 5.3 节中，如无特殊说明都采用气相的相对 Gibbs 能量来分析整个反应机理。在实验中该反应是在二甲基亚砜（DMSO）溶液中进行的，因此考虑了溶剂化效应，使用连续介质模型 SMD[27] 对气相中优化的所有几何构型进行了单点计算。

## 5.3 结果与讨论

本章中，主要采用密度泛函理论系统地研究氯化钯催化的芳基溴和叔丁基异腈参与的酰胺化反应的详细机理。整个反应包含氧化加成、异腈的迁移插入、阴离子交换、还原消除和氢迁移 5 个过程。对于氯化钯催化芳基溴和叔丁基异腈酰胺化的反应体系，做了一些简化处理，对于这种简化处理也被很多研究证明是可行的，在不完全考虑空间位阻的影响和电子效应的情况下，为了节约计算资源，用 $PH_3$模型代替 $PPh_3$模型。此外，一般在反应中真正起催化作用的是 $L_2Pd^0$或 $LPd^0$。因此，我们假设了三种可能的反应路径（3 条单膦路径和 3 条双膦路径）并进行了相关的计算。这三种可能的反应路径的区别是反应步骤的顺序不同：路径 1 和路径 2 是先进行异腈的迁移插入反应，再进行阴离子交换反应；路径 3 是先进行阴离子交换反应，再进行异腈的迁移插入反应。在整个催化循环的反应过程中，钯催化剂经历了 Pd(0)–Pd(Ⅱ)–Pd(0) 的价态变化。

### 5.3.1　氧化加成

整个催化循环反应是从芳基溴和催化剂 $Pd(PH_3)_2Cl_2$的氧化加成反应开始的。在这个反应过程中，提出了 4 条可能的反应路径（2 条单膦路径和 2 条双膦路径）。由于体系中存在具有还原性的膦配体，所以在它的作用下二价钯 $Pd(PH_3)_2Cl_2$将会被还原为零价钯 $Pd(PH_3)_2$。为了便于比较，选择 $Pd(PH_3)_2$作为所有中间体和过渡态的能量零点。图 5-5 展示了猜测的可能的氧化加成反应的路径和 Gibbs 能量曲线图，图 5-6 展示了一些氧化加成反应中涉及的关键过渡态的结构。

在氧化加成过程中，提出了双膦配体和单膦配体参与的反应路径。双膦配体参与的氧化加成路径是催化剂 $Pd(PH_3)_2$直接和芳基溴作用经过渡态 ts5a 生成一个平面的四配位化合物 5a，然后化合物 5a 脱去一分子的 $PH_3$配体生成氧化加成产物；单膦配体参与的氧化加成路径是带有双膦配体化合物 $Pd(PH_3)_2$先失去一分子的 $PH_3$配体生成带有单膦配体化合物 $PdPH_3$，然后 $PdPH_3$再和芳基溴作用生成氧化加成产物。

14 电子的不饱和化合物 $Pd(PH_3)_2$带有两个 $PH_3$配体，呈直线型结构。Pd—P1 和 Pd—P2 键的键长都是 2.304Å。当化合物 $Pd(PH_3)_2$脱去一分子的 $PH_3$配体形成单膦配体化合物 $PdPH_3$时，Pd—P 键的键长缩短到 2.207Å，猜测这可能是由于 $PH_3$配体的反位效应引起的。在 $PH_3$配体解离的过程中，反应的相对 Gibbs 能量变化值是 52.7kJ/mol。

由图 5-5 可以清晰地观察到，对于化合物 5b 的生成，双膦配体参与的路径是催化剂 $Pd(PH_3)_2$直接和芳基溴发生氧化加成反应，通过过渡态 ts5a 生成四配位的化合物 5a。这一步需要克服 102.5kJ/mol 的能垒。随后，双膦配体化合物 5a 经由过渡态 ts(5a/5b) 脱去溴原子对位的 $PH_3$配体，生成单膦配体化合物 5b，这一过程需要克服 56.5kJ/mol 的能垒。整个过程（$Pd(PH_3)_2$→ts5a→5a→ts(5a/5b)→5b）吸能 37.7kJ/mol。单膦配体参与的路径是芳基溴接近 12 电子化合物 $PdPH_3$的 Pd 中心，经过过渡态 TS5a，C—Br 键断裂，Pd—C 和

Pd—Br 键形成。在单膦配体参与的过程（$PdPH_3$→TS5a→5b）中，相对于起始点 $Pd(PH_3)_2$，只需要克服 61.1kJ/mol 的能垒。如图 5-5 所示，过渡态 ts5a 的 Gibbs 能量比过渡态 TS5a 的高 41.4kJ/mol。因此，可以得出对于化合物 5b 的生成，氧化加成路径是沿着单膦配体参与的路径（$Pd(PH_3)_2$→$PdPH_3$→TS5a→5b）发生的。

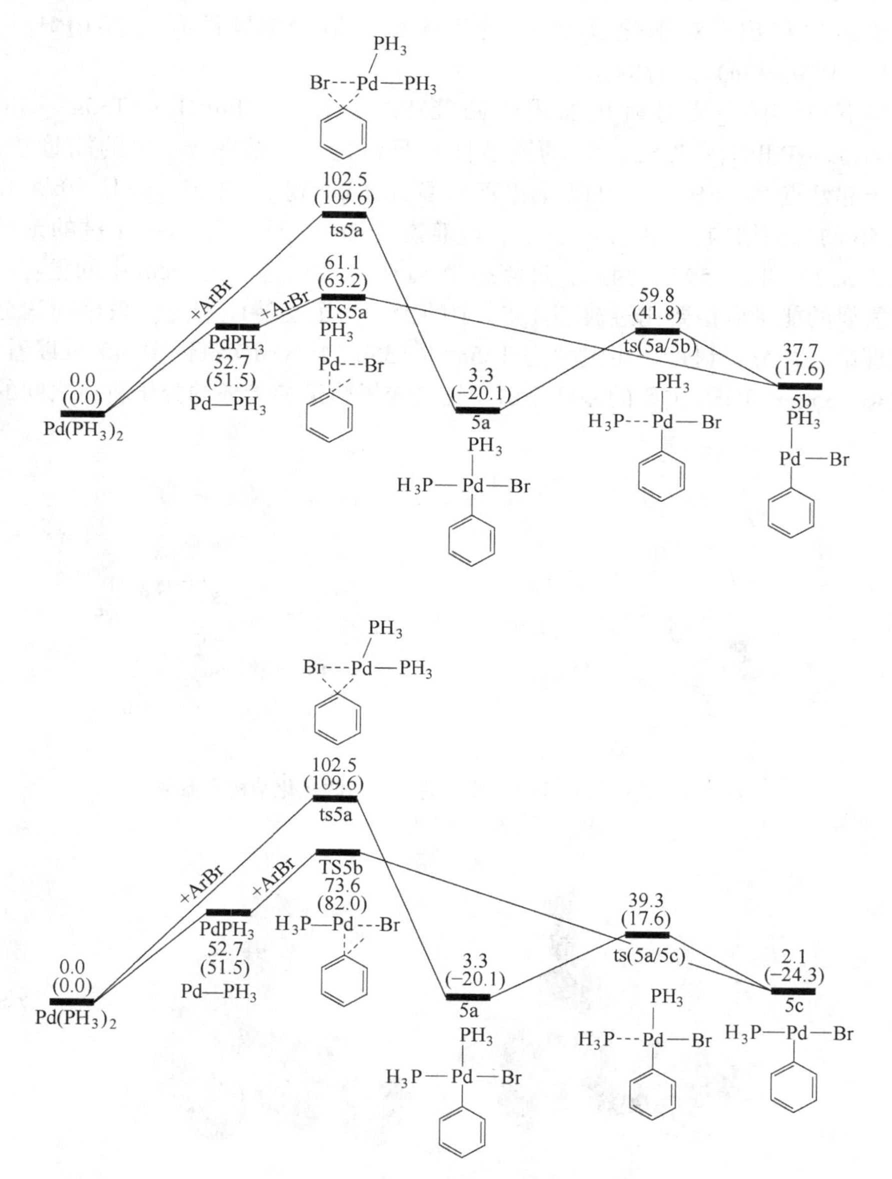


图 5-5 氧化加成的可能路径和能量图

（kJ/mol，括号中为溶剂校正的相对 Gibbs 能）

对于化合物 5c 的生成，也是分为两条路径。由能量图 5-5 可以清晰地观察到，路径 $Pd(PH_3)_2$→ts5a→5a→ts(5a/5c)→5c 和 $PdPH_3$→TS5b→5c 分别需要克服 102.5kJ/mol 和 73.6kJ/mol 的能垒。可能是由于 $PH_3$ 配体的空间位阻效应和电子效应，双膦配体的过渡态 ts5a 的相对 Gibbs 能明显要比单膦配体的过渡态 TS5b 的要高 28.9kJ/mol。生成 T 型化合物 5c 这一过程需要吸能 2.1kJ/mol。由这些数据分析可以得出，对于化合物 5c 的生成也是沿着单膦路径（$Pd(PH_3)_2$→$PdPH_3$→TS5b→5c）进行的。

接下来，有必要对氧化加成中路径 $Pd(PH_3)_2$→$PdPH_3$→TS5a→5b 和 $Pd(PH_3)_2$→$PdPH_3$→TS5b→5c 的竞争性进行讨论。总结图 5-5 中的能量数据，相对于起始点 $Pd(PH_3)_2$，可以看出 TS5a 要比 TS5b 稳定 12.5kJ/mol。分析 TS5a 和 TS5b 的几何结构，如图 5-6 所示，过渡态 TS5a 和 TS5b 中 C—Br 键的键长分别是 2.322Å 和 2.159Å。因此，过渡态 TS5a 中 C—Br 键要比 TS5b 中的更容易断裂，需要的能量应该要比过渡态 TS5b 中的少。为了支持此猜测，采用前线分子轨道理论进行分析讨论。由过渡态 TS5a 和 TS5b 的 HOMO 轨道图 5-7 可以看出，过渡态 TS5a 和 TS5b 主要的差别是由于钯的分子轨道和苯环的分子轨道之间的相

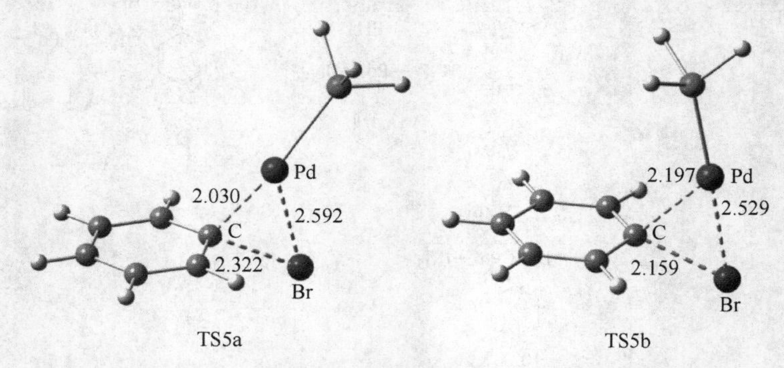


图 5-6　氧化加成过程中涉及的过渡态的优化结构和参数
（键长单位为 Å）

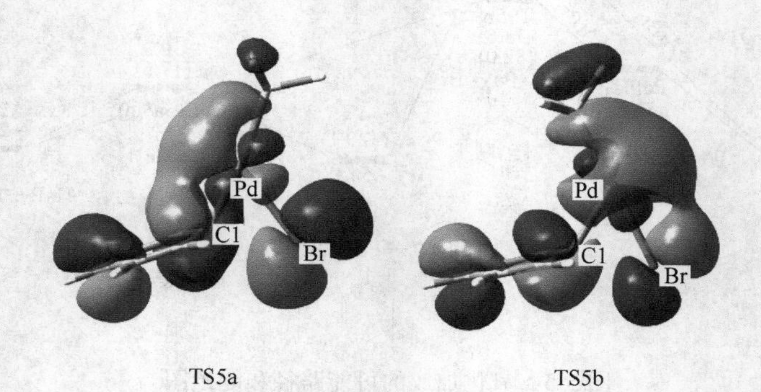


图 5-7　过渡态 TS5a 和 TS5b 的 HOMO 轨道图

互作用不同。对于过渡态 TS5a，钯中心原子的分子轨道和苯环的分子轨道重叠，它们之间形成 π 键。但是在过渡态 TS5b 中，钯中心原子的分子轨道和苯环的分子轨道之间有一个节面，它们之间形成的是反馈 π 键。因此，过渡态 TS5a 比 TS5b 稳定。基于这些分析可以得出结论，从动力学角度来说氧化加成的最优路径是 $Pd(PH_3)_2 \rightarrow PdPH_3 \rightarrow TS5a \rightarrow 5b$。

如图 5-8 所示，化合物 5b 和化合物 5c 互为同分异构体，化合物 5b 可以通过过渡态 ts(5b/5c) 转化成化合物 5c。化合物 5b 转化为化合物 5c 只需越过一个很小的能垒 10.4kJ/mol 和放出 35.6kJ/mol 的能量来达到一个快速平衡。一般情况下金属钯形成四配位的化合物是最稳定，而化合物 5b 和化合物 5c 都具有类似的三配位 T 型结构，很容易和叔丁基异腈配位形成四配位的化合物，这说明化合物 5b 和化合物 5c 都是反应中的活性物种。

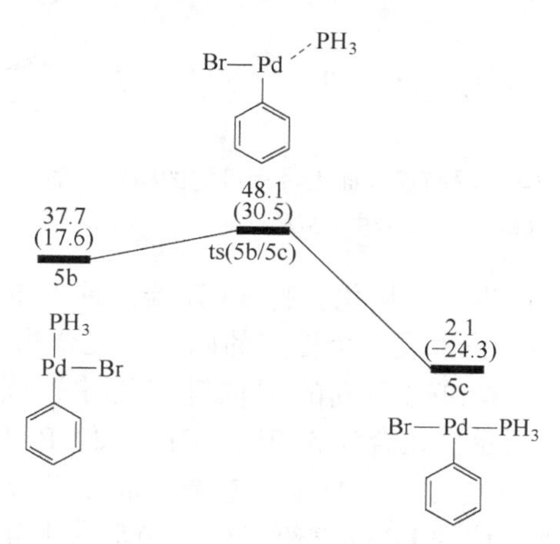


图 5-8　化合物 5b 和 5c 相互转化的能量图

（kJ/mol，括号中为溶剂校正的相对 Gibbs 能）

## 5.3.2　路径 1 和路径 2

### 5.3.2.1　异腈的迁移插入

与传统的合成酰胺类化合物的反应相比，叔丁基异腈的迁移插入过程是最有特点的一步。因为在这一过程中，不再是使用有毒气体一氧化碳和氨基化合物来制备酰胺产物，而是使用了液体的叔丁基异腈，它为产物的生成提供了羰基源和氨基源。这一过程大致可以分为两步：首先是富电子的叔丁基异腈和缺电子的 Pd 中心配位，生成一个稳定的四配位配合物；然后，叔丁基异腈迁移插入到邻位的 Pd—C 键。图 5-9 显示的是叔丁基异腈迁移插入过程的反应路径和 Gibbs 能量曲线图，图 5-10 给出的是迁移插入过程中涉及的中间体和过渡态的优化结构和参数。

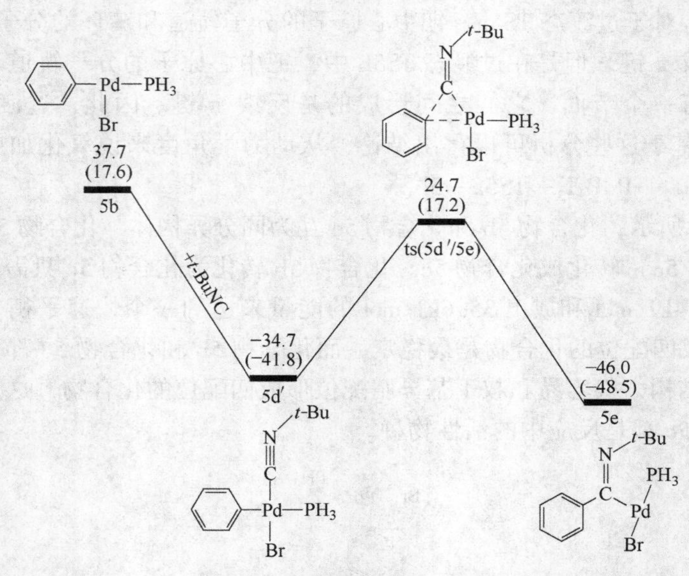


图 5-9　异腈迁移插入过程可能的路径和能量图

（kJ/mol，括号中为溶剂校正的相对 Gibbs 能）

在异腈的迁移插入过程中，从化合物 5b 开始，首先叔丁基异腈接近化合物 5b 并和缺电子的钯中心配位生成一个稳定的四配位配合物 5d′。由图 5-9 能量曲线可以看出，叔丁基异腈和钯形成的配位键很稳定，该步（5b→5d′）放能 72. 4kJ/mol。如图 5-10 所示，化合物 5d′中的 C1、C2、Br 和 P 原子分别和 Pd 中心配位，使钯原子处于 18 电子稳定状态。接着，叔丁基异腈通过三元环过渡态 ts(5d′/5e) 迁移插入到邻位的 Pd—C2 键，生成稳定的化合物 5e。这一步需要克服的能垒是 59. 4kJ/mol，放能 11. 3kJ/mol。和化合物 5d′中 Pd—C2 键的 2. 043Å 相比，在过渡态 ts(5d′/5e) 中增加到 2. 154Å；C1 和 C2 原子之间的距离缩短到 1. 924Å。从过渡态 ts(5d′/5e) 虚频（279. 9i$cm^{-1}$）的振动模式可以明显地看出 Pd—C2 键断裂、C1 和 C2 原子成键的振动趋势。在化合物 5e 中，Pd—C2 键已完全断裂，C1 和 C2 原子成键，键长是 1. 491Å。

#### 5. 3. 2. 2　阴离子交换和还原消除

实验结果表明，反应必须在有碱的条件下才可以发生，而氟化铯作为碱时反应的产率最高。猜测原因可能是氟化铯在溶液中和水反应水解生成氢氧化铯和氟化氢，建立了一个有利于反应进行的碱性环境。在阴离子交换和还原消除反应过程中，预测了 2 种可能的反应路径（路径 1 和路径 2）。这部分的能量曲线图见图 5-11、图 5-13、图 5-15 和图 5-16，和这部分相关的一些关键中间体和过渡态的结构见图 5-12、图 5-14 和图 5-17。

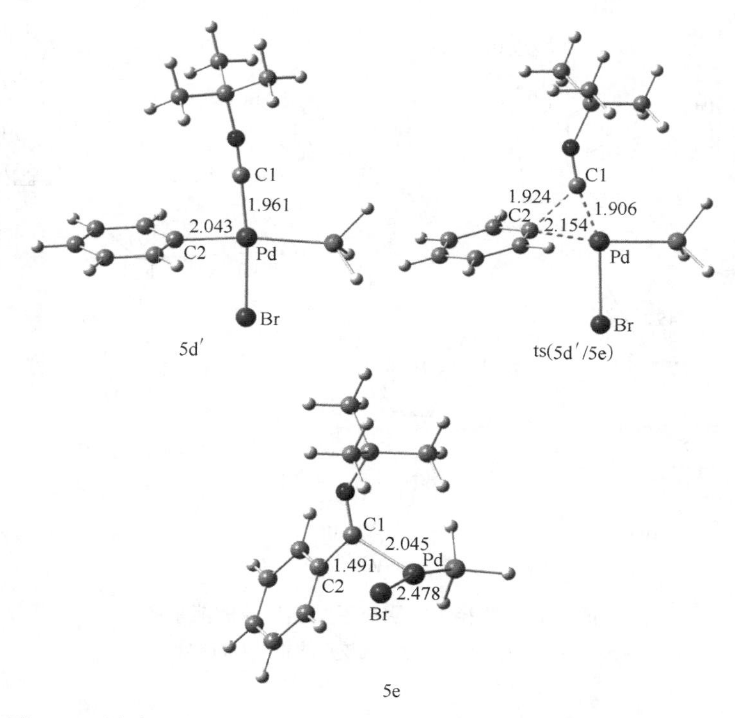


图 5-10 异腈迁移插入过程中关键中间体和过渡态的优化结构和参数
（键长单位为 Å）

A 路径 1(阴离子交换→还原消除)

a 阴离子交换反应

在钯催化的酰胺化反应中，阴离子交换反应是整个催化循环过程中重要的一步。在这一过程中，化合物 5e 和氢氧化铯发生反应生成化合物 5i，并释放出溴化铯。

阴离子交换的第一步是氢氧化铯直接和化合物 5e 配位生成一个很稳定的配合物 5f，这一过程（5e→5f）放能 99.2kJ/mol。如图 5-12 所示，在配合物 5f 中，氢氧化铯羟基上的氧和钯配位，铯和溴配位，此时钯和氧之间的距离是 2.236Å，还没有成键，但它们之间存在弱的相互作用。通过过渡态 ts(5f/5g)，羟基上的氧逐渐接近金属钯中心，这一步需要克服的能垒是 82.9kJ/mol。在过渡态 ts(5f/5g）中钯的配位结构是一个扭曲的四边形，和化合物 5f 中 Pd—Br 键的键长 2.593Å 相比，过渡态 ts(5f/5g）中的 Pd—Br 键的键长增加到 2.629Å。很明显，Pd 和 Br 之间的作用在逐渐减弱，羟基则沿着 Pd—O 的坐标方向有着一个很明显的振动，IRC 计算结果也证明了过渡态 ts(5f/5g）是连接着化合物 5f 和化合物 5g 的。在化合物 5g 中，Pd 和 O 成键，Pd、Br、Cs 和 O 原子形成一个平面四元环结构，C、P、Pd、Br、Cs 和 O 原子共平面。此外，钯和溴原子之间的距离进一

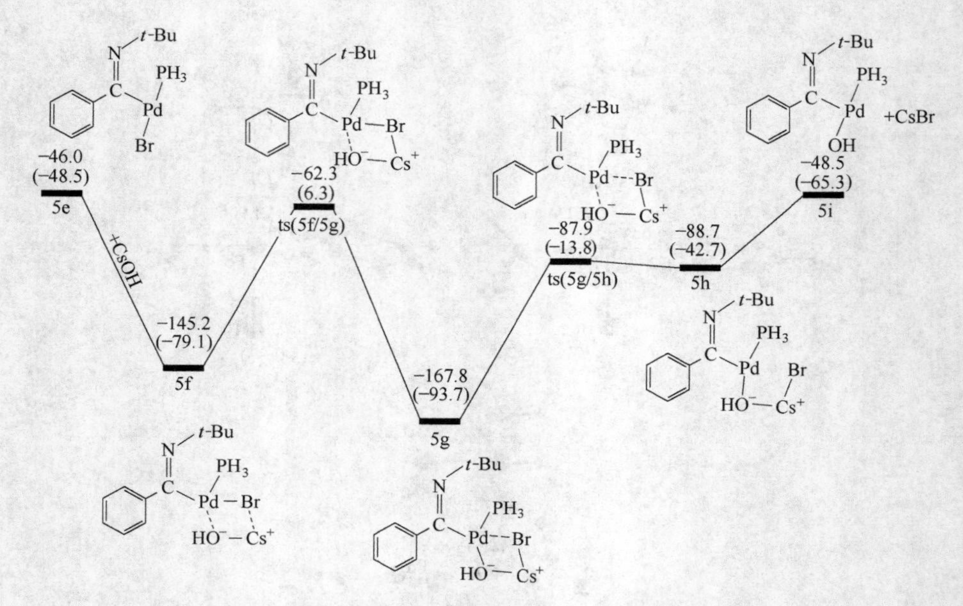


图 5-11　路径 1 中阴离子交换反应的能量图

（kJ/mol，括号中为溶剂校正的相对 Gibbs 能）

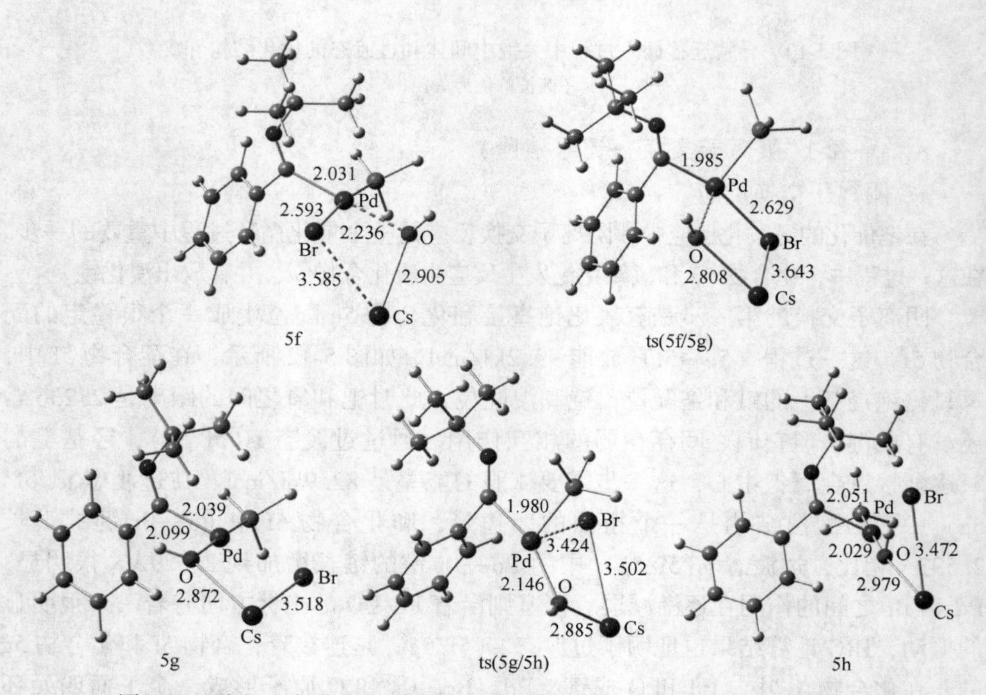


图 5-12　路径 1 中阴离子交换反应的中间体和过渡态的优化结构和参数

（键长单位为 Å）

步增大，这将有利于在下一过程中 Pd—Br 键的断裂。这一过程（5f→ts(5f/5g) →5g）放能 22.6kJ/mol。

在第二步中，溴原子逐渐远离钯原子的中心，经过过渡态 ts(5g/5h) 得到化合物 5h 并释放出溴化铯。由 Gibbs 能量曲线图可以知道，这一步需要克服能垒 79.9kJ/mol。在过渡态 ts(5g/5h) 中，由 Pd、Br、Cs 和 O 原子组成了一个四边形结构。和化合物 5g 中 Cs—O 键的键长 2.872Å 相比，在过渡态 ts(5g/5h) 中的 Cs—O 键的键长伸长到 2.885Å。随后，Pd—Br 键的断裂，生成了化合物 5h。这一步需要吸能 79.1kJ/mol。从图 5-12 可以看出，化合物 5h 中的 Pd—Br 键已经完全断裂。和过渡态 ts(5g/5h) 中 Cs—O 键的键长 2.885Å 相比，化合物 5h 中的 Cs—O 键的键长进一步伸长到 2.979Å。在 5h→5i 的反应过程中，Cs—O 键已经完全断裂并生成了 CsBr，该过程中 Cs—O 键的断裂需要吸能 40.2kJ/mol。

为了说明以上键长的变化原因，进行 Hirshfeld 电荷分析。结果表明，和化合物 5g 中 O(−0.689$e$)、Pd(+0.481$e$) 和 Br(−0.606$e$) 的电荷相比，化合物 5h 中它们相应的电荷分别增加到 −0.835$e$(O)、+0.534$e$(Pd) 和 −0.745$e$(Br)。O ($\Delta q$=0.146$e$) 的电荷变化主要是由于 Br($\Delta q$=0.139$e$) 的电荷变化而不是 Pd($\Delta q$=0.053$e$) 的电荷变化。因此，和化合物 5g 中 Pd—O 键（2.099Å）和 Cs—O 键（2.872Å）相比，这些电荷的变化最终导致了 Pd、O 成键和 Cs—O 键的断裂。

b 还原消除

在绝大多数的钯催化的碳碳偶联反应中，还原消除过程是产物的生成步。在该催化循环中，化合物 5i 通过还原消除和催化剂解离得到 $PdPH_3$ 或 $Pd(PH_3)_2$ 和化合物 5j。图 5-13 显示了还原消除过程中可能的反应路径和 Gibbs 能量曲线图，图 5-14 展示了还原消除过程中关键中间体和过渡态的几何结构和参数。

在 5i→5j 的还原消除过程中，主要有两条路径（单膦路径和双膦路径）。这两条路径最主要的区别是化合物 5i 是直接解离催化剂 $PdPH_3$，还是先和配体 $PH_3$ 配位再解离 $Pd(PH_3)_2$。首先，先讨论双膦配体参与的路径。一分子的 $PH_3$ 配体和化合物 5i 中钯的空轨道配位，通过过渡态 ts(5i/5l) 生成了双膦化合物 5l。该过程（5i→ts(5i/5l)→5l）吸能 17.1kJ/mol，并需要克服能垒 90.8kJ/mol。然后是从化合物 5l 开始，发生还原消除，过渡态 ts(5l/5j)（300.8i$cm^{-1}$）的虚频振动模式生动地描述了这一过程。该步 5l→ts(5l/5j)→5j 放能 137.6kJ/mol，需要克服的能垒是 48.1kJ/mol。双膦配体参与的还原消除路径从化合物 5i 到化合物 5j 的最高能垒是 90.8kJ/mol。接下来，讨论单膦配体参与的路径。随着碳和氧原子之间的距离减小到 2.014Å，确定了过渡态 ts(5i/5j)。和化合物 5i 中的 2.043Å 和 2.006Å 相比，化合物 5j 中的 Pd—C 键和 Pd—O 键的键长分别伸长到了 2.167Å 和 2.103Å。这些数据表明伸长的 Pd—C 键和 Pd—O 键为最初的催化剂 $PdPH_3$ 的离去提供了便利条件。过渡态 ts(5i/5j)（242.1i$cm^{-1}$）的虚频振动模

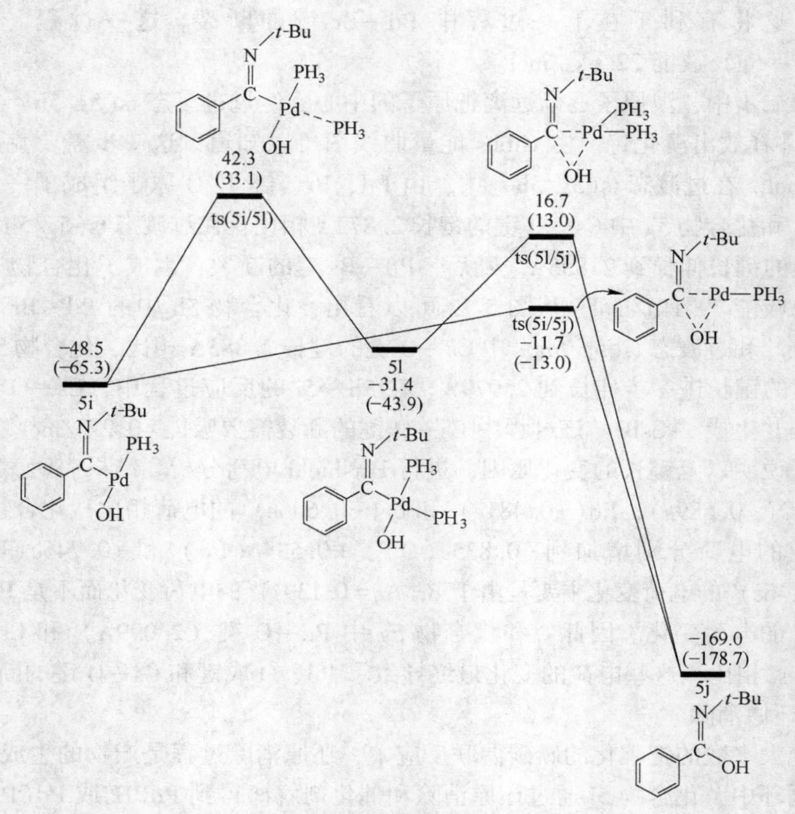


图 5-13　路径 1 中还原消除反应的能量图
（kJ/mol，括号中为溶剂校正的相对 Gibbs 能）

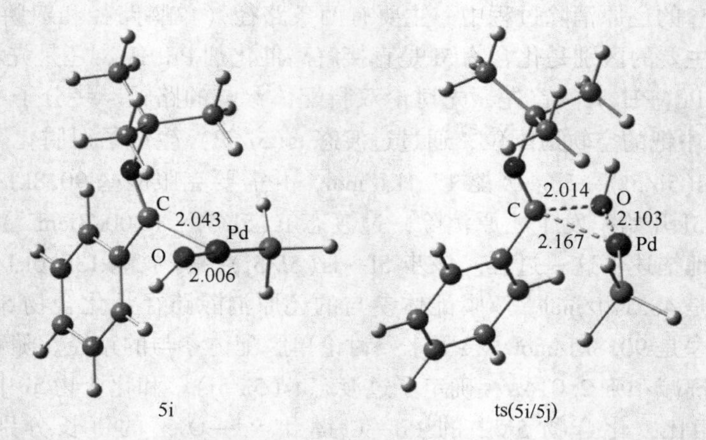


图 5-14　路径 1 中还原消除过程中关键中间体和过渡态的优化结构和参数
（键长单位为 Å）

式描述了羟基上的氧和叔丁基异腈上的碳成键和催化剂 $PdPH_3$ 的解离，该步需要克服的能垒是 36.8kJ/mol，放能 120.5kJ/mol。

B　路径 2（还原消除→阴离子交换）

和路径 1 不同的是，路径 2 首先发生的是还原消除反应，然后再发生阴离子交换反应。

a　还原消除

如图 5-15 所示，路径 2 的还原消除也分为两条路径（单膦路径和双膦路径）。双膦配体参与的路径首先是一分子的 $PH_3$ 配体和化合物 5e 中 Pd 的空轨道配位，通过过渡态 ts(5e/5p) 生成化合物 5p。在这个过程（5e→ts(5e/5p)→5p）中需要克服能垒 30.1kJ/mol，吸能 22.6kJ/mol。然后，经过三元环过渡态 ts(5p/5m) 生成了化合物 5m 并释放出最初的催化剂 $Pd(PH_3)_2$。这一步（5p→ts(5p/5m)→5m）吸能 6.2kJ/mol，克服能垒 73.6kJ/mol。接下来，讨论单膦配体参与的路径（5e→ts(5e/5m)→5m）。化合物 5e 发生的还原消除是溴原子和叔丁基异腈上的碳原子偶联，通过三元环的过渡态 ts(5e/5m)。然后，Pd—Br 和 Pd—C 键断裂，钯催化剂 $PdPH_3$ 再生，形成了化合物 5m。在这一过程中吸能 28.8kJ/mol，克服 85.7kJ/mol 的能垒。由 Gibbs 能量曲线图 5-15 可知，从动力学角度而言，单膦配体参与的路径（5e→ts(5e/5m)→5m）要比双膦配体参与的路径（5e→ts(5e/5p)→5p→ts(5p/5m)→5m）更为可行。

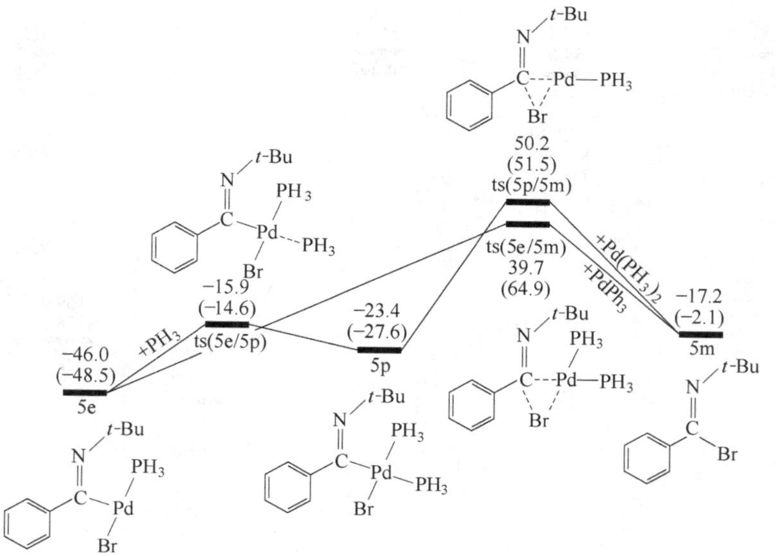

50.2 (51.5) ts(5p/5m)
ts(5e/5m) 39.7 (64.9)
−15.9 (−14.6) ts(5e/5p)
−23.4 (−27.6) 5p
−46.0 (−48.5) 5e
−17.2 (−2.1) 5m
+$PH_3$
+$Pd(PH_3)_2$
+$PdPH_3$

图 5-15　路径 2 中还原消除反应的能量图

（kJ/mol，括号中为溶剂校正的相对 Gibbs 能）

b　阴离子交换

在这一过程中，氢氧化铯和化合物 5m 反应生成稳定的化合物 5j 并释放出溴化铯。首先是氢氧化铯和化合物 5m 配位生成更稳定的络合物 5n。由 Gibbs 能量曲线图 5-16 可以看出，这一过程（5m→5n）放能 5. 4kJ/mol。在化合物 5n 中，溴原子和铯原子配位，而碳原子和氧原子之间还没有相互作用。随着 C—Br 键的断裂，C—O 键的生成，产生了一个四元环的过渡态 ts(5n/5o)，这一过程需要克服一个很小的能垒 3. 4kJ/mol。由过渡态 ts(5n/5o) 的振动模式可以判断出基元反应 5n→ts(5n/5o)→5o 是一个协同反应。在过渡态 ts(5n/5o) 中，由 C、Br、Cs 和 O 原子共同组成了一个四边形的结构。和化合物 5n 中的 Cs—O 键（2. 817Å）和 C—Br 键（2. 452Å）的键长相比，在过渡态 ts(5n/5o) 中 Cs—O 键和 C—Br 键的键长分别伸长到了 2. 847Å 和 2. 703Å，为溴化铯的离去奠定了基础。然后，C—Br 键断裂，生成了化合物 5o，这一步放能 174. 9kJ/mol。在化合物 5o 中，C 和 O 成键，键长是 1. 370Å，和过渡态的 2. 847Å 相比，Cs—O 键的键长伸长到了 3. 176Å，Cs—O 键的键长变化将有利于下一步溴化铯的脱去。最后，伴随着 Cs—O 键的断裂，生成了化合物 5j 和溴化铯。在这一过程中吸能 28. 5kJ/mol。

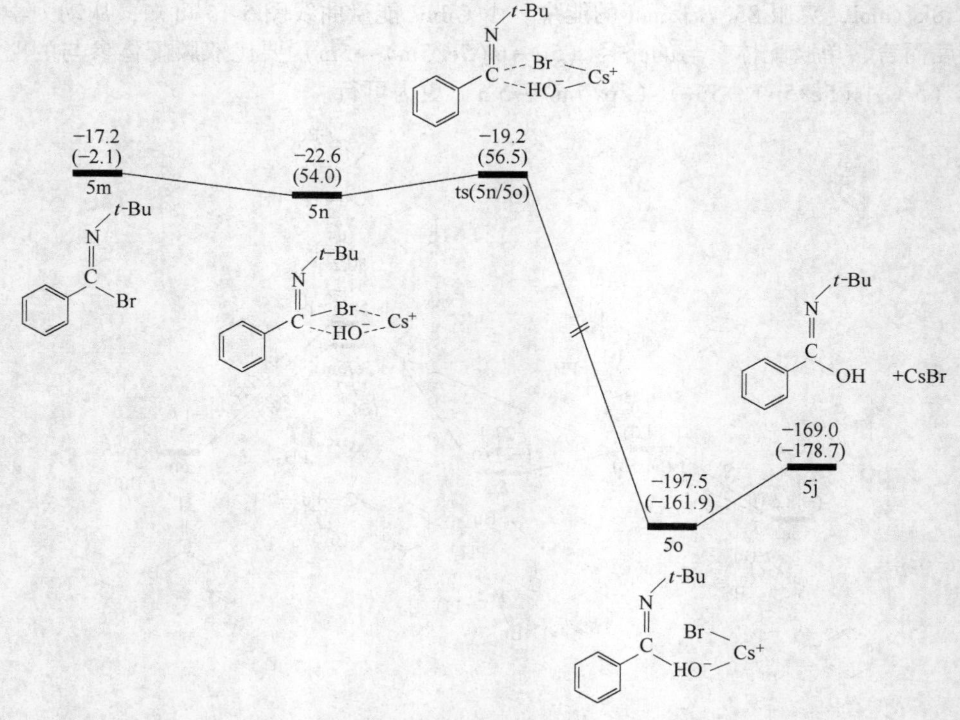


图 5-16　路径 2 中阴离子交换反应的能量图

（kJ/mol，括号中为溶剂校正的相对 Gibbs 能）

对比单膦配体参与的路径 1 和 2，可以发现这两条路径的最高能量点分别是还原消除步的过渡态 ts(5i/5j) 和 ts(5e/5m)，它们相对的 Gibbs 能分别是 -11.7kJ/mol和 39.7kJ/mol。这些数据可以说明，从能量的角度而言，单膦配体参与的路径 1 是可行的。如图 5-14 和图 5-17 所示，过渡态 ts(5i/5j) 和 ts(5e/5m) 的结构很相似，它们之间主要的不同是过渡态 ts(5i/5j) 的三元环是由碳、钯和氧原子构成的，而过渡态 ts(5e/5m) 的三元环是由碳、钯和溴原子构成的。由于羟基的供电子能力大于溴原子的，所以猜测 C—O 键的形成要比 C—Br 键的形成所消耗的能量少。为了进一步地证明此观点，采用了 Hirshfeld 电荷分析法计算了过渡态 ts(5i/5j) 和 ts(5e/5m) 的电荷。计算结果表明过渡态 ts(5i/5j) 上的氧原子携带的负电荷比过渡态 ts(5e/5m) 上的溴原子携带的负电荷多（过渡态 ts(5i/5j) 和 ts(5e/5m) 分别携带的负电荷是-0.513*e* 和-0.131*e*）。而过渡态 ts(5i/5j) 和 ts(5e/5m) 中的叔丁基异腈上的碳原子携带的正电荷分别是 0.099*e* 和 0.005*e*。因此，带负电荷的氧原子和带正电荷的叔丁基异腈的碳原子之间的静电作用是形成能量更低的过渡态 ts(5i/5j) 的原因。这些数据足以证明此观点是正确的，以及单膦配体参与的路径 1 是最优路径。

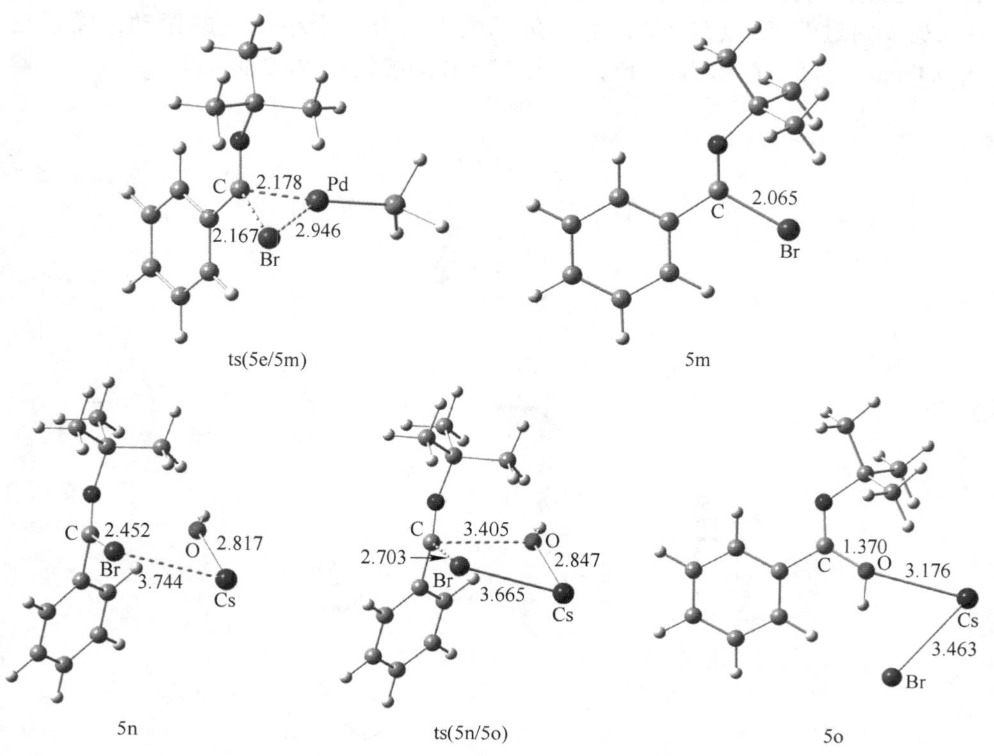


图 5-17 路径 2 阴离子交换反应中中间体和过渡态的优化结构和参数

（键长单位为 Å）

5.3.2.3　氢迁移

最后一步是化合物5j发生氢迁移生成产物5k。图5-18清晰地展示了这一过程中所包含的两种完全不同的机理：四元环机理（5j→ts(5j/5k′)→5k）和六元环机理（5j→ts(5j/5k″)→5k)。图5-19展示了氢迁移反应中关键中间体和过渡态的几何结构和参数。

四元环机理是氢原子直接从氧原子上迁移到碳原子上，这一过程（5j→ts(5j/5k′)）的能量变化是119.6kJ/mol。从Gibbs能量曲线图5-18中可以看出，这一步需要克服的能垒太高，以至于氢迁移反应是不太可能沿着四元环机理的路径发生。为了使氢迁移反应顺利地进行，猜测可以选择借助溶液中水分子的作用。计算结果显示，在路径5j→ts(5j/5k″)→5k氢迁移过程中，在水分子的协助作用下经过一个六元环的过渡态ts(5j/5k″)，且需要越过的能垒是56.5kJ/mol。对比这两种机理发现，从动力学角度而言，六元环机理是更有利于反应发生的。如图5-19所示，C、N、H1、H2、O1和O2原子建立了一个平面六元环的结构。C—N键由1.268Å伸长到了1.305Å，C—O1键由1.375Å缩短到了1.307Å。同时也观察到过渡态ts(5j/5k″)沿着坐标的方向有一个很明显的振动，虚频是1350.0i$cm^{-1}$。随后产物5k生成，比化合物5j的能量低40.2kJ/mol。

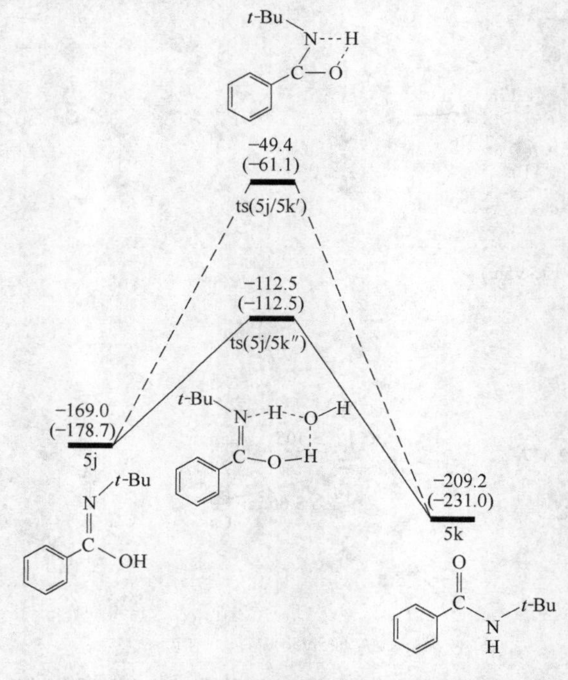


图5-18　氢迁移反应的可能路径和能量图
（kJ/mol，括号中为溶剂校正的相对Gibbs能）

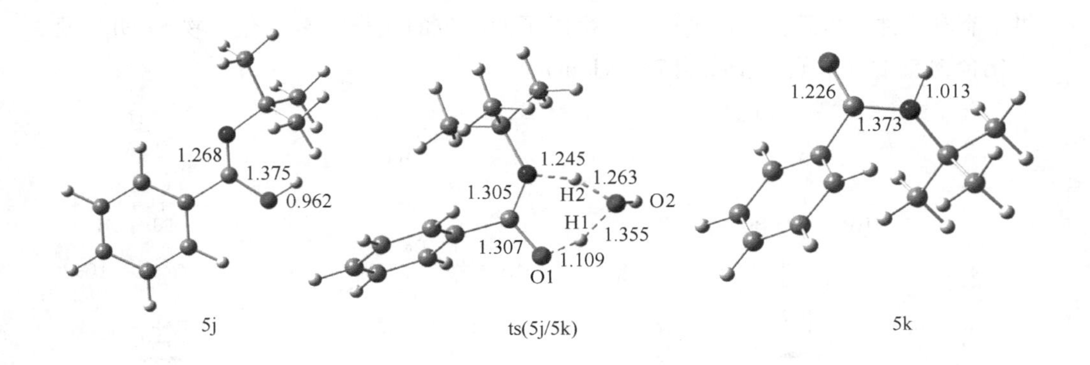


图 5-19 氢迁移过程中关键中间体和过渡态的优化结构和参数
（键长单位为 Å）

### 5.3.3 路径 3

#### 5.3.3.1 阴离子交换

化合物 5c 上的钯中心有一个空的位点可以和叔丁基异腈上的碳原子通过配位键成键生成稳定的化合物 5d″。从 Gibbs 能量曲线图 5-20 可以看出，这一步的基元反应放出 31.8kJ/mol 的能量。接着，一分子的氢氧化铯和化合物 5d″配位，生成稳定的配合物 5q。如图 5-21 所示，在配合物 5q 中，铯原子和溴原子之间的距离是 3.748Å，已经有弱的相互作用；而钯原子和氧原子之间的距离较远一些，没有相互作用。这一步基元反应放出 45.2kJ/mol 的能量。接着，化合物 5q 通过过渡态 ts(5q/5r) 生成了稳定的化合物 5r。在过渡态 ts(5q/5r) 的几何结构中，Pd—Br 键的键长是 2.637Å，比化合物 5q 中 Pd—Br 键的键长（2.603Å）伸长了 0.034Å；而 Cs—Br 键的键长是 3.639Å，比化合物 5q 中 Cs—Br 键的键长（3.748Å）缩短了大约 0.109Å；Pd—O 键之间的距离缩短到 2.630Å。通过这些数据可以说明铯原子和溴原子在逐渐靠近趋于生成 Cs—Br 键，这是因为金属铯带有很强的正电性，它会吸引带有负电荷的 Br 原子，从而导致 Br 原子从钯中心迁移到金属铯上；钯原子和氧原子也在接近，它们之间有成键的趋势；溴离子则有离开钯原子的趋势，Pd—Br 键要断裂。这种成键断键的趋势可以从过渡态 ts(5q/5r)（50.8i$cm^{-1}$）虚频的振动模式中清晰地看出来。此外，也可以发现对于同时发生的 Pd—O 键成键和 Pd—Br 键断键的过程是一个协同反应的过程。在这一步基元反应中需要克服 20.1kJ/mol 的能垒，放出 35.6kJ/mol 的能量。在化合物 5r 中，可以清楚地观察到 Pd—Br 键已经完全断裂，而钯原子和氧原子已成键，键长是 2.089Å。在 ts(5q/5r)→5r 过程中，Cs—O 键的键长从 2.870Å 伸长到了 2.985Å，这就为下一步 Cs—O 键的断裂提供了有利条件。最后，溴化铯离去，生成了四配位的化合物 5s。化合物 5s 明显没有化合物 5r 稳定，这一步吸能 75. 4kJ/mol。

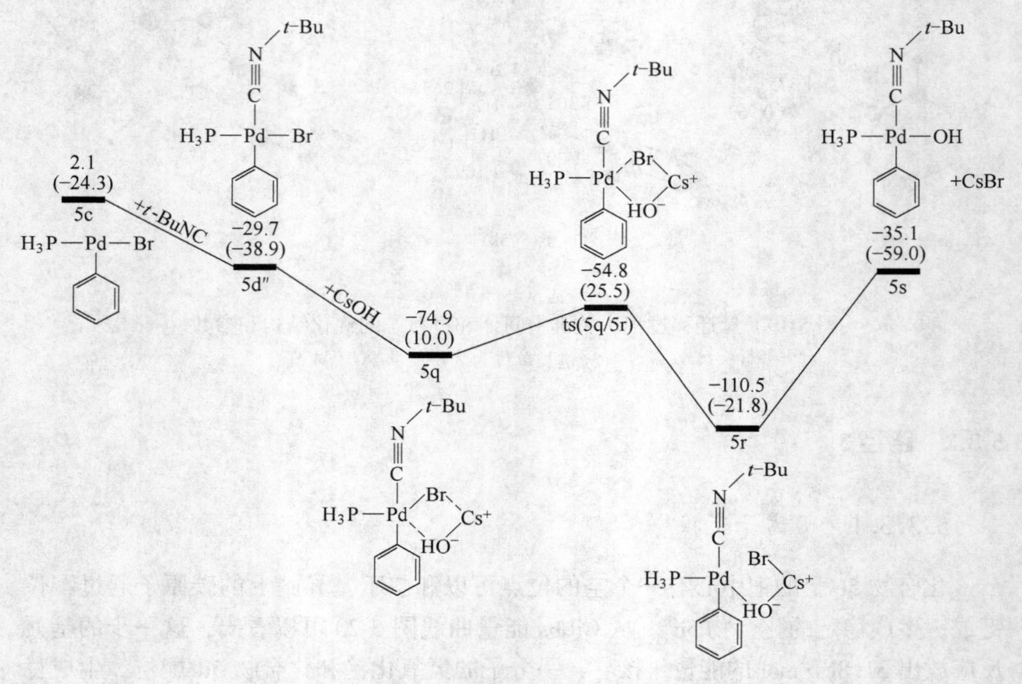


图 5-20　路径 3 中阴离子交换反应的能量图
（kJ/mol，括号中为溶剂校正的相对 Gibbs 能）

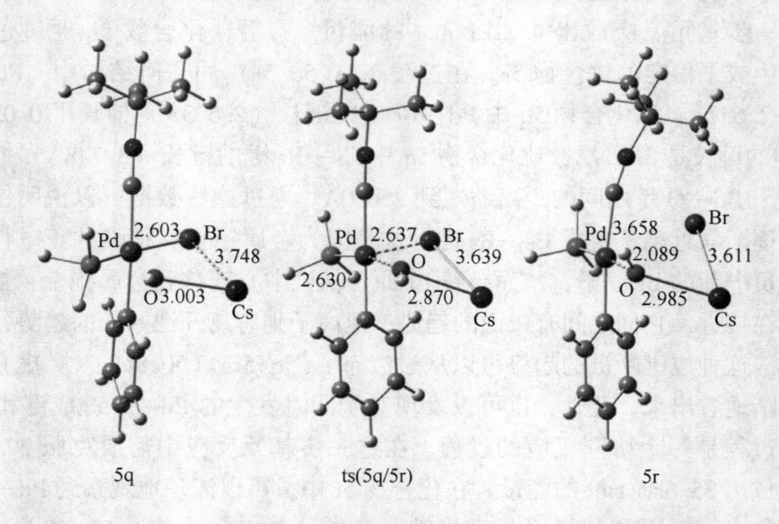


图 5-21　路径 3 中阴离子交换反应中关键中间体和过渡态的优化结构和参数
（键长单位为 Å）

### 5.3.3.2 异腈的迁移插入

由图 5-22 可以观察到，对于叔丁基异腈的迁移插入反应可以分为两条路径：一条路径是叔丁基异腈迁移插入到它邻位的 Pd—O 键；另一条路径是叔丁基异腈迁移插入到它对位的 Pd—C 键，相应关键过渡态的结构在图 5-23 中给出。在这一过程中，分别对这两条路径进行了讨论。首先，讨论叔丁基异腈迁移插入到邻位的 Pd—O 键。在这一过程（5s→ts(5s/5t)→5t）中，可以发现生成化合物 5t 需要克服 94.5kJ/mol 的能垒。其次，讨论叔丁基异腈迁移插入到它对位的 Pd—C 键。由 Gibbs 能量曲线图 5-22 可以发现，这一过程（5s→ts(5s/5i)→5i）中生成化合物 5i 只需要克服 66.1kJ/mol 的能垒，而且生成的化合物 5i 比化合物 5t 稳定 0.8kJ/mol。对于这种现象可以认为，虽然生成化合物 5i 时叔丁基异腈需要迁移插入到它对位的 Pd—C 键，在这个过程中会比迁移插入到邻位的 Pd—C 键消耗的能量多。但是计算结果显示，即使叔丁基异腈迁移插入到对位的 Pd—C 键会消耗更多的能量，但是还是会比叔丁基异腈插入到邻位的 Pd—O 键消耗的能量低 28.4kJ/mol。猜测这可能是因为氧原子的电负性比碳原子的大，破坏 Pd—O 键需要消耗的能量要远比破坏 Pd—C 键消耗的能量多。

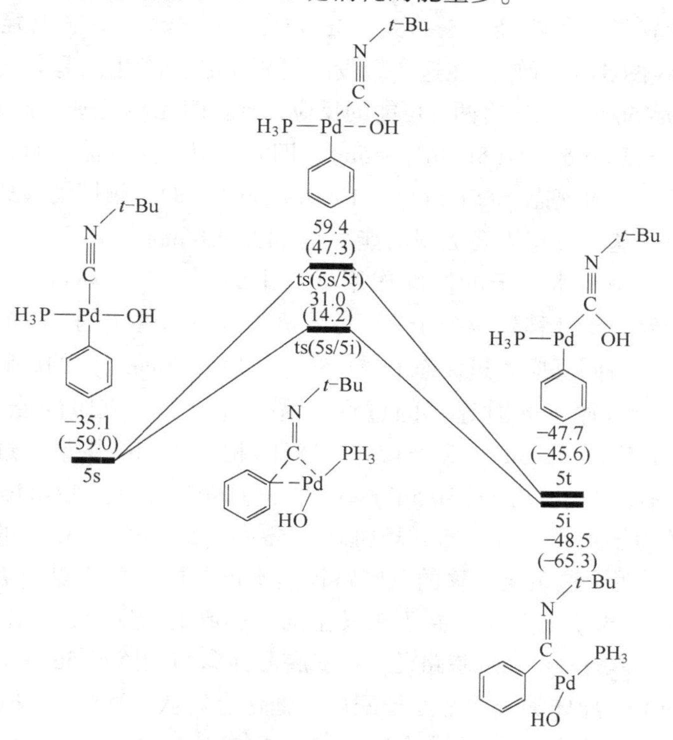


图 5-22 路径 3 中迁移插入反应的能量图

（kJ/mol，括号中为溶剂校正的相对 Gibbs 能）

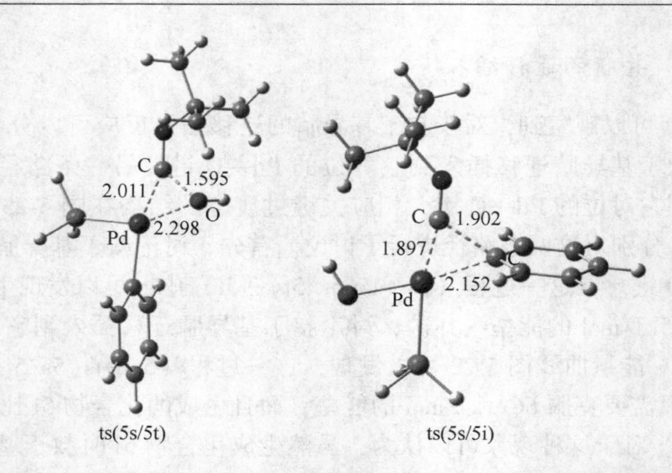


图 5-23　路径 3 中迁移插入过程中过渡态的优化结构和参数
（键长单位为 Å）

#### 5.3.3.3　氢迁移和还原消除

本小节计算了三条路径（5t→5k，5t→5j，5i→5k）。对于路径 5t→5k，由 Gibbs 能量曲线图 5-24 可知，在这个假设的机理中首先发生的是氢迁移反应。氢迁移反应 5t→ts(5t/5u)→5u 有两种可能的反应机理：四元环机理（5t→ts(5t/5u′)→5u）和六元环机理（5t→ts(5t/5u″)→5u）。四元环机理是氢原子直接从氧原子上迁移到氮原子上，过渡态 ts(5t/5u′)（1959.7i$cm^{-1}$）的虚频振动模式描述了氢原子的迁移过程，这一过程需要克服的能垒是 148.5kJ/mol。

六元环机理是在水分子的协助作用下发生的。在六元环过渡态 ts(5t/5u″)中，羟基上的氢原子迁移到水分子上，水分子上的一个氢原子迁移到氮原子上，这个过程是一个协同反应。过渡态 ts(5t/5u″)（1441.5i$cm^{-1}$）的虚频振动模式生动地描述了 2 个氢原子同时迁移的过程。这一过程需要克服的能垒是 76.2kJ/mol。对比过渡态 ts(5t/5u′) 和 ts(5t/5u″) 的相对 Gibbs 能量，过渡态 ts(5t/5u′) 的能量明显比过渡态 ts(5t/5u″) 高 72.3kJ/mol。由这些 Gibbs 能量数据可以得出，从动力学角度而言，四元环机理（5t→ts(5t/5u′)→5u）的最高势垒是 148.5kJmol，说明了这条氢迁移的反应路径是不可行的，反应是沿着六元环机理（5t→ts(5t/5u″)→5u）进行的。接下来发生的是还原消除反应，从化合物 5u 开始分为 2 条路径：单膦路径和双膦路径。在双膦配体参与的路径 5u→ts(5u/5v)→5v 中，一分子的 $PH_3$配体和金属钯原子配位，钯化合物从三配位结构变成了稳定的四配位结构，所以化合物 5v 比化合物 5u 稳定 10.9kJ/mol。由 Gibbs 能量曲线图 5-24 可以看出，这个过程仅需要克服 3.8kJ/mol 的能垒。然后是钯催化剂 Pd

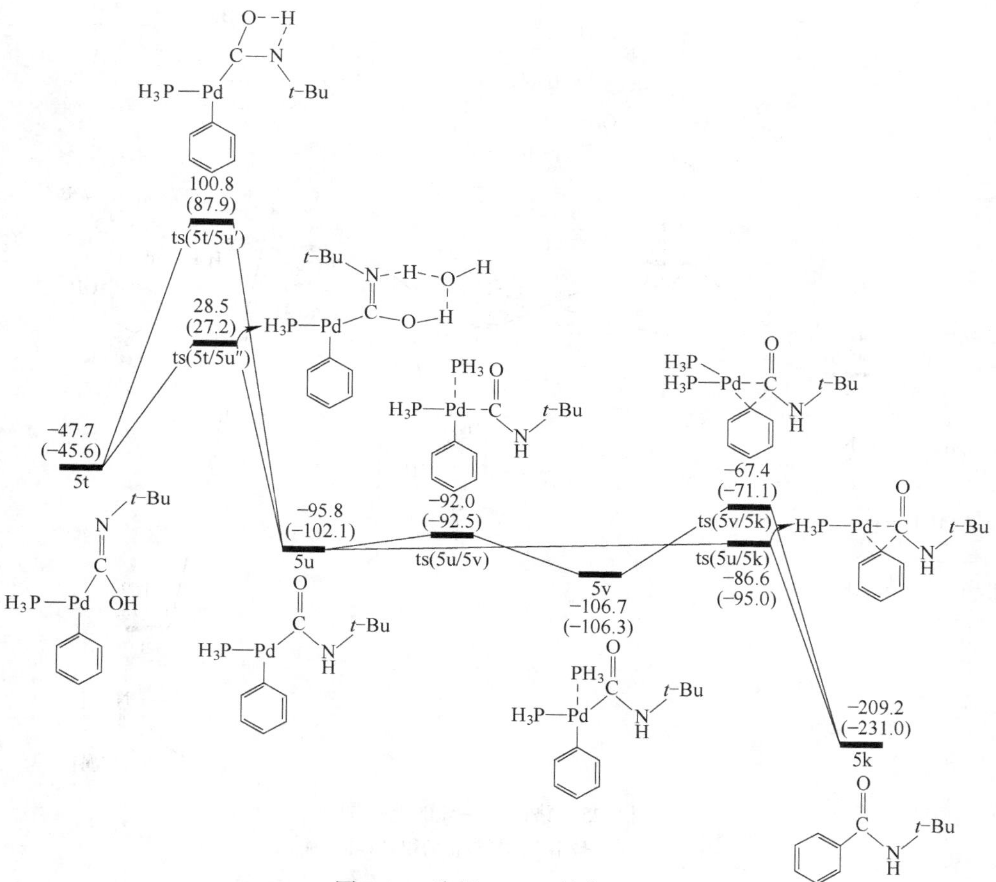

图 5-24 路径 5t→5k 的能量图
（kJ/mol，括号中为溶剂校正的相对 Gibbs 能）

$(PH_3)_2$的再生。在化合物 5v 生成化合物 5k 的过程中，经过三元环过渡态 ts(5v/5k)，羰基上的碳原子和苯环上的碳原子发生 C—C 偶联，放能 102.5kJ/mol，克服的能垒是 39.3kJ/mol。单膦配体参与的路径是由化合物 5u 脱去一分子的钯催化剂 $PdPH_3$直接生成产物 5k。这个过程是通过三元环过渡态 ts(5u/5k)，羰基上的碳原子和苯环上的碳原子发生 C—C 偶联。但是，这个过程只需要克服一个很小的能垒 9.2kJ/mol。对比过渡态 ts(5v/5k) 和 ts(5u/5k) 的结构，发现它们结构很类似，但是为什么脱去钯催化剂时所需克服的能垒相差 19.2kJ/mol? 猜测这是因为金属钯上的配体数目不一样造成的。在过渡态 ts(5v/5k) 中钯带有 2 个 $PH_3$配体，配体之间存在空间位阻的影响，所以导致过渡态 ts(5v/5k) 的能量过高；在过渡态 ts(5u/5k) 中，只有一个 $PH_3$配体，不存在空间位阻影响。因此，过渡态 ts(5u/5k) 的能量比过渡态 ts(5v/5k) 的低。

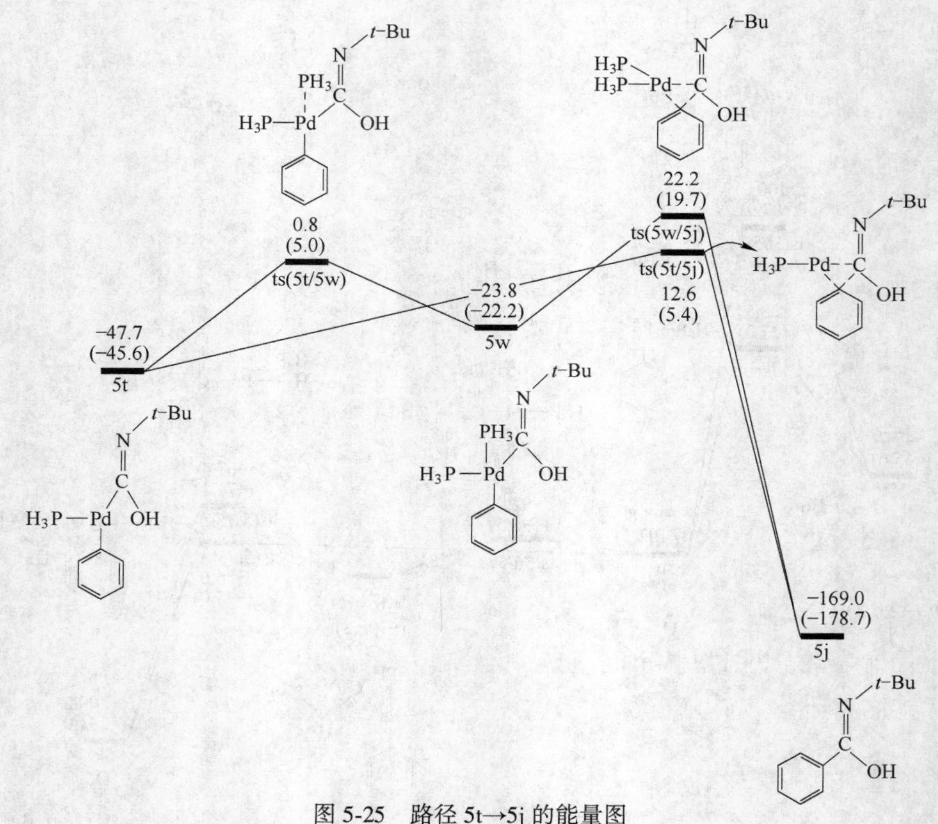


图 5-25　路径 5t→5j 的能量图

（kJ/mol，括号中为溶剂校正的相对 Gibbs 能）

由图 5-25 可以看出，路径 5t→5j 中存在两种可能：单膦路径和双膦路径。双膦配体参与的路径一共分为两步：第一步是一分子的 $PH_3$ 配体和化合物 5t 中金属钯中心配位，生成四配位的化合物 5w。可以看出化合物 5w 明显没有化合物 5t 稳定，在这一过程中需要吸能 23. 9kJ/mol，克服的能垒是 48. 5kJ/mol。第二步是催化剂 $Pd(PH_3)_2$ 的再生。化合物 5w 通过过渡态 ts(5w/5j) 生成化合物 5j，在这一过程中反应放能 145. 2kJ/mol，克服能垒 46. 0kJ/mol。这些能量数据说明了生成的化合物 5j 很稳定。单膦配体参与的路径是直接发生还原消除脱去单配体钯催化剂 $PdPH_3$，生成化合物 5j，该过程 5t→ts(5t/5j)→5j 需要放能 121. 3kJ/mol，克服能垒 60. 3kJ/mol。如图 5-26 所示，对比过渡态 ts(5w/5j) 和 ts(5t/5j) 的几何结构：Pd—C1 键的键长分别为 2. 093Å 和 2. 047Å，比化合物 5w 和 5j 中的 2. 072Å 和 1. 969Å 伸长了 0. 021Å 和 0. 078Å；Pd—C2 键的键长分别为 2. 139Å 和 2. 089Å，比化合物 5w 和 5t 中的 2. 067Å 和 2. 035Å 拉长了 0. 072Å 和 0. 054Å；C1 和 C2 原子之间的距离则是缩短到了 1. 986Å 和 2. 120Å。通过这些数据可以说明，Pd 原子和 C1、C2 原子在远离，Pd—C1 和 Pd—C2 键在断裂；C1、C2 原子在逐渐靠近，C1—C2 键在形成。这一过程可以从过渡态 ts(5w/5j)(298.5icm$^{-1}$) 和 ts(5t/5j)(230.4icm$^{-1}$) 的虚频振动模式中看出来。

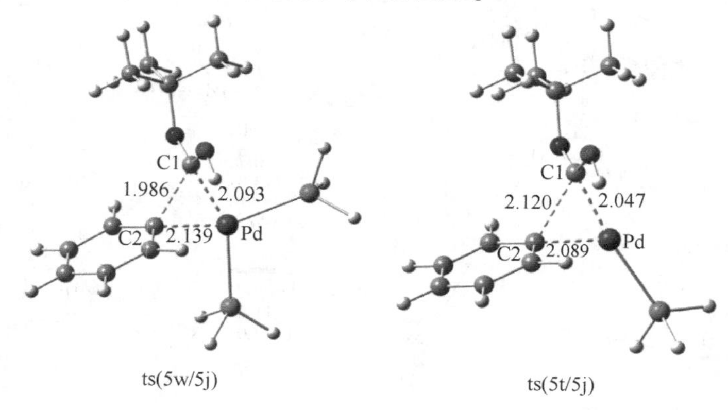


图 5-26 路径 5t→5j 中过渡态的优化结构和参数

（键长单位为 Å）

路径 5i→5j 和路径 5t→5j 的类似，不同的是这 2 条路径的起始物不一样，如图 5-27 所示。路径 5i→5k 是以化合物 5i 为起始物的，也是分为单膦路径和双膦路径。双膦路径也是分为两步：第一步是一分子的 $PH_3$配体和化合物 5i 中金属钯中心配位，生成了四配位的化合物 5x。化合物 5x 没有化合物 5i 稳定，在这一过程中需要吸能 17.1kJ/mol，需要克服的能垒是 90.3kJ/mol。第二步是催化剂 $Pd(PH_3)_2$的再生。化合物 5x 通过过渡态 ts(5x/5j) 生成化合物 5j，在这一反应过程中放能 137.6kJ/mol，克服能垒 48.1kJ/mol。这些能量数据说明了生成的化合物 5j 很稳定。单膦路径直接是单配体钯催化剂 $PdPH_3$再生，生成化合物 5j。这个过程 5i→ts(5i/5j)→5j 需要放能 120.5kJ/mol，克服能垒 36.8kJ/mol。

通过上述分析发现，在路径 3 的氢迁移和还原消除反应中，单膦路径的能量总是比双膦路径的能量低，这是因为在双膦路径中存在 2 个 $PH_3$配体，配体之间有空间位阻的影响；而在单膦路径中只有一个 $PH_3$配体，避免了配体和配体之间的位阻影响。如图 5-28 所示，将氢迁移和还原消除反应中的单膦路径放在一起进行了简单的比较，路径 5t→5k 需要克服的最高能垒是 76.2kJ/mol，路径 5t→5j 需要克服的最高能垒为 60.3kJ/mol，而路径 5i→5k 则需要克服的最高能垒为 36.8kJ/mol。因此，路径 5i→5k 优于路径 5t→5k 和 5t→5j。除此之外还可以看到，路径 5i→5k 中的各中间体和过渡态的能量比路径 5t→5k 和 5t→5j 中的都低。因此，路径 5i→5k 是还原消除步的最优路径。

### 5.3.4 CsF 的作用

通过对比路径 1~3 的能量变化，发现路径 1 中单膦配体参与的路径是最优路

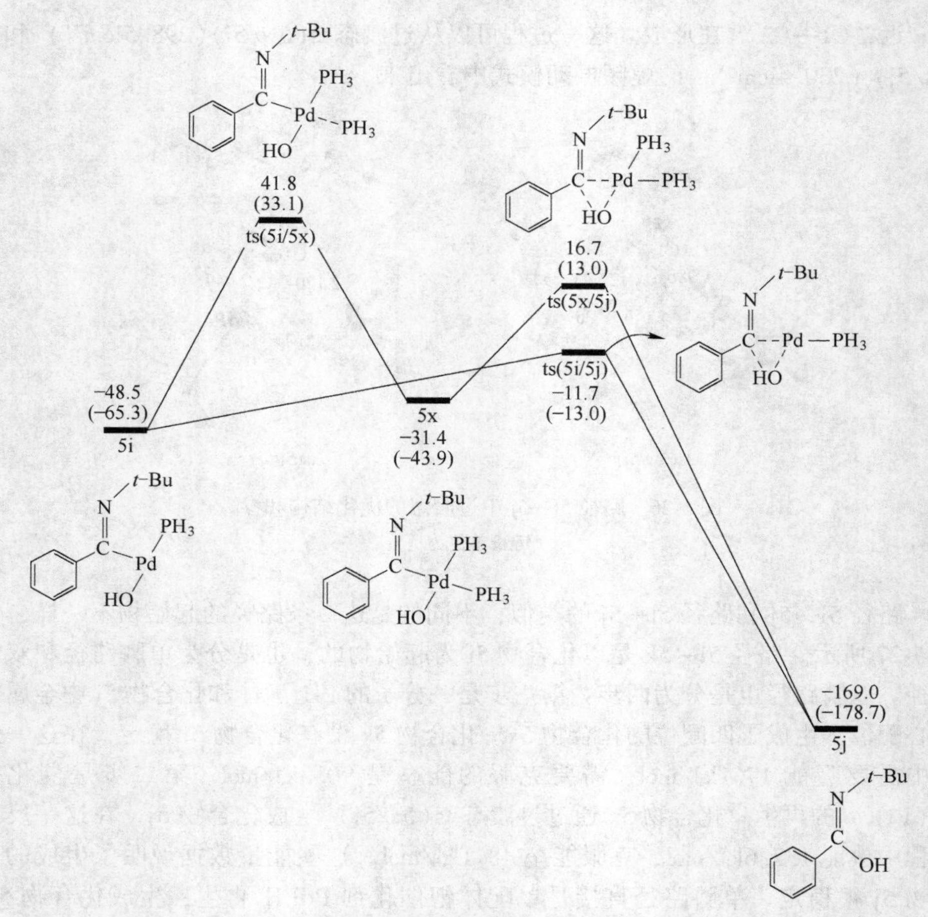


图 5-27　路径 5i→5j 的能量图

（kJ/mol，括号中为溶剂校正的相对 Gibbs 能）

径。为了了解 CsF 在反应过程中的作用，计算了在无 CsF 参与情况下的阴离子交换反应。如图 5-29 所示，$H_2O$ 作为亲核试剂进攻化合物 5e 的金属 Pd 中心，氧原子和 Pd 配位形成了四配位的化合物 5q。在（5e→ts-$H_2O$→5q）过程中，生成过渡态 ts-$H_2O$ 需要克服 69. 4kJ/mol 的能垒。化合物 5q 的生成需要吸能 16. 7kJ/mol。接下来，氢原子和溴原子成键，通过过渡态 ts-Br 生成了 HBr 和化合物 5i。这一步需要克服能垒 204. 6kJ/mol，放能 19. 2kJ/mol。由 Gibbs 能量曲线图可知，无碱参与的反应能垒太高，是不可能发生的。

对比无碱路径和最优路径可以发现，没有碱参与反应时反应的能垒远远高于有碱参与的反应。这就说明了反应在无碱的条件下是不可能发生的，计算的结果也和实验的结果相吻合。考虑到碱对反应能垒的影响，分析了关键中间体 5g 和

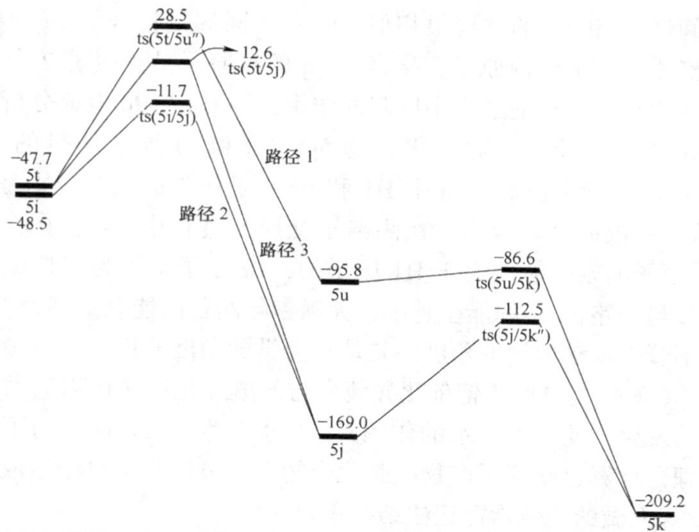


图 5-28 路径 3 中氢迁移和还原消除反应的可能路径和能量图（kJ/mol）

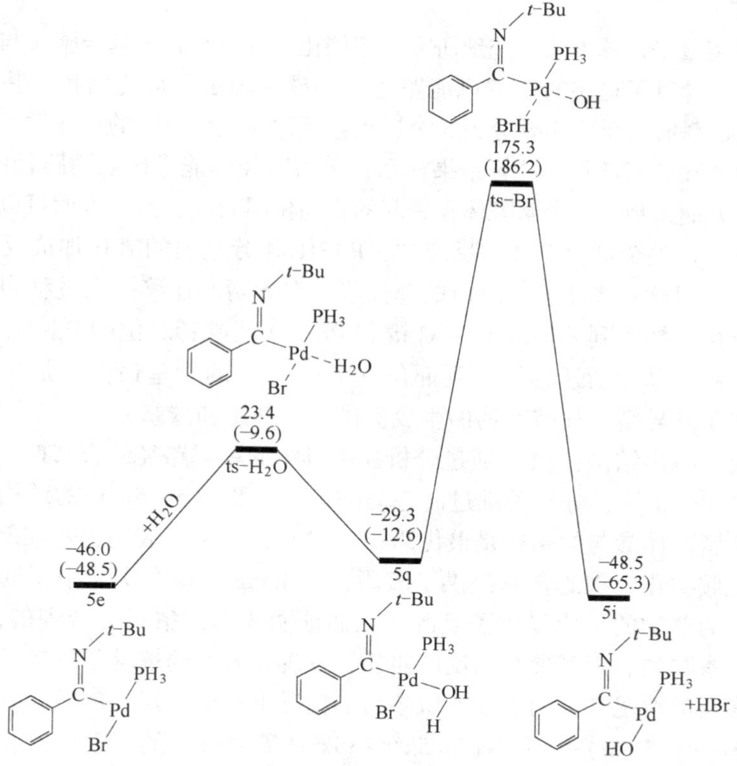


图 5-29 无 CsF 参与的阴离子交换反应的可能路径和能量图

（kJ/mol，括号中为溶剂校正的相对 Gibbs 能）

5q。发现中间体5g和5q的结构很相似，唯一不同的是化合物5g中的氧原子是连接着1个氢原子和1个铯原子，化合物5q的氧原子是连接着2个氢原子。为了证明CsF在阴离子交换的过程中所起的作用，用Hirshfeld电荷分析法分析了中间体5g和5q的带电情况。对于化合物5g，Cs和Br原子所带的电荷分别是+0.818*e*和-0.606*e*，而化合物5q中H1和Br原子所带的电荷分别是+0.287*e*和-0.402*e*。从这些数据可以得出，在阴离子交换的过程中Cs原子是作为亲电试剂，而且Cs原子的亲电能力大于H1原子的，Br原子是作为亲核试剂。亲电性越强，有碱参与的路径1a的能垒越小，无碱参与路径的能垒则越大。因此在CsF的作用下，不管是从动力学的角度还是从热力学的角度分析，有碱参与的路径都是最优路径。CsF作为碱用于钯催化异腈参与的酰胺化反应可以高效地促进阴离子交换反应的发生。此外由于水的作用，CsF水解生成CsOH参与了阴离子交换反应，因此理论计算也验证了产物酰胺化合物中的氧源是来自于溶液中的水，与实验上Jiang等人做的同位素标记法结果一致。

## 5.4　结论

本章采用量子计算方法系统地研究了钯催化芳基溴和叔丁基异腈参与的酰胺化反应的机理。计算了猜测的所有可能路径，并最终确定了最优路径。基于计算研究，钯催化的酰胺化反应主要分为5个过程：氧化加成、异腈的迁移插入、阴离子交换、还原消除和氢迁移。计算结果显示，单膦路径的能量比双膦路径的能量低，这是因为一方面避免了2个膦配体在一起的空间位阻效应，另一方面可以有效的提供反应位点。在整个催化循环的反应中，$PdPH_3$和芳基溴的氧化加成反应的能垒是最高的，所以这一步是整个反应的速控步。在异腈的迁移插入过程中，叔丁基异腈迁移有可能插入到邻位的Pd—C键和Pd—O键或者对位的Pd—C键。计算结果显示，叔丁基异腈迁移插入到邻位的Pd—C键的能垒最低，是最可能发生的，并且叔丁基异腈为酰胺产物的生成提供了氨基源和羰基源。对于阴离子交换反应的研究，得出结论：（1）通过分析3条可能的单膦路径的吉布斯自由能值和Hirshfeld电荷分析法，分析关键过渡态ts(5i/5j)和ts(5e/5m)的结构，证明了路径1的单膦配体参与的路径是最优路径；（2）计算结果表明，水在反应的过程中为产物酰胺类化合物的合成提供了氧源，而Jiang等也在实验中用同位素标记法证明了水为产物的形成提供了氧源，从而证明我们的猜想是合理的；（3）通过计算有碱参与的和无碱参与的反应路径，发现在有碱的情况下反应的能垒远远低于无碱参与的情况，证明了在有碱参与的情况下有助于反应的发生。还原消除反应路径5i→ts(5i/5j)→5j→ts(5j/5k″)→5k是最为可行的。最后一步是氢迁移反应，包含了2条可能的反应路径：四元环路径和六元环路径。发现在水的协助作用下六元环路径的能垒更低，因此氢迁移过程是沿着六元环路径反应的。

## 参考文献

[1] QIU G, DING Q, WU J. Recent Advances in isocyanide insertion chemistry [J]. Chem. Soc. Rev., 2013, 42: 5257~5269.

[2] SHENDAGE D M, FRÖHLICH R, HAUFE G. Highly efficient stereoconservative amidation and deamidation of α-amino acids [J]. Org. lett., 2004, 6: 3675~3678.

[3] BAUM J C, MILNE J E, MURRY J A, et al. An efficient and scalable ritter reaction for the synthesis of tert-butyl amides [J]. J. Org. Chem., 2009, 74: 2207~2209.

[4] SCHOENBERG A, HECK R F. Palladium-catalyzed amidation of aryl, heterocyclic, and vinylic halides [J]. J. Org. Chem., 1974, 39: 3327~3331.

[5] MARTINELLI J R, FRECKMANN D M M, BUCHWALD S L. Convenient method for the preparation of weinreb amides via Pd-catalyzed aminocarbonylation of aryl bromides at atmospheric pressure [J]. Org. lett., 2006, 8: 4843~4846.

[6] REN W, YAMANE M. Carbamoylation of aryl halides by molybdenum or tungsten carbonyl amine complexes [J]. J. Org. Chem., 2010, 75: 3017~3020.

[7] GULEVICH A V, ZHDANKO A G, ORRU R V A, et al. Isocyanoacetate derivatives: synthesis, reactivity, and application [J]. Chem. Rev., 2010, 110: 5235~5331.

[8] HOFMANN A W. Über eine neue Reihe von Homologen der Cyanwasserstoffsäure [J]. Justus Liebigs Ann Chem., 1867, 144: 114~120.

[9] KOSUGI M, OGATA T, TAMURA H, et al. Palladium catalyzed iminocarbonylation of bromobenzene with isocyanide and organotin compound [J]. Chem. Lett., 1986, 15: 1197~1200.

[10] SALUSTE C G, WHITBY R J, FURBER M A. Palladium-catalyzed synthesis of amidines from aryl halides [J]. Angew. Chem. Int. Ed., 2000, 39: 4156~4158.

[11] SALUSTE C G, WHITBY R J, FURBER M. Palladium-catalyzed synthesis of imidates, thioimidates and amidines from aryl halides [J]. Tetrahedron Lett., 2001, 42: 6191~6194.

[12] SALUSTE C G, CRUMPLER S, FURBER M. Palladium catalyzed synthesis of cyclic aminindes and imidates [J]. Tetrahedron Lett., 2004, 45: 6995~6996.

[13] TETALA K K R, WHITBY R J, LIGHT M E. Palladium-catalyzed three component synthesis of $\alpha$, $\beta$-unsaturated amidines and imidatess. Tetrahedron Lett., 2004, 45: 6991~6994.

[14] CURRAN D P, DU W. Palladium-promoted cascade reactions of isonitriles and 6-Iodo-Npropargylpyridones: synthesis of mappicines, camptothecins, and homocamptothecins [J]. Org. Lett., 2002, 4: 3215~3218.

[15] ONITSUKA K, SUZUKI S, TAKAHASHI S. A novel route to 2, 3-disubstituted indoles via palladium-catalyzed three-component coupling of aryl iodide, o-alkenylphenyl isocyanide and amine [J]. Tetrahedron letters, 2002, 43: 6197~6199.

[16] JIANG H, LIU B, Li Y, et al. Synthesis of amides via palladium-catalyzed amidation of aryl halides [J]. Org. lett., 2011, 13: 1028~1031.

[17] CARVAJAL M A, MISCIONE G P, NOVOA J J, et al. DFT computational study of the mechanism of allyl chloride carbonylation catalyzed by palladium complexes [J]. Organometallics, 2005, 24: 2086~2096.

[18] HU Y, LIU J, LU Z, et al. Base-induced mechanistic variation in palladium-catalyzed carbonylation of aryl iodides [J]. J. Am. Chem. Soc., 2010, 132: 3153~3158.

[19] FRISCH M J, et al. Gaussian 09, revision D. 01; Gaussian, Inc.: Wallingford, CT, 2009.

[20] BECKE A D. Density-functional thermochemistry. III. The role of exact exchange [J]. J. Chem. Phys., 1993, 98: 5648~5652.

[21] KRISHNAN R, BINKLEY J S, SEEGER R, et al. Self-consistent molecular orbital methods. XX. A basis set for correlated wave functions [J]. J. Chem. Phys., 1980, 72: 650~654.

[22] (a) WADT W R, HAY P J. Ab Initio effective core potentials for molecular calculations. Potentials for main group elements Na to Bi [J]. J. Chem. Phys., 1985, 82: 284~298. (b) HAY P J, WADT W R. Ab initio effective core potentials for molecular calculations. Potentials for K to Au including the outermost core orbitals [J]. J. Chem. Phys., 1985, 82: 299~310.

[23] (a) EHLERS A W, BÖHME M, DAPPRICH S, et al. A set of f-polarization functions for pseudo-potential basis sets of the transition metals Sc-Cu, Y-Ag and La-Au [J]. Chem. Phys. Lett., 1993, 208: 111~114. (b) HÖLLWARTH A, BÖHME M, DAPPRICH S, et al. A set of d-polarization functions for pseudo-potential basis sets of the main group elements Al-Bi and f-type polarization functions for Zn, Cd, Hg [J]. Chem. Phys. Lett., 1993, 208: 237~240.

[24] GONZALEZ C, SCHLEGEL H B. Reaction path following in mass-weighted internal coordinates [J]. J. Phys. Chem., 1990, 94: 5523~5527.

[25] ZHAO Y, TRUHLAR D G. The M06 suite of density functionals for main group thermochemistry, thermochemical kinetics, noncovalent interactions, excited states, and transition elements: two new functional and systematic testing of four M06-class functionals and 12 other functional [J]. Theor. Chem. Account., 2008, 120: 215~241.

[26] HIRSHFELD F L. Bonded-atom fragments for describing molecular charge densities [J]. Theoretica. chimica. acta., 1977, 44: 129~138.

[27] MARENICH A V, CRAMER C J, TRUHLAR D G. Universal solvation model based on solute electron density and on a continuum model of the solvent defined by the bulk dielectric constant and atomic surface tensions [J]. J. Phys. Chem. B, 2009, 113: 6378~6396.

# 6 钯催化氰基导向基团辅助的活化 C—H 键芳基化偶联反应的理论研究

## 6.1 引言

联苯是一种重要的有机合成中间体，广泛应用于医药、农药、染料、液晶等领域[1]。由于其结构单元的重要性，有效合成联苯类化合物具有重要意义。近年来，在有机合成中过渡金属催化 C—H 活化构建 C—C、C—N、C—O 和 C—S 键[2]作为强有力的方法受到越来越多的关注。从绿色化学的发展方向和要求出发，活化 C—H 键构筑 C—C 键芳基化的偶联反应是合成联苯的一个理想选择，它可以有效利用资源，减少污染，因此有着重要的开发价值和应用前景。此外，对于一些底物需要引入导向基团与金属催化剂配位，从而控制分子内选择性的 C—H 键功能化。因此，合适的导向基团的引入成为近年来有机合成研究的热点和重点。

2010 年，W. Li 等人报道了一种新的合成方法以氰基作为导向基团在 Pd 催化剂作用下活化 C—H 键构筑 C—C 键的芳基化偶联反应（式（6-1））[3]。值得注意的是，氰基基团是一个线性结构，它不同于常见的一些活化 C—H 键的导向基团中所采取的端位电子的配位方式，如乙酰胺基、乙酰基、羧酸等[4,5]。而氰基中碳和氮之间的 π 电子配位到 Pd 是可行的，形成环钯中间体中的弱配位作用极有可能让催化剂具有更高的反应活性。如图 6-1 所示，W. Li 等人根据实验结果提出了可能反应机理，他们认为该反应机理是 Pd(Ⅱ)/Pd(Ⅳ) 催化模式，主要经历三个阶段 C—H 活化、$CF_3COOH$ 解离、氧化加成和还原消除与催化剂再生。反应机理的关键步骤是环钯（Ⅱ）中间体 6A 的形成，这个不同于以往的五元 Pd 金属环中间体。然后 6A 中的 Pd(Ⅱ) 中心原子活化了邻位 $sp^2$C—H 键形成中间体 6B，紧接着芳基碘氧化加成到中间体 6B 上，从而形成 Pd(Ⅳ) 中间体 6C。最后，还原消除和催化剂再生并得到最终产物。

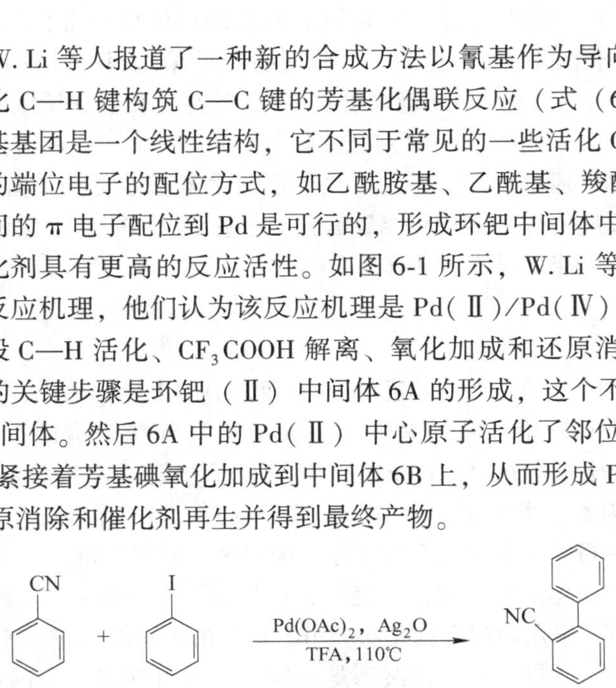

CN（苯甲腈） + I（碘苯） $\xrightarrow[\text{TFA, 110℃}]{Pd(OAc)_2,\ Ag_2O}$ NC（2-氰基联苯） （6-1）

近年来，关于钯催化活化 C—H 反应的理论研究也有很多。例如，通过密度

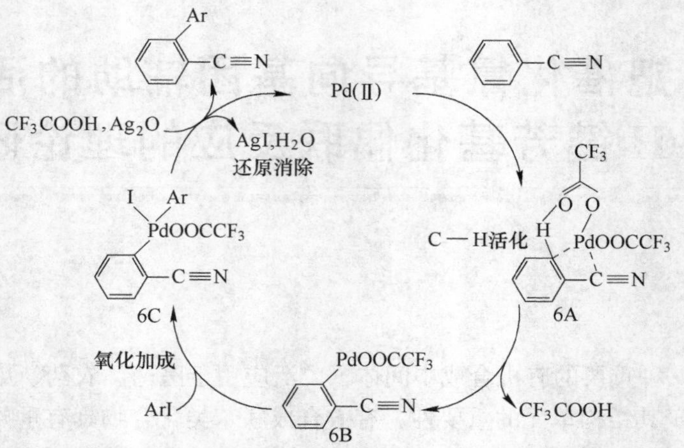

图 6-1　W. Li 等提出的 Pd(OAc)$_2$催化活化 C—H 键构筑 C—C 键芳基化偶联反应的机理

泛函理论研究的氨基酸配体辅助钯催化 C—H 键活化的机理[6]。K. Morokuma 等[7]报道了 DFT 方法研究 Pd 催化 C(sp$^3$)—H 键活化的芳基化反应的机理和选择性。然而，以氰基作为导向基团在 Pd 催化剂作用下活化 C—H 键构筑 C—C 键的芳基化偶联反应的反应机理的细节尚不清楚。此外，在整个催化循环中 Pd(Ⅱ)/Pd(Ⅳ) 具体的催化机制是什么？含氰基的基团如何协助催化剂活化 C—H 键？$Ag_2O$ 在催化循环中的作用是什么？这些问题对于深入理解以氰基作为导向基团在 Pd 催化剂作用下活化 C—H 键构筑 C—C 键的芳基化偶联反应的催化机理至关重要。在本章中，采用 DFT 计算对钯催化苯甲腈与碘苯 C—H 活化反应的进行了系统的理论计算。通过研究，得到了关于钯催化氰基导向基团辅助的活化 C—H 键芳基化偶联反应的详细结构和能量信息。这些结果可能对于发展新的、更有效的芳香 C—H 活化催化剂体系具有重要的意义。

## 6.2　计算方法

所有化合物的分子几何结构通过 DFT 理论中的 B3LYP 方法[8]进行结构优化和能量计算。所有理论计算均是在 Gaussian 09 程序中完成的[9]。其中，对 C、H、O、N、F 原子采用 6-311+G(d, p)[10]全电子基组。对 Pd、Ag 和 I 原子采用 LANL2DZ 赝势基组，并对 Pd($\xi_f$ = 1.472)，Ag($\xi_f$ = 1.611) 和 I($\xi_d$ = 0.266)[11]增加极化函数。在同一计算方法下对优化的构型进行频率分析，以确定势能面上各驻点的性质（中间体没有虚频，过渡态有且只有一个虚频），以及得到这些构型的热力学校正项。采用内禀反应坐标（IRC）[12]在相同的理论水平分析了所涉及的反应路径，确保所寻找到的过渡态是我们所需的且连接指定的反应物和产物。之前的文献报道证明 B3LYP 方法对于 Pd 催化的偶联反应是可靠的[13]。对于反应中所涉及的一些关键结构，利用 Multiwfn[14] 软件计算的电荷分布（Hirshfeld 电荷[15]）。在 6.3 节中，如无特殊说明都采用气相的相对 Gibbs 能量来分析整个反应机理。为了证明计算方法的准确性，将已在 B3LYP/LANL2DZ 理论水平上优化好的反应物、产物、中间体和过渡态结构再次分别在 M06[16~18]/LANL2DZ 理论水平上进行单点计算。溶剂效应采用连续介质模型 SMD（溶剂 = 三氟乙酸）[19] 对气相中优化的所有几何构型进行单点计算。

## 6.3 结果与讨论

### 6.3.1 反应机理

钯催化苯甲腈与碘苯 C—H 活化反应可以分为以下 4 个过程：C—H 活化、$CF_3COOH$ 解离、氧化加成、还原消除与催化剂再生。

#### 6.3.1.1 C—H 活化

图 6-2 展示了 C—H 活化过程的反应路径和能量图，一些关键结构的几何构型在图 6-4 中给出。催化剂 $Pd(TFA)_2$ 的 Pd 原子与苯甲腈的 N 原子经由过渡态 $TS(Pd(TFA)_2/6a)$ 得到中间体 6a。中间体 6a 结构的稳定性来源于分子内中 C1—H1…O1（2.481Å，键角是 142°）氢键作用。图 6-2 显示此过程需要克服 33.1kJ/mol 的能垒且放出能量 29.3kJ/mol。随后，Pd 原子通过过渡态 TS(6a/6b) 进攻氰基定位基团的邻位碳原子。如图 6-3 所示，Hirshfeld 电荷从 6a 中的 C1（$-0.06e$）、H1（$0.14e$）和 O1（$-0.28e$）增加到 TS(6a/6b) 中的 C1（$-0.80e$）、H1（$0.35e$）和 O1（$-0.40e$），这就为之后的 Pd—C1 之间成键提供了有利条件。中间体 6b 通过一个经典六元环过渡态 TS(6b/6c) 生成（$\eta^2$-$CF_3COO^-$）（$\eta^1$-$CF_3COOH$)($\eta^1$-芳基腈）Pd 中间体 6c。这步需克服活化能 50.2kJ/mol，同时吸收能量 1.7kJ/mol。

#### 6.3.1.2 $CF_3COOH$ 解离

$CF_3COOH$ 解离步中，从中间体 6c 开始，提出 $CF_3COOH$ 解离生成环钯中间体存在两条路径：路径 a 与路径 b。图 6-5 展示了两种路径的 Gibbs 能量曲线，关键中间体和过渡态的优化结构在图 6-6 中给出。

（1）路径 a。基于引言中介绍的 W. Li 等人预测的反应机理，提出更为详细的路径 a 对 $CF_3COOH$ 解离过程进行阐述。中间体 6c 通过过渡态 TS(6c/6d′) 转化为 6d′，该过程中定位基团氰基配位到钯上且 Pd—O4 键断裂。在中间体 6d′中，C≡N 键的键长是 1.163Å，比自由氰基的键长（1.156Å）长，说明氰基与 Pd 配位是一个协同过程且存在反馈 π 键。此外，中间体 6d′中存在两个环钯结构

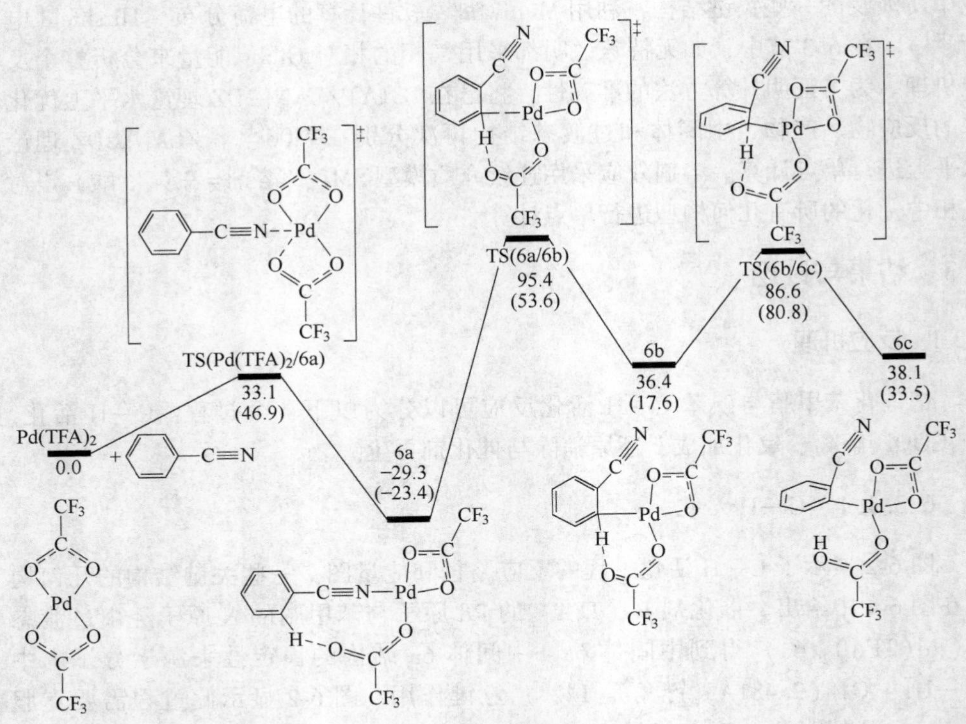


图 6-2　C—H 活化的能量图
（kJ/mol，括号中为溶剂校正的相对 Gibbs 能）

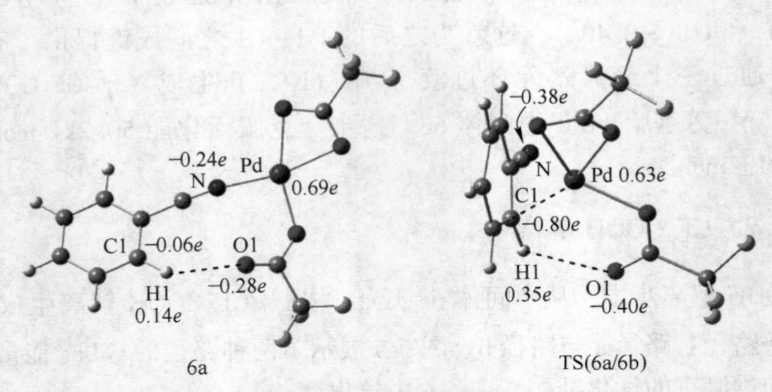


图 6-3　6a 和 TS(6a/6b) 的 Hirshfeld 电荷分布

和分子内氢键（O1—H1···O3），这为之后的氢迁移创造了有利条件。随后，H1 原子通过过渡态 TS(6d′/6e′) 从 O1 原子迁移到 O3 原子形成中间体 6e′。最后，$CF_3COOH$配体离开 Pd 中心形成中间体 6f。由图 6-5 可知，路径 a 中 $CF_3COOH$ 解离过程需要克服 26. 8kJ/mol 的能垒且放出能量 11. 7kJ/mol。

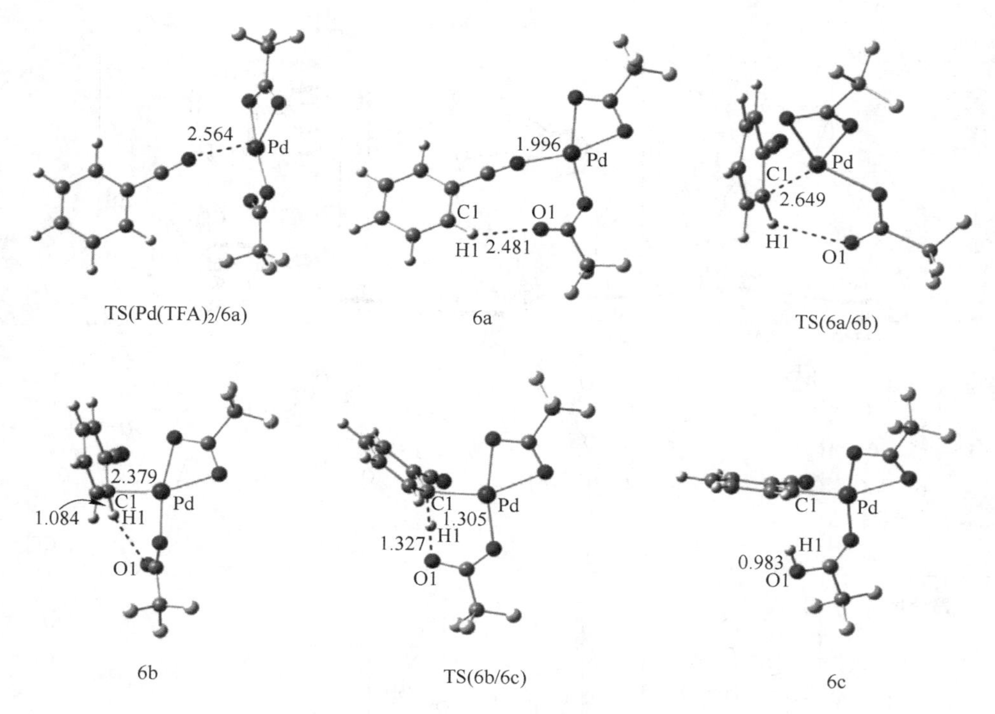


图 6-4 C—H 活化中中间体和过渡态的优化结构和几何参数
（键长的单位为 Å）

（2）路径 b。从中间体 6c 开始，$\eta^1$-$CF_3COOH$ 配体发生旋转形成了中间体 6d″。6d″经历过渡态 TS(6d″/6e″) 进一步异构化得到更稳定的中间体 6e″。在中间体 6e″中，氰基中碳原子和氮原子间的 π 电子配位到 Pd 中心，进而形成了类似于路径 a 中 6d′结构的环钯五元环。然后，$CF_3COOH$ 配体与 Pd 中心解离生成了中间体 6f。对 6e″→6f 的过程进行了势能面扫描，结果发现连接 6e″和 6f 之间的势能面是平坦的，说明 6e″→6f 过程不需要跨越能垒，只需吸收 13.8kJ/mol 能量就可以发生。由图 6-5 可以看出，路径 b 中 $CF_3COOH$ 解离只需要克服 9.2kJ/mol 的能垒且放出 11.7kJ/mol 能量。

对路径 a 和路径 b 进行对比分析，从图 6-5 可以看出路径 b 的活化能垒低于路径 a。此外，也对中间体 6e′和 6e″进行了 Hirshfeld 电荷分析，如图 6-7 所示。其中 6e′中 Pd(0.62$e$) 和 O (−0.33$e$) 之间的静电作用比 6e″中 Pd(0.38$e$) 和 O(−0.16$e$)之间的静电作用强得多，这说明 6e″中 Pd—O2 键较 6e′中 Pd—O3 键更易断裂，$CF_3COOH$ 配体更易离去。另外，从能量方面来说，6e″也要比 6e′稳定得多。综上所述，路径 b 在动力学上比路径 a 更有利。

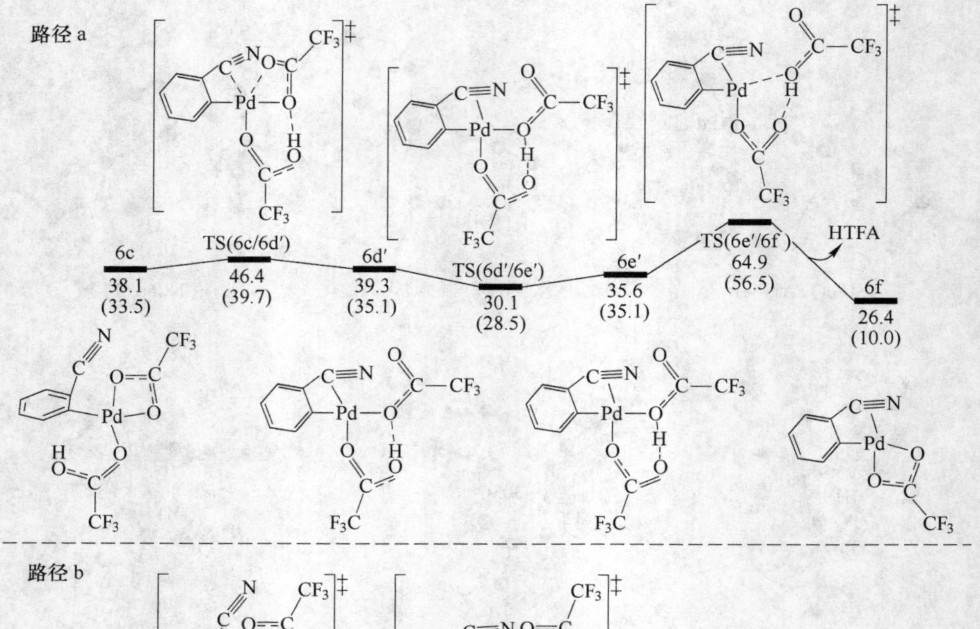

图 6-5　$CF_3COOH$ 解离的能量图

（kJ/mol，括号中为溶剂校正的相对 Gibbs 能）

#### 6. 3. 1. 3　氧化加成

碘苯的 I 原子取代氰基基团配位到 Pd 中心得到（$\eta^2$-$CF_3COO^-$）（$\eta^1$-苯甲腈）Pd(PhI) 中间体 6g。中间体 6g 经由过渡态 TS(6g/6h) 发生氧化加成并生成了

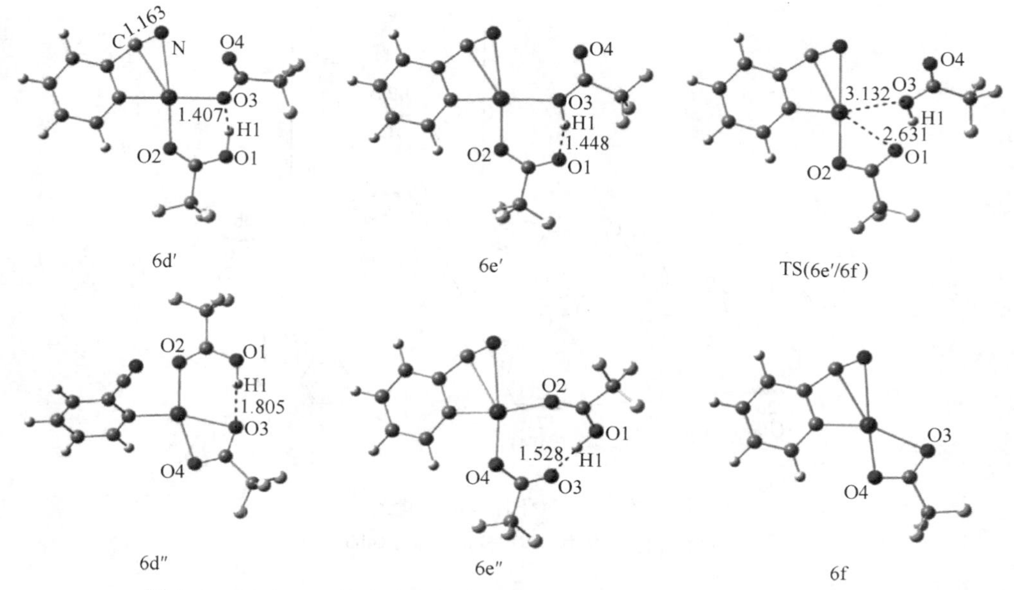


图 6-6 $CF_3COOH$ 解离中关键中间体和过渡态的优化结构和几何参数（键长的单位为 Å）

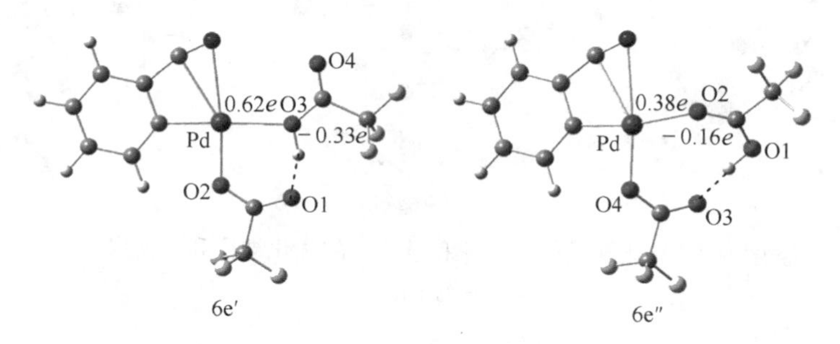


图 6-7 6e′和 6e″的 Hirshfeld 电荷分布

五配位 Pd(Ⅳ) 中间体 6h。如图 6-8 所示，由于立体效应和 Pd 原子氧化态的变化，该基元步的能垒较高，为 91.6kJ/mol。关键中间体和过渡态的优化结构在图 6-9 中给出。

然后，考虑添加剂 $Ag_2O$ 在催化循环中的作用，图 6-10 显示了氧化银与两分子的三氟乙酸发生反应生成 $CF_3COOAg$[20,21] 的 Gibbs 能量曲线，关键中间体和过渡态的优化结构在图 6-11 中给出。从图 6-10 中得知，该过程需要克服 8.4kJ/mol 的能垒和放出 209.6kJ/mol 的能量。计算结果说明该过程在热力学和动力学方面是可行的，而得到的 $CF_3COOAg$ 在之后的还原消除和催化剂再生步骤中将发挥着重要作用。

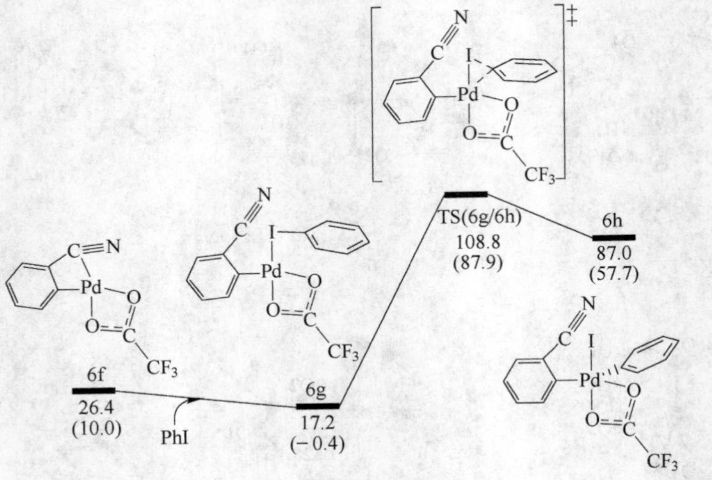

6f
26.4
(10.0)
PhI
6g
17.2
(−0.4)
TS(6g/6h)
108.8
(87.9)
6h
87.0
(57.7)


图 6-8 氧化加成的能量图

（kJ/mol，括号中为溶剂校正的相对 Gibbs 能）

I
C2
6g
TS(6g/6h)
6h


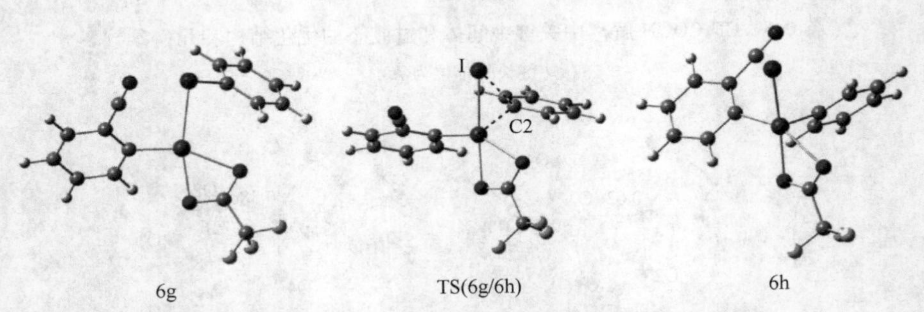

图 6-9 氧化加成中中间体和过渡态的优化结构和几何参数

（键长的单位为 Å）

### 6.3.1.4 还原消除和催化剂再生

从中间体 6h 开始，还原消除和催化剂再生过程存在两条可能路径：路径 1 和路径 2。两者之间的区别在于 $CF_3COOAg$ 配位与偶联反应进行的反应顺序不同。路径 1 先是 $CF_3COOAg$ 配位得到中间体 6i，随后进行偶联反应生成产物。路径 2 正与此相反，中间体 6h 直接进行偶联反应得到产物，然后 $CF_3COOAg$ 配位到（$\eta^2$-$CF_3COO^-$）PdI 完成催化剂再生步骤。该过程的 Gibbs 能量曲线图如图 6-12 和图 6-13 所示，相应的中间体和过渡态的优化结构和几何参数如图 6-14 所示。

（1）路径 1。$CF_3COOAg$ 分子中 Ag 和 O 原子配位到钯中心得到中间体 6i′。

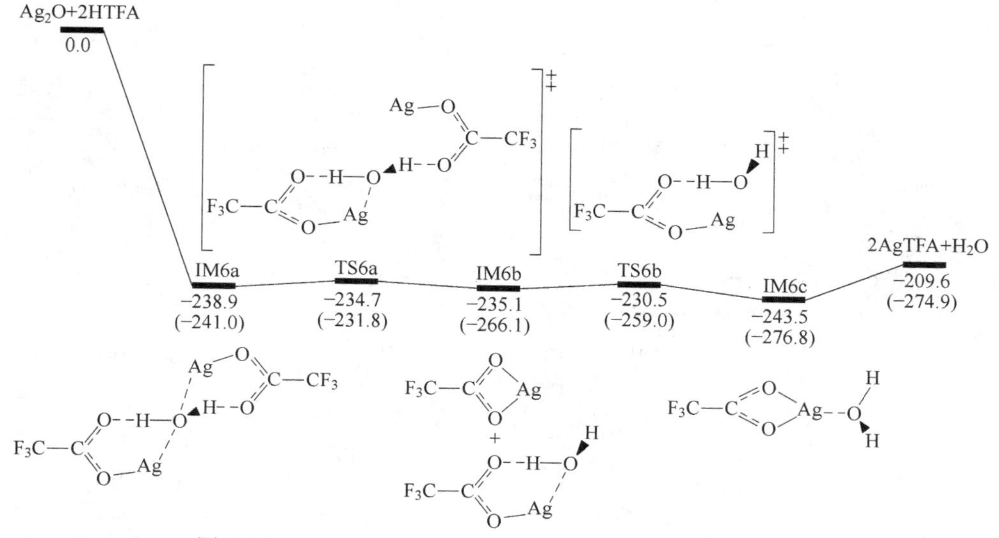


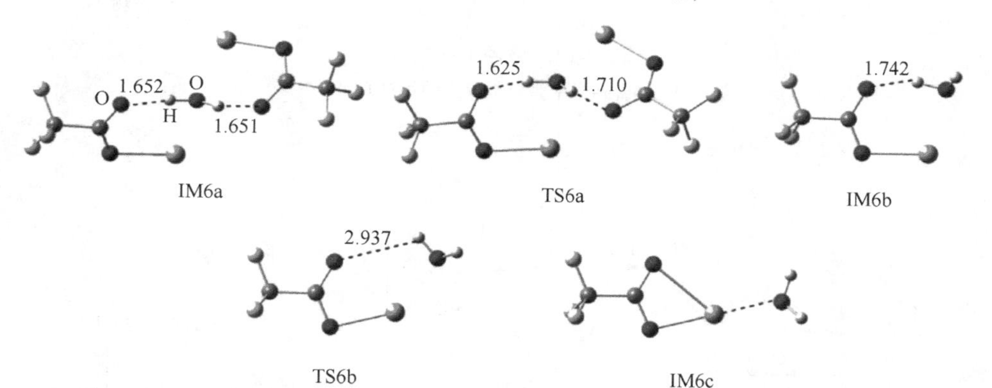


图 6-10 $Ag_2O + 2CF_3COOH \rightarrow 2CF_3COOAg + H_2O$ 的能量图

（kJ/mol，括号中为溶剂校正的相对 Gibbs 能）

图 6-11 $Ag_2O + 2CF_3COOH \rightarrow 2CF_3COOAg + H_2O$ 中相关的优化结构和几何参数

（键长的单位为 Å）

在中间体 6i′中，Pd—Ag 键、Pd—O2 键和 Ag—I 键的键长分别是 3.116Å、2.041Å 和 2.784Å，这表明 Pd—Ag 键、Pd—O2 键和 Ag—I 键已经完全形成。而 Pd—I 键和 Pd—O3 键的键长为 2.917Å 和 3.129Å，说明 Pd—I 键和 Pd—O3 键之间作用力减弱，也就是说 6i′中只存在较弱的金属配位作用。随后 AgI 通过过渡态 TS(6i′/6j′) 离去得到中间体 6j′，该过程需要克服 56.1kJ/mol 的能垒。然后是还原消除和催化剂再生的步骤。在过渡态 TS(6j′/产物) 中，$\eta^1$-芳基配体的碳原子与 $\eta^1$-苯甲腈配体中氰基的邻位碳原子成键生成产物和催化剂 Pd(TFA)$_2$。该过程 (6j′→TS(6j′/产物)→产物) 需要克服 47.7kJ/mol 的能垒。

（2）路径 2。从中间体 6h 开始，$\eta^1$-芳基配体和 $\eta^1$-苯甲腈配体中氰基的邻位

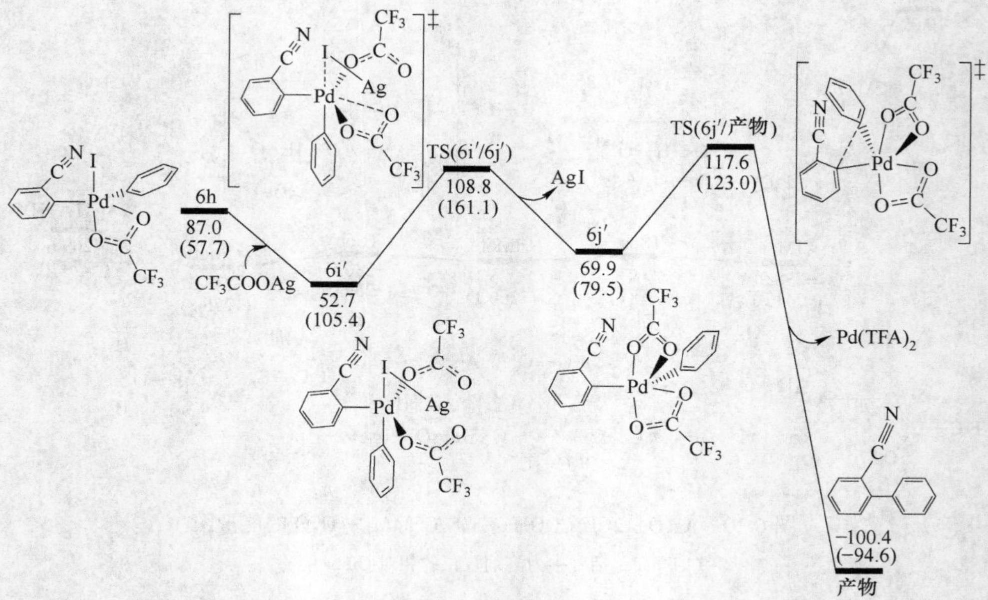

图 6-12　路径 1 的能量图
（kJ/mol，括号中为溶剂校正的相对 Gibbs 能）

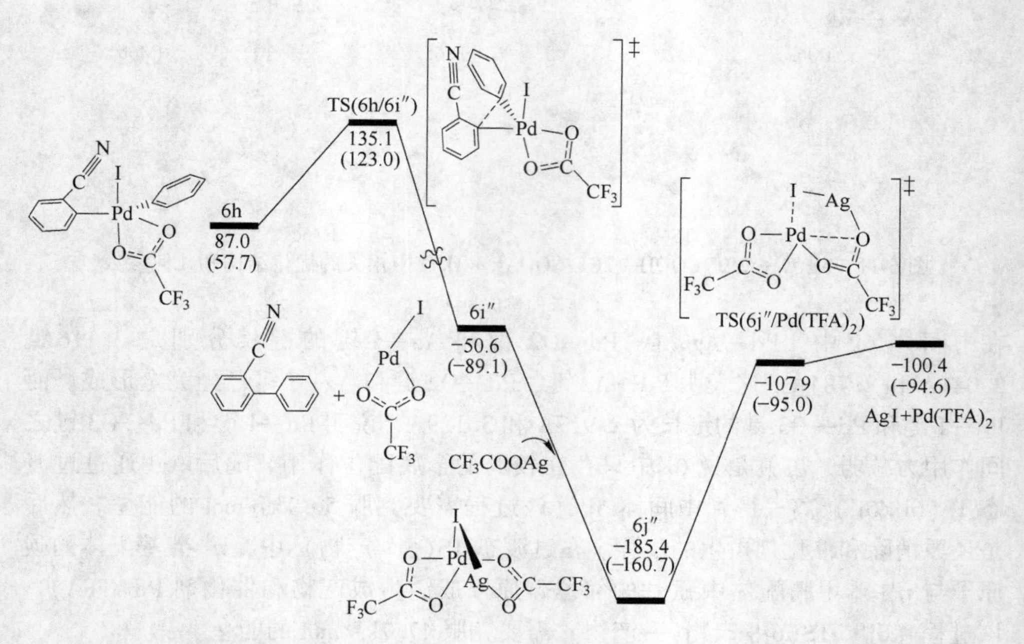


图 6-13　路径 2 的能量图（kJ/mol，括号中为溶剂校正的相对 Gibbs 能）

碳原子通过过渡态 TS(6h/6i″) 直接偶联得到产物联苯-2-甲腈和 ($\eta^2$-$CF_3COO^-$) PdI 6i″。如图 6-13 所示，该过程需克服 48.1kJ/mol 的能垒和放出 137.6kJ/mol 的能量。$CF_3COOAg$ 与 ($\eta^2$-$CF_3COO^-$) PdI 的 Pd 原子配位生成了稳定的中间体 6j″。在中间体 6j″中，Pd—O2 键和 Ag—I 键的键长分别是 2.042Å 和 2.769Å，这表明 Pd—O2 键和 Ag—I 键已经完全形成。与 6i″的结构相比，6j″中的 Pd—I (2.657Å)、Pd—O3(2.068Å) 和 Pd—O4(2.244Å) 的键长变化很小，这说明 6j″中存在强的金属配位作用。然后 AgI 经由过渡态 TS(6j″/Pd(TFA)$_2$) 离去并生成催化剂 Pd(TFA)$_2$。AgI 离去过程需克服 77.5kJ/mol 的能垒。

对路径 1 和 2 进行了对比。从图 6-12 和图 6-13 自由能曲线可以看出，路径 1 和 2 气相中能量最高点是过渡态 TS(6j′/产物) 和 TS(6h/6i″)，它们的相对 Gibbs 能分别为 117.6kJ/mol 和 135.1kJ/mol。然而，路径 1 和 2 在液相中能量最高点是过渡态 TS(6i′/6j′) 和 TS(6h/6i″)，它们的相对 Gibbs 能分别为 161.1kJ/mol 和 123.0kJ/mol。显然，TS(6i′/6j′) 的能量比 TS(6h/6i″) 还要高 38.1kJ/mol。综上所述，在液相中路径 2 应当比路径 1 更有利。此外，对 TS(6i′/6j′) 和 TS(6h/6i″) 的结构进行了分析。相较于 TS(6h/6i″) 结构中只有一个 $CF_3COO^-$配体，TS(6i′/6j′) 具有两个 $CF_3COO^-$，这使得 TS(6i′/6j′) 的 Pd 中心原子具有比 TS(6h/6i″) 更多的正电荷，而 Pd 中心原子的正电荷越多使得 AgI 就越不易离去。

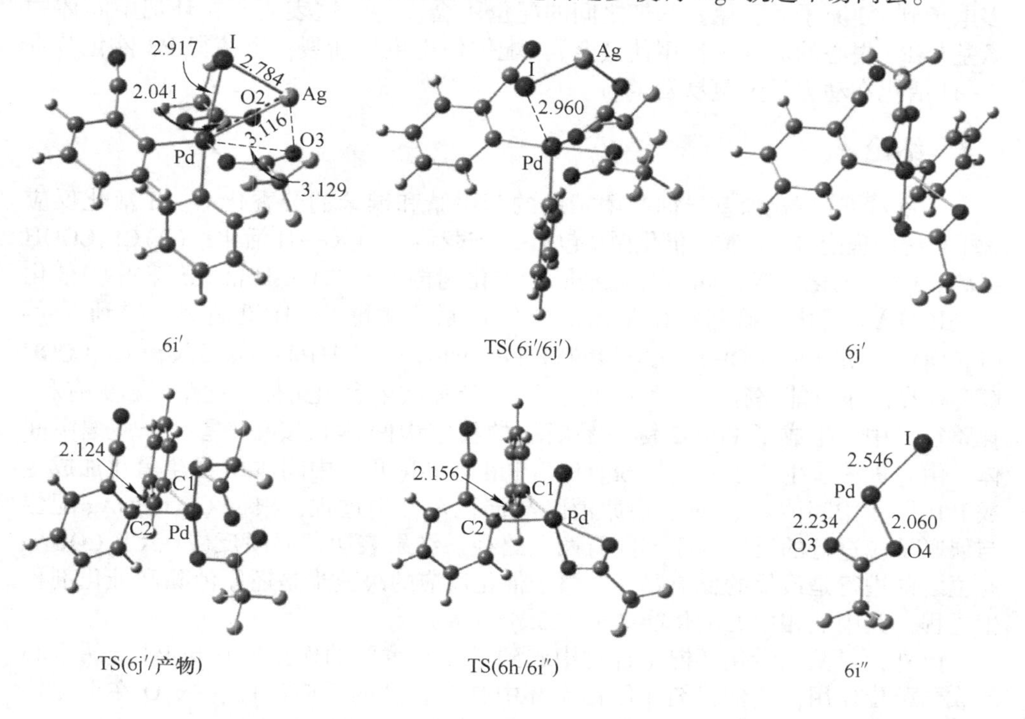

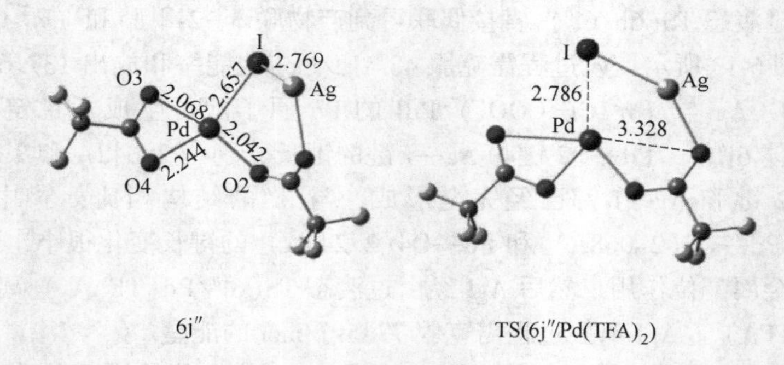


图 6-14　还原消除和催化剂再生中中间体和过渡态的优化结构和几何参数
（键长的单位为 Å）

### 6.3.2　定位基团氰基的作用

W. Li 等人认为氰基的线性构型使其难以形成一般的五元金属环，但碳和氮间的 π 电子配位到钯是可能的。如上所述，在环钯中间体中形成弱配位作用的氰基基团在催化循环中具有较高的反应活性。在 Pd 中心原子不饱和时，氰基可以给出电子配位到 Pd 中心。然而，当苯甲腈中 C1 原子可以给出比氰基 π 电子更多电子到 Pd 原子时，氰基和钯之间的配位不会发生。这表明，在环钯中间体中氰基与 Pd 中心的弱配位作用使其金属-配体作用更易断裂，也使得 Pd 催化芳香 C—H 活化在动力学上更易发生。

## 6.4　结论

本章对 Pd 催化氰基导向基团辅助的苯甲腈和碘苯的芳香化 C—H 活化反应做了系统的理论研究。整个催化循环包括 4 个过程：（1） C—H 活化；（2）$CF_3COOH$ 解离；（3） 氧化加成；（4） 还原消除和催化剂再生。在 C—H 活化过程中，催化剂 $Pd(TFA)_2$活化了氰基定位基团的邻位碳原子使得 C—H 键断裂，得到（$\eta^2$-$CF_3COO^-$）（$\eta^1$-$CF_3COOH$）（$\eta^1$-苯甲腈）Pd 中间体 6c。从中间体 6c 开始，$CF_3COOH$ 解离存在两条可能路径：路径 a 和路径 b。计算结果表明路径 b 比路径 a 更有利。在路径 b 中，生成了 Pd-O2 键更易断裂的稳定中间体 6e″。6e″是一个关键中间体，由它进一步生成了中间体 6f。然后 PhI 与 Pd(Ⅱ) 中间体 6f 发生氧化加成生成 Pd(Ⅳ) 中间体 6h。对于还原消除与催化剂再生过程，根据 $CF_3COOAg$ 配位与偶联反应进行的反应顺序不同有两条路径。结果表明，偶联反应在 $CF_3COOAg$ 配位之前进行是最优的反应路径。整个催化反应的决速步是还原消除和催化剂再生过程，其中液相中的活化能垒为 123.4kJ/mol。

此外，氰基在活化环钯化合物中起到了非常重要的作用，它与 Pd 金属中心形成弱配位作用，使催化剂在催化循环中具有较高的反应活性。$Ag_2O$ 在催化体系中不仅承担了卤化物清除剂的角色，而且帮助 Pd 催化剂再生。

## 参 考 文 献

[1] (a) CORBET J P, MIGNANI G. Selected patented cross-coupling reaction technologies [J]. Chem. Rev., 2006, 106: 2651 ~ 2710. (b) WANG C, XU Q W, ZHANG W N, et al. Charge-transfer emission in organoboron-based biphenyls: effect of substitution position and conformation [J]. J. Org. Chem., 2015, 80: 10914~10924.

[2] (a) ROSEWALL C F, SIBBALD P A, LISKIN D V, et al. Palladium-catalyzed carboamination of alkenes promoted by N-fluorobenzenesulfonimide via C—H activation of aenes [J]. J. Am. Chem. Soc., 2009, 131: 9488~9489. (b) KUMAR R K, ALI M A, PUNNIYAMURTHY T. Pd-catalyzed C—H activation/C—N bond formation: a new route to 1-aryl-1H-benzotriazoles [J]. Org. Lett., 2011, 13: 2102~2105. (c) GOGOI A, GUIN S, ROUT S K, et al. A copper-catalyzed synthesis of 3-aroylindoles via a $sp^3$ C—H bond activation followed by C—C and C—O bond formation [J]. Org. Lett., 2013, 15: 1802~1805. (d) LIU L, ZHANG A A, WANG Y, et al. Asymmetric synthesis of P-stereogenic phosphinic amides via Pd(0)-catalyzed enantioselective intramolecular C—H arylation [J]. Org. Lett., 2015, 17: 2046~2049.

[3] LI W, XU Z, SUN P, et al. Synthesis of biphenyl-2-carbonitrile derivatives via a palladium-catalyzed $sp^2$ C—H bond activation using cyano as a directing group [J]. Org. Lett., 2011, 13: 1286~1289.

[4] (a) ROHBOGNER C J, WUNDERLICH S H, CLOSOSKI G C, et al. New mixed Li/Mg and Li/Mg/Zn amides for the chemoselective metallation of arenes and heteroarenes [J]. Eur. J. Org. Chem., 2009: 1781 ~ 1795. (b) SHABASHOV D, MALDONADO J R M, DAUGULIS O. Carbon-hydrogen bond functionalization approach for the synthesis of fluorenones and ortho-arylated benzonitriles [J]. J. Org. Chem., 2008, 73: 7818~7821.

[5] (a) ZHANG Y H, YU J Q. Pd(Ⅱ)-catalyzed hydroxylation of arenes with 1 atm of $O_2$ or air [J]. J. Am. Chem. Soc., 2009, 131: 14654~14655. (b) LU Y, LEOW D, WANG X S, et al. Hydroxyl-directed C—H carbonylation enabled by mono-N-protected amino acid ligands: An expedient route to 1-isochromanones [J]. Chem. Sci., 2011, 2: 967~971.

[6] CHENG G J, YANG Y F, LIU P, et al. Role of N-acyl amino acid ligands in Pd(Ⅱ)-catalyzed remote C-H activation of tethered arenes [J]. J. Am. Chem. Soc., 2014, 136: 894~897.

[7] JIANG J, YU J Q, MOROKUMA K. Mechanism and stereoselectivity of directed C($sp^3$)—H activation and arylation catalyzed by Pd(Ⅱ) with pyridine ligand and trifluoroacetate: acomputational study [J]. ACS. Catal., 2015, 5: 3648~3661.

[8] (a)BECKE A D. Density-functional thermochemistry. Ⅲ. The role of exact exchange [J]. J. Chem. Phys., 1993, 98: 5648~5652. (b) STEPHENS P J, DEVLIN F J, CHABALOWSKI C F, et al. Ab initio calculation of vibrational absorption and circular dichroism spectra using density functional force fields [J]. J. Phys. Chem., 1994, 98: 11623~11627.

[9] FRISCH M J, et al. Gaussian 09, Revision A. 02; Gaussian, Inc.: Wallingford CT, 2009.

[10] KRISHNAN R, BINKLEY J S, SEEGER R, et al. Self consistent molecular orbital methods. A basis set for correlated wave functions [J]. J. Chem. Phys., 1980, 72: 650~654.

[11] (a) EHLERS A W, BÖHME M, DAPPRICH S, et al. A set of f-polarization functions for pseudo-potential basis sets of the transition metals Sc-Cu, Y-Ag and La-Au [J]. Chem. Phys. Lett., 1993, 208: 111~114. (b) HÖLLWARTH A, BÖHME M, DAPPRICH S, et al. A set of d-polarization functions for pseudo-potential basis sets of the main group elements Al-Bi and f-type polarization functions for Zn, Cd, Hg [J]. Chem. Phys. Lett., 1993, 208: 237~240.

[12] (a) GONZALEZ C, SCHLEGEL H B. An improved algorithm for reaction path following [J]. J. Chem. Phy., 1989, 90: 2154~2161. (b) GONZALEZ C, SCHLEGEL H B. Reaction path following in mass-weighted internal coordinates [J]. J. Phys. Chem., 1990, 94: 5523~5527.

[13] LIANG Y, REN Y, JIA J, et al. Mechanistic investigation of palladium-catalyzed amidation of aryl halides [J]. J Mol Model, 2016, 22: 53.

[14] Lu T, CHEN F W. Multiwfn: A Multifunctional wavefunction analyzer [J]. J. Comput. Chem., 2012, 33: 580~592F.

[15] HIRSHFELD F. Bonded-atom fragments for describing molecular charge densities [J]. Theoretica Chimica Acta., 1977, 44: 129~138.

[16] ZHAO Y, SCHULTZ N E, TRUHLAR D G. Design of density functionals by combining the method of constraint satisfaction with parametrization for thermochemistry, thermochemical kinetics, and noncovalent interactions [J]. J. Chem. Theory. Comput., 2006, 2: 364~382.

[17] ZHAO Y, TRUHLAR D G. Density functional for spectroscopy: no long-range self-interaction error, good performance for Rydberg and charge-transfer states, and better performance on average than B3LYP for ground states [J]. J. Phys. Chem. A, 2006, 110: 13126~13130.

[18] ZHAO Y, TRUHLAR D G. The M06 suite of density functionals for main group thermochemistry, thermochemical kinetics, noncovalent interactions, excited states, and transition elements: two new functionals and systematic testing of four M06 functionals and 12 other functionals [J]. Theor. Chem. Account., 2008, 120: 215~241.

[19] MARENICH A V, CRAMER C J, TRUHLAR D G. Universal solvation model based on solute electron density and on a continuum model of the solvent defined by the bulk dielectric constant and atomic surface tensions [J]. J. Phys. Chem. B, 2009, 113: 6378~6396.

[20] GANDEEPAN P, PARTHASARATHY K, CHENG C H. Synthesis of phenanthrone derivatives from sec-alkyl aryl ketones and aryl halides via a palladium-catalyzed cual C—H bond activation and enolate cyclization [J]. J. Am. Chem. Soc., 2010, 132: 8569~8571.

[21] WANG G W, YUAN T T, LI D D. One-pot formation of C—C and C—N bonds through palladium-catalyzed dual C—H activation: synthesis of phenanthridinones [J]. Angew. Chem. Int. Ed., 2011, 50: 1380~1383.

# 7 铑催化高炔丙基联烯-炔环化异构化反应的理论研究

## 7.1 引言

过渡金属催化活化 C—H 键/C—C 键的环加成反应正在成为有机合成中构建环框架的一种非常有效的方法[1]。相对于钯催化剂，铑催化剂具有可以不用导向基团直接活化，高对映选择性，反应时间短，转化率高等优点。因此在过去十年里，铑催化联烯与其他不饱和烃类的环异构化反应可以快速构筑复杂的环状化合物，引起了人们的广泛关注[2]。联烯底物是具有额外 π 组分且具有多个反应位点的分子，它们的环加成反应可以通过选择不同的烯烃化合物和/或反应条件来产生各种各样的环状化合物[3]。然而，许多这些反应会形成不希望或意想不到的产物。因此，若要实现目标产物的合成，必须深入而系统地理解它们的反应机制。

最近，C. Mukai 课题组报道了铑催化高炔丙基联烯-炔的环化异构化反应，得到了含有 6/5/5 三环结构的产物[4]。该反应的关键特征是高炔丙基官能团炔中的 $C(sp^3)—C(sp)$ σ 键活化，而期望得到的 6/6/4 三环产物却没有检测到（式(7-1)）。有趣的是，反应底物中的取代基换成 $R^1=t$-Bu 和 $R^2=n$-Bu 时却改变了反应路径，生成了 6/5/4 三环产物（式（7-2））。

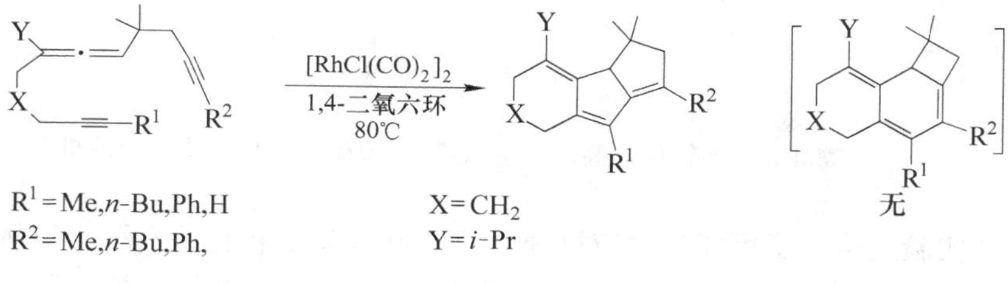

$[RhCl(CO)_2]_2$，1,4-二氧六环，80℃

$R^1$=Me,*n*-Bu,Ph,H　$R^2$=Me,*n*-Bu,Ph,　X=$CH_2$　Y=*i*-Pr　无

(7-1)

$[RhCl(CO)_2]_2$，1,4-二氧六环，80℃

$R^1$=*t*-Bu　$R^2$=*n*-Bu　X=$CH_2$　Y=*i*-Pr　*n*-Pr

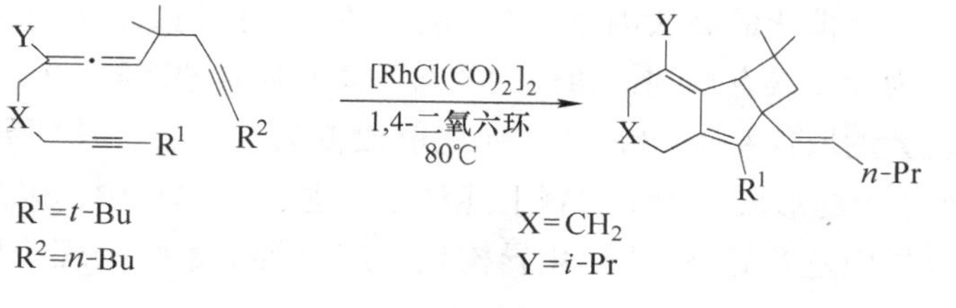

(7-2)

为了解释实验结果及现象，C. Mukai 等人提出了可能的机理，如图 7-1 所示。反应底物高炔丙基联烯与铑催化剂配位得到中间体 7A，随后氧化环金属化得到重要的金属环戊烯中间体 7B。当 $R^1$ 和 $R^2$ 空间位阻较小时，有利于 C($sp^3$)—C(sp)键的活化，通过 $\sigma$-键复分解得到中间体 7C，接着炔烃插入金属环丁烷中的 C($sp^3$)—Rh 键得到中间体 7D，最后还原消除得到 6/5/5 环产物；当 7B 化合物中为大位阻的取代基时，炔烃插入 Rh—C($sp^3$) 键中得到中间体 7E，经过 $\beta$-H 消除得到新的联烯化合物 7F，进一步发生插入反应、还原消除，最终得到 6/5/4 环产物。

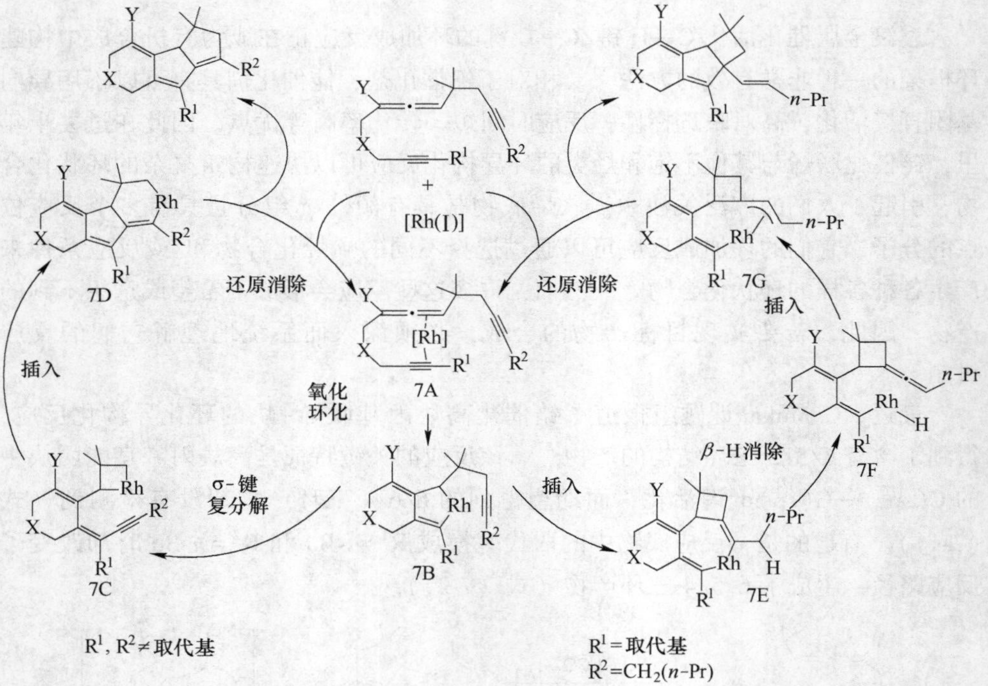

图 7-1　C. Mukai 提出铑催化高炔丙基联烯-炔发生环化异构化反应的机理

虽然实验上给出了可能的反应机理，但是仍然有几个重要的科学问题需要进一步研究：(1) 通过 C($sp^3$)—C(sp)σ 键活化/断裂的 σ-键复分解非常罕见，需要进一步研究。铑催化的高炔丙基联烯-炔的环异构化是如何产生 6/5/5 三环骨架结构，以及为什么没有得到最初预期的 6/5/4 三环骨架产物。(2) 为什么底物中空间体积较大的取代基 $R^1$ 和 $R^2$ 如何能够改变反应途径，从而导致意外的 6/5/4 三环骨架产物的形成。为了解释上述科学问题，在本章中，采用密度泛函理论对铑催化高炔丙基联烯-炔的环化异构化反应进行了系统的理论研究。希望这项工作的研究结果将对理解和发展新的有机合成方法来构建复杂的多环框架提供思路和理论指导。

## 7.2 计算方法

本章中所有的计算工作均是在 Gaussian 09[5]程序中进行。对于催化循环所涉及的所有反应物、产物、中间体及过渡态的几何构型在密度泛函理论的 M06[6]水平下进行优化。并在相同水平下对各能量驻点进行了振动率分析，确认这些驻点分别是势能面上的真正极小值（所有频率都是正值）或一级鞍点（有且只有一个虚的振动频率）。对 Rh 和 S 等原子采用赝势 LANL2DZ[7]基组，C 和 H 原子采用 6－31G（d，p）[8]基组，并对 Rh（$\zeta_f$ = 1.350）、Cl（$\zeta_d$ = 0.640）和 S（$\zeta_d$ = 0.503）[9]增加极化函数。这个方法已经证明对 Rh 化合物催化的反应体系[10]是可靠的。为了确保过渡态连接正确的中间体或产物，在同一水平进行了内禀反应坐标（IRC）计算[11]。对反应中所涉及的一些关键结构，使用 NBO[12]分析用以阐明超共轭相互作用的性质。在 NBO 分析中，供体和受体之间的轨道相互作用由二阶微扰相互作用能估算，定义如下：

$$E^{(2)} = \Delta E_{ij} = q_1 \frac{F(i,\ j)^2}{\epsilon_i - \epsilon_j}$$

式中，$q_i$为供体轨道占有率；$\epsilon_i$和$\epsilon_j$为对角元；$F(i,\ j)$为非对角 NBO-Fock 矩阵元。

溶剂化效应采用 SMD 溶剂化模型（溶剂＝1，4-二氧六环）在 M06/6-31G（d，p)(Rh、Cl 和 S 原子为 LANL2DZ+p）水平上已经得到的几何结构进行了单点能量计算[13]。在所有讨论的能量图中，使用溶剂化校正的相对 Gibbs 能量（kJ/mol）。用 de Marothy 开发的 XYZviewer 软件对优化的中间体和过渡态的结构进行了可视化查看和绘制[14]。

## 7.3 结果与讨论

### 7.3.1 反应机理

考虑节约计算资源，根据实验结果，选取了式（7-3）的反应模型（$R^1 = R^2$ ＝Me)，其中联烯底物上的 *i*-Pr 作为取代基。

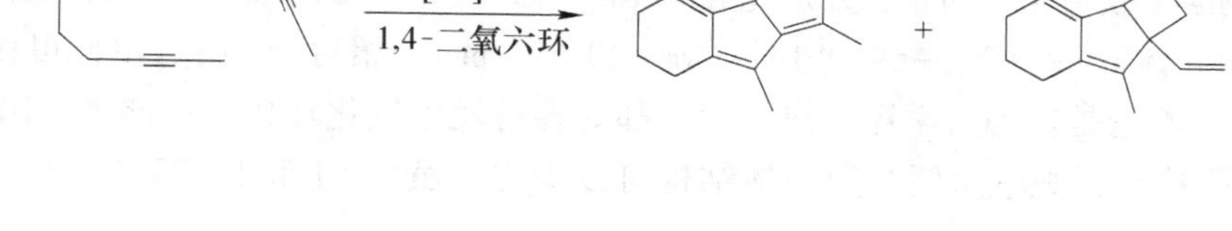

i-Pr　[Rh]$^I$　1,4-二氧六环　i-Pr　+　i-Pr

(7-3)

根据实验提出的反应机理（图 7-1），反应的第一步是氧化环化步（7A→7B），该步起始于含有底物分子作为配体的平面正方形 Rh( Ⅰ ) 配合物 7A[15]。考虑到反应中使用的预催化剂是 [$Rh(CO)_2Cl$]$_2$，可以猜测平面正方形 Rh( Ⅰ ) 配合物是由 $Rh(CO)_2Cl$ 与底物分子配位得到的。根据配体与平面正方形的 Rh( Ⅰ ) 中心配位的不同位置，可以得到两种异构体（a1 和 a2）（图 7-2）。由于 a1 和 a2 这两种异构体具有相似的稳定性（a2 比 a1 稳定 2. 9kJ/mol），因此它们处于可逆平衡状态。从 a1 和 a2 开始，来自底物累积二烯片段的一个双键与 Rh 中心配位分别得到不稳定的五配位 Rh( Ⅰ ) 中间体 a11 和 a22。尽管进行了多次尝试，还是无法找到产生这两个五配位中间体的过渡态结构，分析其原因可能主要是过渡态和中间体在能量和几何结构上非常接近。

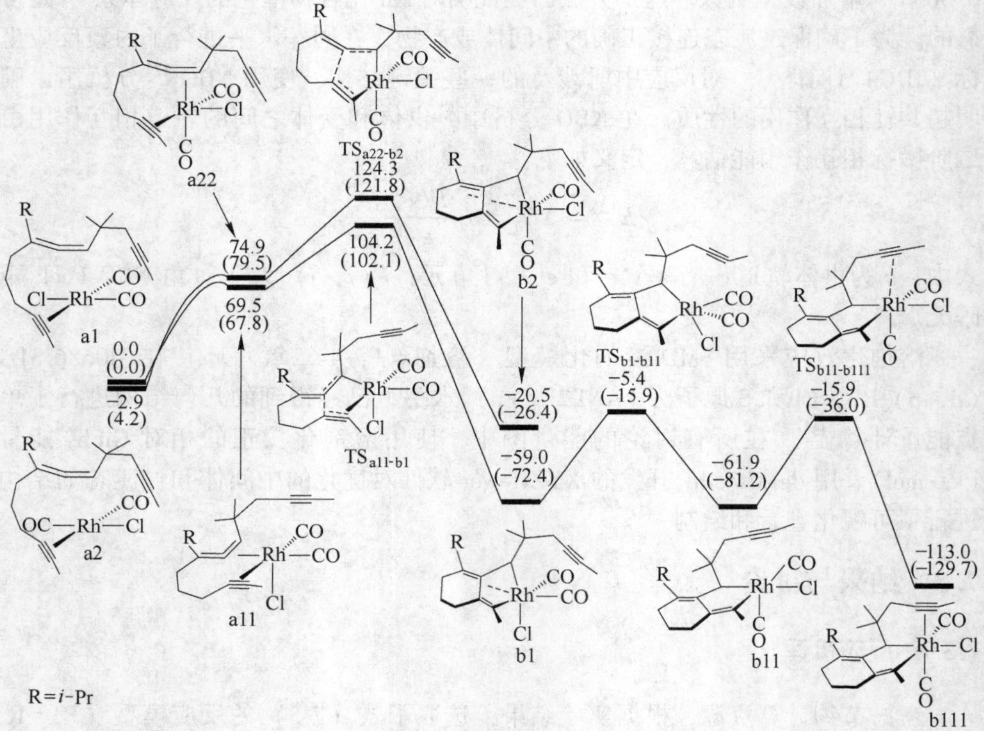

图 7-2　氧化环化过程（a→b）的能量图

（kJ/mol，括号中为溶剂校正的相对电子能）

图 7-2 显示 a11 和 a22 分别克服了 104. 2kJ/mol 和 124. 3kJ/mol 的能垒得到稳定的中间体 b1 和 b2（-59. 0kJ/mol vs -20. 5kJ/mol，相对于 a1），由此可以得出 a1 比 a2 不论是在动力学还是热力学上都更容易发生氧化环化步。此外，b1 明显比 b2 更稳定，观察这两个异构体结构可以看出，虽然 b1 和 b2 都采取八面体构

型并与烯烃部分弱配位，但 b1 结构中金属中心的反位效应要小于 b2。接下来，b1 通过结构重排生成稳定的中间体 b11，再进一步重排得到更稳定的中间体 b111。另外，我们还计算了分别从 b1 和 b2 开始的其他可能的重排。值得注意的是，b111 在各个异构体中也是最稳定的（图 7-3）。因此，在下面的讨论中，只考虑最稳定的异构体。

在此还应注意，图 7-2 仅考虑了底物中累积二烯其中的一个烯和两个炔基团其中的一个炔之间的氧化偶联。实际上，还存在其他的烯-炔之间的偶联，为了验证 a→b 的正确性，也计算研究了其他的四种可能的偶联反应。计算结果表明，其他的四种偶联都具有更高的能垒，这与实验结果一致的，即没有观察到这些偶联所产生的产物，所以这里不再赘述。

如图 7-1 所示，从 b111 开始存在两种可能的催化循环（循环 1 和循环 2）。图 7-4 给出了循环 1 的 Gibbs 能量曲线图（b111→d111），其中重要的中间体和过渡态的优化结构在图 7-5 中给出。循环 1 显示 $C(sp^3)$—C(sp) 键的活化是通过 σ-键复分解步（b→c），从而形成最终的 6/5/5 三环产物。在能量曲线图 7-4 可看出，σ-键复分解需要经历两个基元反应生成中间体 c11，包括与 Rh 金属中心配位的炔片段插入到 Rh—烯键和 1,3-烷基迁移。基于 c11 的生成，炔基插入 Rh—C5 键得到中间体 d1，接着结构重排得到中间体 d11，随后是还原消除产生含有 6/5/5 三环产物作为配体的产物前体 d111。最终，发生配体交换得到产物及催化剂再生得到活性物质 a1。计算结果显示：该循环需要经历一个非常高的过渡态 $TS_{c1-c11}$(184.5kJ/mol，相对于中间体 b111)。在 $TS_{c1-c11}$ 中，由于 $C(sp^3)$—C(sp) 键并没有受到强的环张力的影响，因此需要破坏 C—Cσ 键的能垒很高(184.5kJ/mol)。可见，图 7-1 提出的机理循环 1 对于 6/5/5 三环产物的形成是不可行的。因此，应当存在其他可能的路径。

对图 7-1 中的循环 2 主要描述了生成 6/5/4 三环产物的［2+2+2］环加成路径。计算结果如图 7-6 所示，在循环 2 中，首先是炔烃插入的步骤（b→e）。从 b111 开始，C2—C3 键插入 Rh—C5 键得到七元环中间体 e1，该步需要克服高达 158.2kJ/mol 的能垒。考虑到 b111 存在其他可能的异构体，因此计算研究了其他两种几何异构体的插入过程。计算结果表明，能垒也都较高（都大于 125.5kJ/mol，相对于中间体 b111）。鉴于 b111 及其几何异构体在炔烃插入步的高能垒，没有进一步进行［2+2+2］环加成路径的计算；相反，继续研究其他有利的路径。

综合上面的所有计算结果，图 7-1 中的反应机理循环 1 和循环 2 在能量上都是不可行的。因此，可能存在新的反应机制/路径来阐明式（7-1）和式（7-2）中所示的实验反应结果。

图 7-7 显示了新提出路径的能量曲线图，重要的中间体和过渡态的优化结构

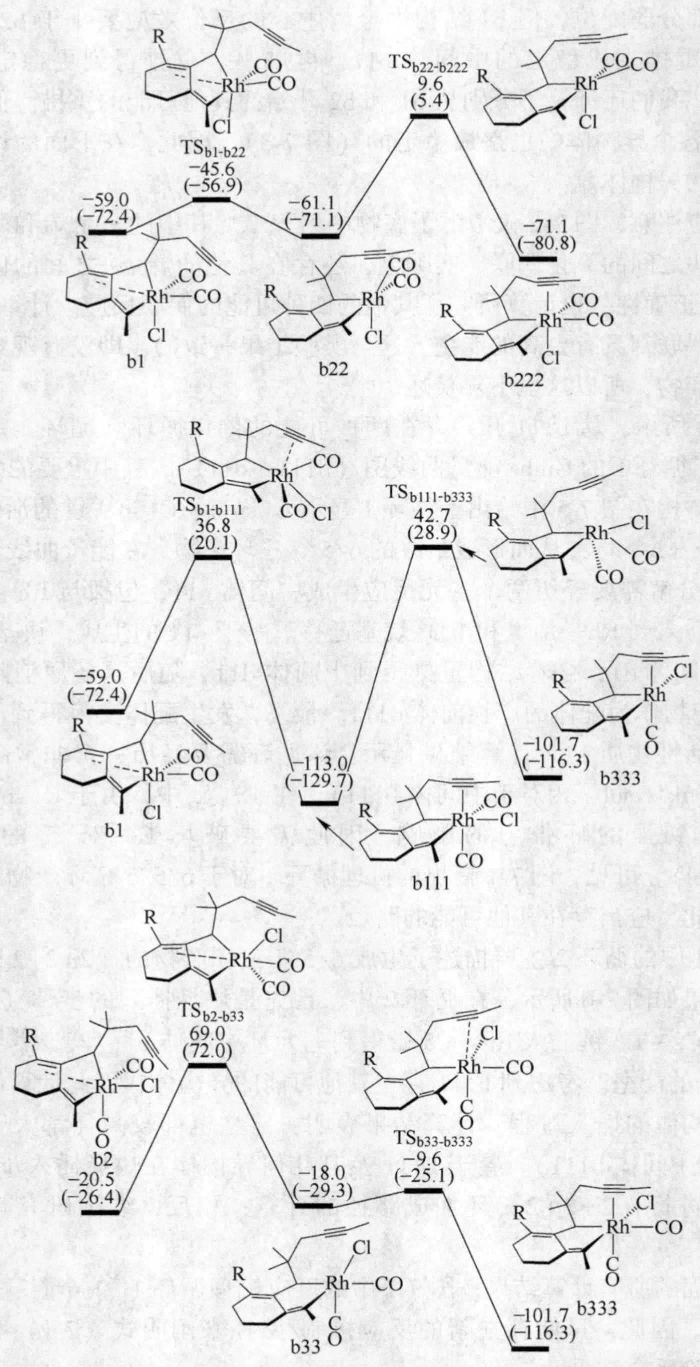


图 7-3 氧化环化过程中其他结构可能的重排能量图

（kJ/mol，括号中为溶剂校正的相对电子能）

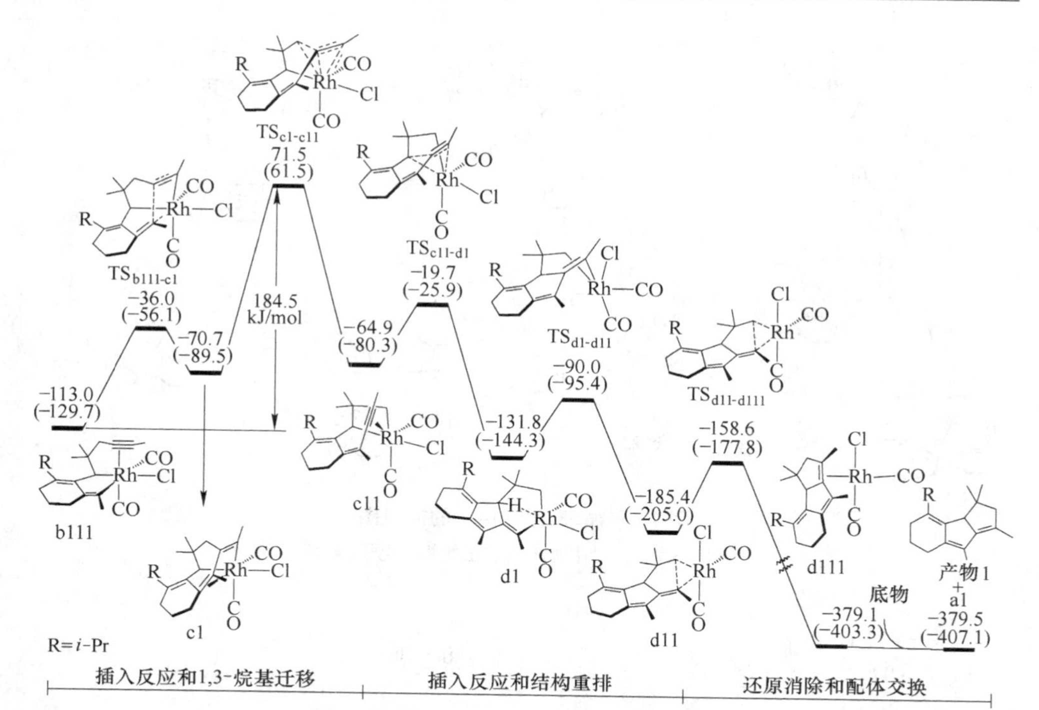


图 7-4 循环 1（b111→d111）的能量图

（kJ/mol，括号中为溶剂校正的相对电子能）

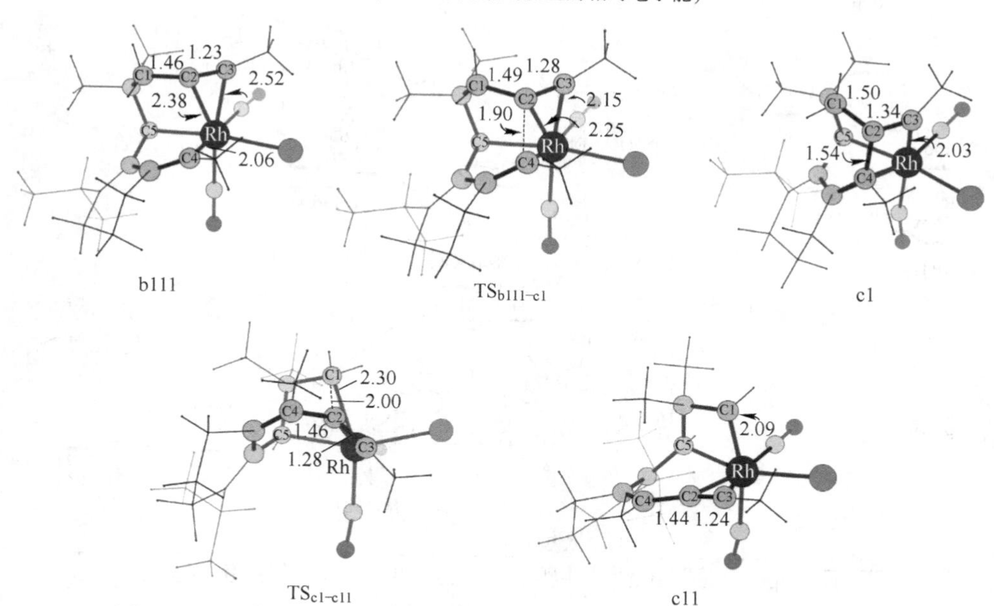


图 7-5 b111→d111 过程中重要的中间体和过渡态的优化结构和几何参数

（键长的单位为 Å）

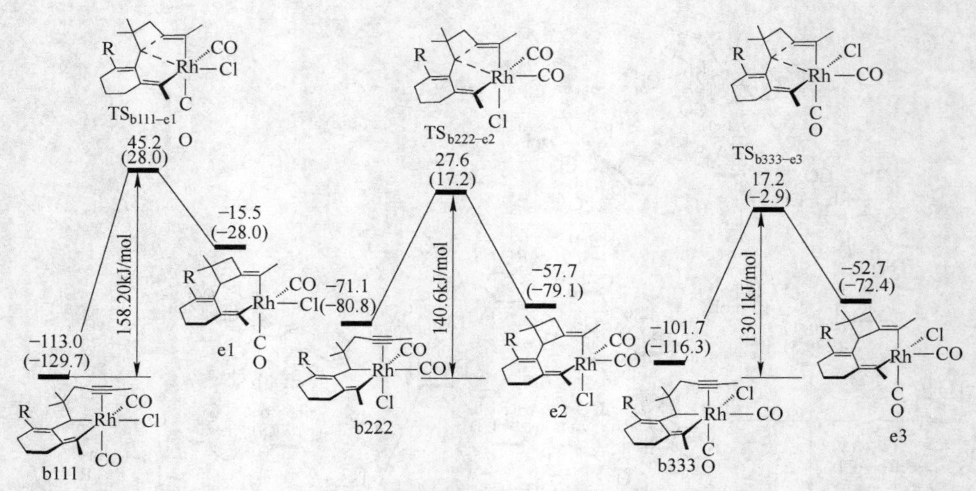


图 7-6　循环 2(b→e) 的能量图

（kJ/mol，括号中为溶剂校正的相对电子能）

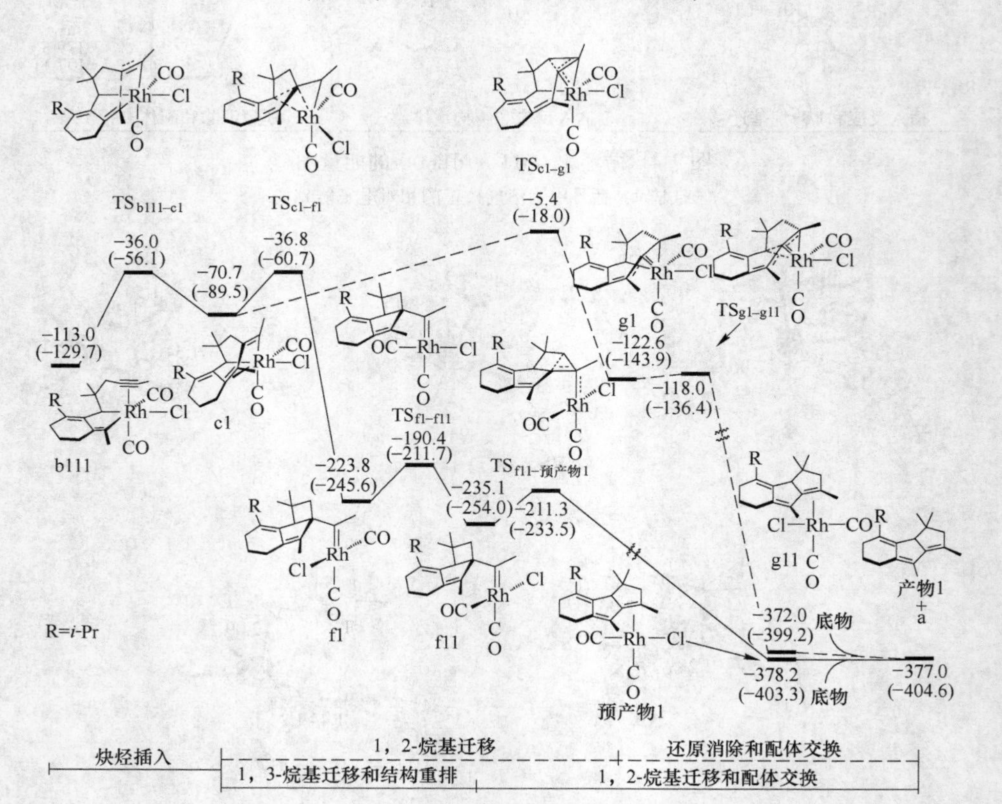


图 7-7　新提出路径（b111→产物 1）的能量图

（kJ/mol，括号中为溶剂校正的相对电子能）

在图 7-8 中给出。发现 b111 中的炔烃插入可以通过一个能量适中的能垒来形成 $\eta^2$-烯基配位的化合物 c1。不同于图 7-1 中提出的能量不可行的机理（c1 中 C1 原子从 C2 原子迁移到 Rh 原子中心发生 1，3-烷基迁移使 C1—C2σ 键断裂生成中间体 c11），在新提出的机理中，c1 中的 C5 原子由 Rh 向 C2 原子进行 1,3-烷基迁移，破坏了 Rh-C5σ 键，从而得到 Rh(Ⅰ) 卡宾物种 f1，该物种容易异构化为更稳定的 Rh(Ⅰ) 卡宾 f11。从 b111 到 Rh(Ⅰ) 卡宾 f11 的能垒仅为 77.0kJ/mol。从 f11 开始，1,2-烷基迁移（C1 原子从 C2 原子迁移到卡宾 C3 原子上）发生，并伴随着四元环的开环，得到了产物 1 分子作为配体的产物前体 1，随后进行配体交换完成催化循环得到 6/5/5 三环产物和活性物种 a1。此外，也研究了从中间体 c1 直接经历 1,2-烷基迁移形成八元环中间体 g1，再还原消去得到产物前体 g11（图 7-1）。然而，相对于中间体 b111，该路径 b111→g11 的能垒为 107.6kJ/mol，比路径 b111→f11 高 30.6kJ/mol，所以路径 b111→f11 在能量上是更可行的。

通过上述讨论，铑催化高炔丙基联烯-炔的环化异构化反应生成 6/5/5 三环产物 1($R^1=R^2=Me$) 新路径的计算结果显示，此路径在能量上是更有利的。结合图 7-2 和图 7-7，可以看出在氧化环化步骤（a1→b1）是反应的决速步，它经历了一个经典的双 Rh 环［4.3.0］过渡态 $TS_{a11-b1}$，该路径的活化能垒为 107.1kJ/mol。

当改变反应底物中的取代基（$R^1$ 和 $R^2$ 基团分别改变成 *t*-Bu 和 *n*-Bu 基团）时，反应路径也会改变，生成 6/5/4 三环产物（产物 2）。实验上最初预测的产物是 6/6/4 三环骨架结构（产物 3）。接下来，当联烯底物的取代基 $R^1=R^2=Me$ 时，我们也研究了生成这两种产物的路径。

事实上，基于中间体 f11 的几何结构，发现如果与卡宾 C3 原子相连甲基的氢发生 1,2-H 迁移（从甲基碳迁移到卡宾 C3 原子上），则可以得到 6/5/4 环骨架产物（产物 2）；而如果通过 1,2-烯基迁移（从 C2 原子迁移到卡宾 C3 原子上）从五元环变成六元环，则可以得到 6/6/4 环骨架产物（产物 3）。为了便于比较，图 7-9 显示了三条路径的能量曲线图（f11→产物 1，f11→产物 2，f11→产物 3）。图 7-9 表明，当联烯底物的取代基 $R^1=R^2=Me$ 时，生成产物 2 和产物 3 的路径很明显比生成产物 1 的路径的能垒分别要高 61.1kJ/mol 和 18.0kJ/mol。根据计算数据可知，计算结果与实验上是一致的，当联烯底物的取代基 $R^1=R^2=Me$ 时，没有检测到 6/5/4 环产物（产物 2）和 6/6/4 环产物（产物 3）。

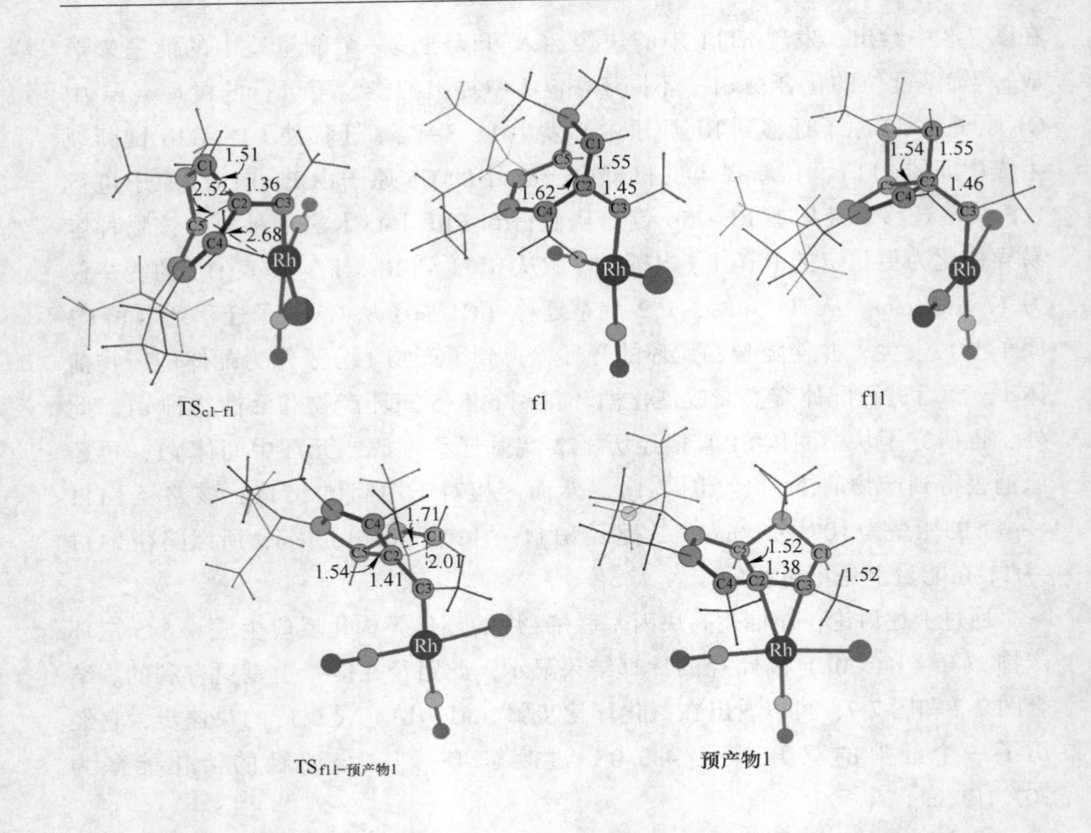


图 7-8　新提出路径（b111→产物 1）中重要的中间体和过渡态的优化结构和几何参数（键长的单位为 Å）

## 7.3.2　$R^1$ 和 $R^2$ 基团对反应路径的影响

还有一个需要解决的重要问题是底物上的 $R^1$ 和 $R^2$ 取代基如何影响反应路径。实验上，当反应中联烯底物的取代基 $R^1 = R^2 = Me$ 改变成 $R^1 = t\text{-Bu}$ 和 $R^2 = CH_2n\text{-Pr}$ 后则改变了反应路径，生成 6/5/4 环产物（产物 2）（式（7-1））。为了揭示取代基影响产物选择性的原因，采用 $R^1 = t\text{-Bu}$ 和 $R^2 = CH_2n\text{-Pr}$ 的底物模型分别研究计算了生成产物 1、产物 2 和产物 3 的路径。

从中间体 B-f1 或 B-f11（这里，前缀 B-在计算中用于 $R^1 = t\text{-Bu}$ 和 $R^2 = CH_2n\text{-Pr}$ 的新模型底物分子）开始，三条路径分别生成相应的化合物 B-预产物 1、B-预产物 2 和 B-预产物 3。图 7-10 显示了三条路径的能量曲线图。与实验观察一致的是，在这种新的模型底物下，经过 1，2-H 的迁移（从甲基碳迁移到卡宾 C3 原子）得到 6/5/4 三环产物（产物 2）的路径是最有利的。生成产物 1 的路径变得

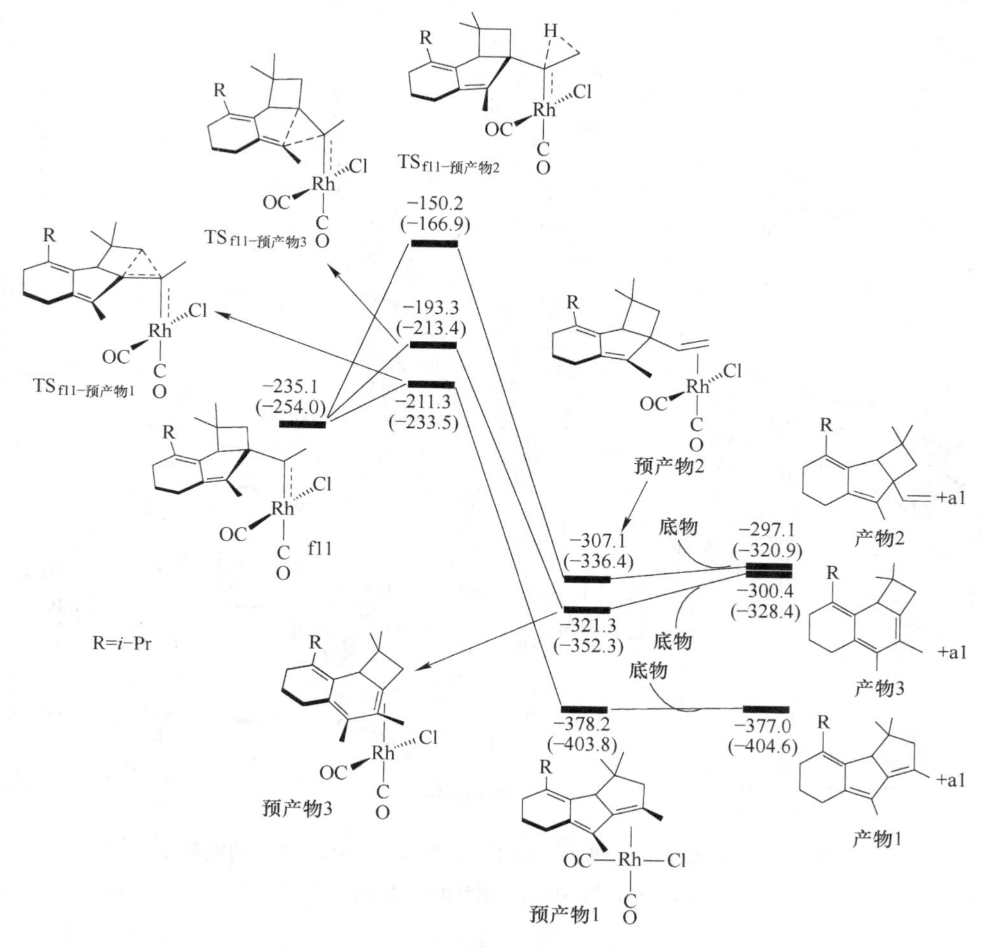


图 7-9 新提出路径的能量图从 f11 分别到产物 1、产物 2、产物 3

（kJ/mol，括号中为溶剂校正的相对电子能）

不利，而生成预期的 6/6/4 三环骨架衍生物（产物 3）的路径仍然是 3 种路径中最不可能发生，正如当反应底物 $R^1=R^2=Me$ 时，生成反应产物 6/5/5 三环产物 1 机理所发现的那样。

计算 $R^1$ 和 $R^2$ 取代基团的不同组合在产物选择步中生成 6/5/5 产物 1、6/5/5 产物 2 和 6/5/5 产物 3 的能垒，用以说明取代基团 $R^1$ 和 $R^2$ 对产物选择性的影响。计算结果列于表 7-1。考虑了 4 种取代情况，它们分别是：$R^1=Me$，$R^2=Me$；$R^1=t\text{-Bu}$，$R^2=Me$；$R^1=Me$，$R^2=CH_2n\text{-Pr}$ 和 $R^1=t\text{-Bu}$，$R^2=CH_2n\text{-Pr}$。与实验观察结果一致，表 7-1 的计算结果表明，只有取代基 $R^1=t\text{-Bu}$ 和 $R^2=CH_2n\text{-Pr}$ 时，生成 6/5/4 三环产物 2 的路径最为有利。

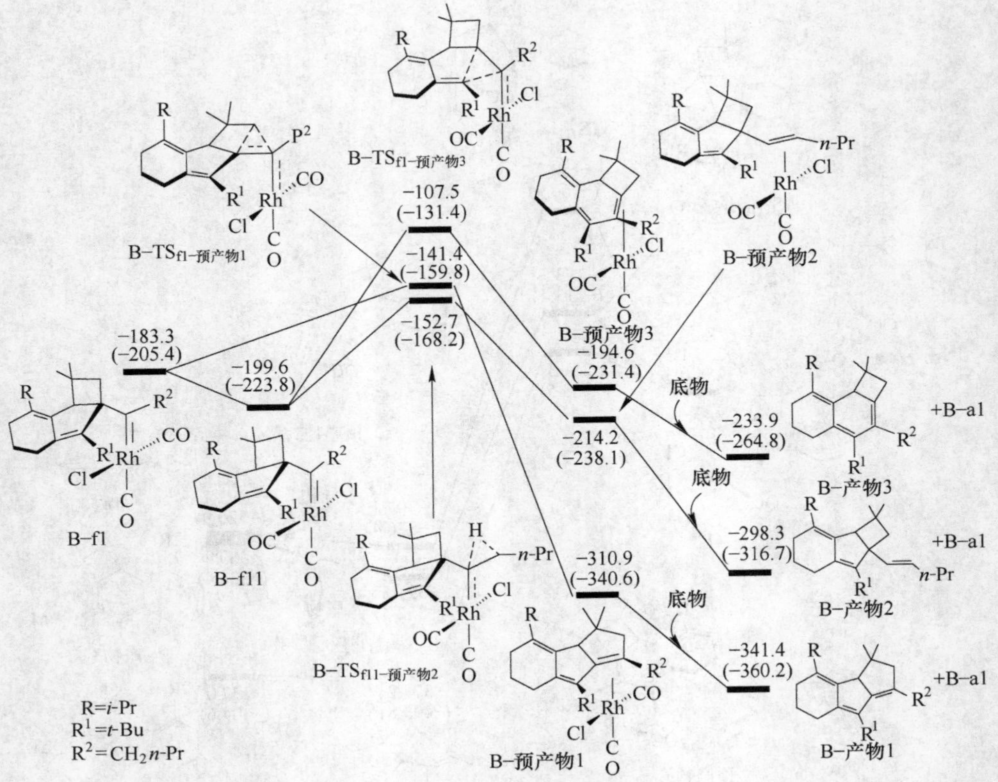

图 7-10　从 B-f1 分别到 B-产物 1、B-产物 2 和 B-产物 3 的能量图

（kJ/mol，括号中为溶剂校正的相对电子能）

**表 7-1　计算不同取代基团在产物选择步中生成 6/5/5 产物 1、6/5/5 产物 2 和 6/5/5 产物 3 的能垒**

| 底物基团 | | 生成产物 1 的能垒 | 生成产物 2 的能垒 | 生成产物 3 的能垒 | 预测的环异构化产物① |
|---|---|---|---|---|---|
| 1 | $R^1$ = Me，$R^2$ = Me | 23.8 | 84.9 | 41.8 | 6/5/5 环产物 1 |
| 2 | $R^1$ = *t*-Bu，$R^2$ = Me | 50.2 | 76.6 | 83.7 | 6/5/5 环产物 1 |
| 3 | $R^1$ = Me，$R^2$ = $CH_2$*n*-Pr | 34.3 | 53.6 | 50.6 | 6/5/5 环产物 1 |
| 4 | $R^1$ = *t*-Bu，$R^2$ = $CH_2$*n*-Pr | 58.2 | 46.9 | 92.0 | 6/5/4 环产物 2 |

①预测的环异构化产物与实验观察结果一致。

从表 7-1 可见，当只增大 $R^1$ 的体积（$R^1$ = Me 改变成 $R^1$ = *t*-Bu），生成产物 3

的能垒明显地增加了41.9kJ/mol（从41.8kJ/mol到83.7kJ/mol），同时也增加了生成产物1的能垒26.4kJ/mol（从23.8kJ/mol到50.2kJ/mol）。类似的，当只增大$R^1$的体积（$R^1$=Me改变成$R^1$=*t*-Bu），生成产物3的能垒增加了41.4kJ/mol（从50.6kJ/mol到92.0kJ/mol），生成产物1的能垒增加了23.9kJ/mol（从34.3kJ/mol到58.2kJ/mol）。需要指出的是，增大$R^1$的体积对生成产物2的能垒的影响非常小。仔细观察图7-9和图7-10所示的过渡态结构，可以很容易地理解以上观察到的能垒变化趋势。在生成产物3的过渡态结构中（图7-9中的$TS_{f11-预产物3}$和图7-10中的B-$TS_{f11-预产物3}$），振动模式主要描述的是$R^1$取代基相连的C4原子和金属卡宾C3原子成键的过程。因此，当$R^1$取代基团增大如*t*-Bu时，过渡态结构中取代基$R^1$与金属中心Rh距离很近导致其空间斥力变得非常显著，致使能垒增加明显。在生成产物1的过程（图7-9中f11→$TS_{f11-预产物1}$→预产物1或图7-10中B-f11→B-$TS_{f11-预产物1}$→B-预产物1）中，过渡态结构中主要描述的是1,2-烷基迁移（从C2原子迁移到卡宾C3原子），由于取代基$R^1$与发生反应的原子距离较近因此$R^1$基团的大小也会对产物1的生成有影响，但影响程度小于生成产物3的情况。生成产物2（图7-9中的$TS_{f11-预产物2}$和图7-10中的B-$TS_{f11-预产物2}$）的过渡态涉及1,2-H迁移，其中取代基$R^1$与发生氢迁移的原子离的较远，因此空间效应影响最小。

从底物基团1和底物基团2可见，$R^2$从Me变为$CH_2$*n*-Pr时，生成产物1和生成产物3的两个能垒仅分别增加了10.5kJ/mol（从23.8kJ/mol到34.3kJ/mol）和8.8kJ/mol（从41.8kJ/mol到50.6kJ/mol）。从底物基团2和4，可以看到类似的能垒变化趋势，$R^2$从Me变为$CH_2$*n*-Pr时，生成产物1和产物3的两个能垒也分别仅增加了8.0kJ/mol（从50.2kJ/mol到58.2kJ/mol）和8.3kJ/mol（从83.7kJ/mol到92.0kJ/mol）。分析以上计算结果，可以发现生成产物1和产物3能垒影响较小是因为$CH_2$*n*-Pr基团是具有较小空间效应的直链一级烷基，并且与发生反应的位点较远，因此基本上对于产物1和产物3的产生过程没有影响。然而，观察从底物基团1到底物基团3或从底物基团2到底物基团4，发现$R^2$取代基的变化对生成产物2的能垒具有显著影响。当$R^2$基团从Me改变为$CH_2$*n*-Pr，生成产物2的能垒显著降低（从底物基团1到底物基团3，能垒由84.9kJ/mol变成53.6kJ/mol，从底物基团2到底物基团4，能垒由76.6kJ/mol变成46.9kJ/mol）。尤其注意的是，当$R^1$取代基团从Me改变为*t*-Bu，同时$R^2$取代基团从Me改变为$CH_2$*n*-Pr后，反应路径发生改变，生成6/5/4三环产物2，这个结果与实验上观察的结果一致，如式（7-1）和式（7-2）所示。

当$R^2$为$CH_2$*n*-Pr，而不是Me时，如何帮助和促进1,2-氢迁移发生，生成6/5/4三环产物（B-产物2）？为了回答这个问题，在图7-11中给出了与1,2-氢化物迁移相关的过渡态优化结构［$TS_{f11-预产物2}$或B-$TS_{f11-预产物2}$］。如图7-11所示，初看结构可能无法看出1,2氢迁移步中两个过渡态之间的差异。但是仔细观察后，发现在$B\text{-}TS_{f11\text{-}预产物2}$中，C6—C7σ键的键长（1.49Å）明显要比C7—C8σ键的键长短（1.53Å），H4—C7—C6键角（105.6°）明显要小于正四面体的键角（109.5°）。需要指出的是，H原子迁移到Fischer卡宾碳原子本质上就是氢迁移。因此，在氢迁移过程中，C6是具有阳离子性质。所以，C6—C7σ键和H4—C7—C6键角等结构参数的改变是C7—H4键与具有阳离子性质的C6原子发生超共轭作用的结果。正是这种稳定的超共轭作用使得当$R^2$取代基团为$CH_2n\text{-}Pr$时，有利于氢迁移发生生成6/5/4三环产物（B-产物2）。

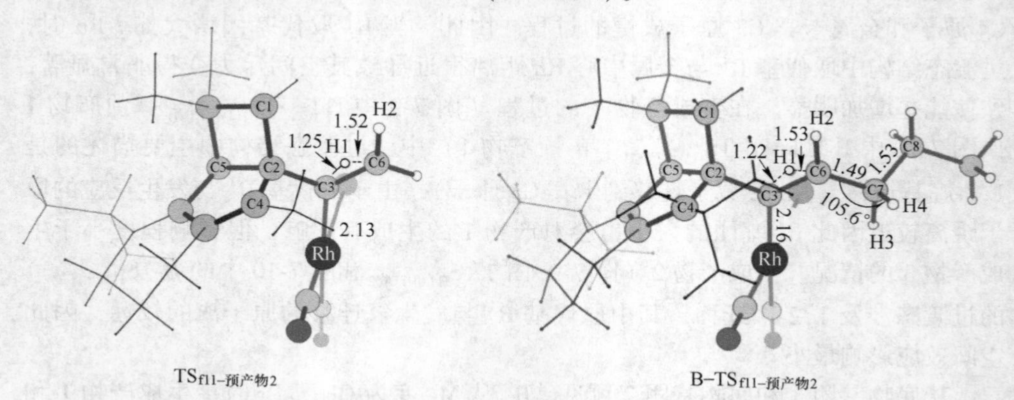


图7-11 过渡态$TS_{f11\text{-}预产物2}$和$B\text{-}TS_{f11\text{-}预产物2}$的优化结构和几何参数

（键长的单位为Å，键角的单位为（°））

为了进一步证明C7—H4键与C3—C6键之间的超共轭效应，进行了NBO计算分析。在$B\text{-}TS_{f11\text{-}预产物2}$中，NBO计算结果表明，二阶相互作用能为39.3kJ/mol，作用能的来源正是C7—H4σ键轨道（供体）和C3—C6π* 反键轨道（受体）之间的超共轭效应作用。

## 7.4 结论

通过DFT计算，研究了铑催化高炔丙基联烯-炔的环化异构化反应中$C(sp^3)$—C(sp)σ键活化/断裂的详细反应机理。基于计算结果，提出了一个新的反应机理，如图7-12所示。首先是Rh(Ⅰ)化合物a中的炔和烯片段发生氧化环化，生成铑双环［4.3.0］中间体b，接着，炔烃迁移插入到Rh—$C(sp^2)$中，得到七元环中间体c。然后，1，3-烷基迁移发生形成关键的卡宾中间体f。基于卡宾中间体的结构，由此会有三种可能的路径生成三种不同的产物，即6/5/5环产物（产物1）、6/5/4环产物（产物2）和6/6/4环产物（产物3）。反应循环中氧化环化是反应的决速步，活化能垒为107.1kJ/mol。

在此基础上，研究发现中间体 f 中取代基团 $R^1$ 和 $R^2$ 的改变与否（图 7-12）对生成产物 3 的路径都是不利的，这个结果也和实验上没有观察到 6/6/4 环产物的结果是一致的。换言之，如果要合成产物 3 需要进一步寻找合适的催化剂。与所报道的实验观察结果相一致，通过中间体 f 中 1,2-烷基迁移生成热力学稳定 6/5/5 环产物 1 是最优的路径。而经历 1,2-H 迁移生成热力学稳定性较差的产物 2 的路径，只有在大体积的取代基 $R^1$（如 *t*-Bu）和 $R^2$ 为比甲基长的一级烷基链的组合下才可能产生。空间效应大的 $R^1$ 取代基团则会导致生成 6/5/5 环产物（产物 1）路径能垒的增加。比甲基链长的一级烷基取代基 $R^2$ 在 1,2-H 迁移过程中会发生超共轭作用，使过渡态稳定并促进 H 迁移生成 6/5/4 环产物（产物 2）。

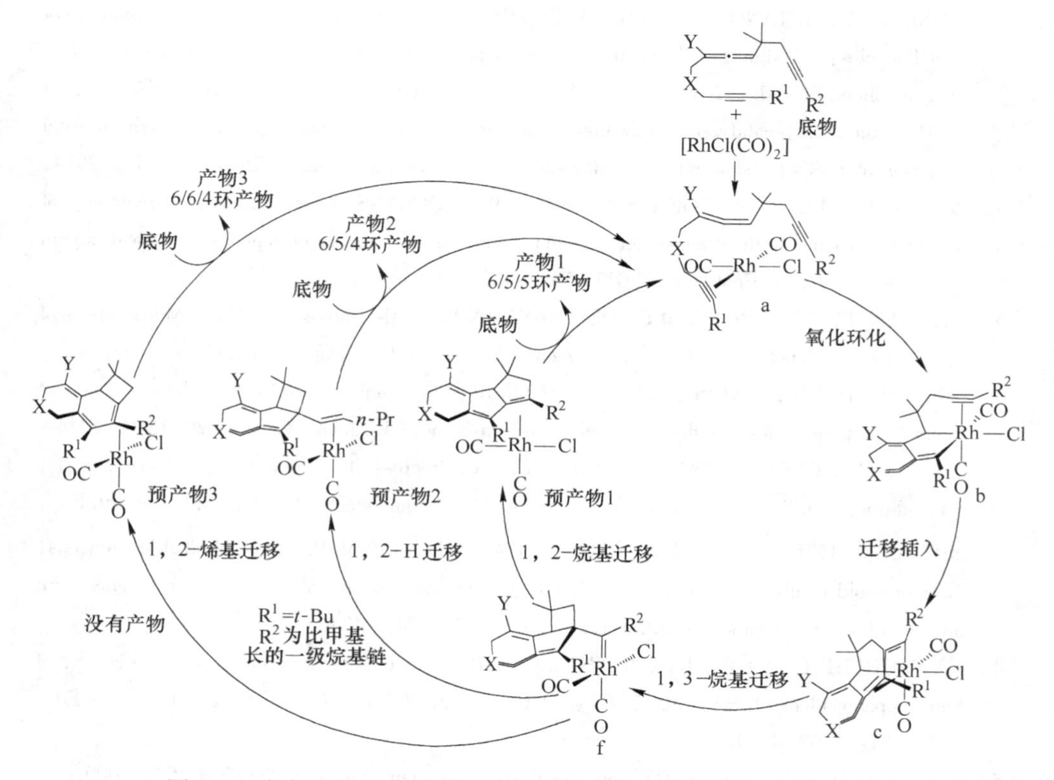


图 7-12 新提出的铑催化高炔丙基联烯-炔的环化异构化反应的机理

## 参 考 文 献


[1]（a）ROURKE J P, BATSANOV A S, HOWARD J A K, et al. Regiospecific high yield

reductive coupling of diynes to give a luminescent rhodium complex [J]. Chem. Commun., 2001: 2626~2627. (b) NICOLAOU K C, SNYDER S A, MONTAGNOR T, et al. The diels-alder reaction in total synthesis [J]. Angew. Chem. Int. Ed., 2002, 41: 1668~1698. (c) YEUNG C S, DONG V M. Catalytic dehydrogenative cross-coupling: forming carbon-carbon bonds by oxidizing two carbon-hydrogen bonds [J]. Chem. Rev., 2011, 111: 1215~1292.

[2] (a) JIANG X, MA S. *trans*-RhCl(CO)$(PPh_3)_2$-catalyzed monomeric and dimeric cycloisomerization of propargylic 2, 3-dienoates. Establishment of $\alpha$, $\beta$-unsaturated $\delta$-lactone rings by cyclometallation [J]. J. Am. Chem. Soc., 2007, 129: 11600~11607. (b) OONISHI Y, HOSOTANI A, SATO Y. Rh(Ⅰ)-catalyzed formal [6+2] cycloaddition of 4-allenals with alkynes or alkenes in a tether [J]. J. Am. Chem. Soc., 2011, 133: 10386~10389. (c) OONISHI Y, KITANO Y, SATO Y. $C_{sp3}$-H bond activation triggered by formation of metallacycles: rhodium(Ⅰ)-catalyzed cyclopropanation/cyclization of allenynes [J]. Angew. Chem. Int. Ed., 2012, 51: 1~5. (d) OONISHI Y, YOKOE T, HOSOTANI A, et al. Rhodium(Ⅰ)-catalyzed cyclization of allenynes with a carbonyl group through unusual insertion of a C=O bond into a rhodacycle intermediate [J]. Angew. Chem. Int. Ed., 2014, 53: 1135~1139. (e) TORRES O, SOLA M, ROGLANS A, et al. Unusual reactivity of rhodium carbenes with allenes: an efficient asymmetric synthesis of methylenetetrahydropyran scaffolds [J]. Chem. Commun., 2017, 53: 9922~9925.

[3] (a) WENDER P A, CROATT M P, DESCHAMPS N M. Metal-catalyzed [2+2+1] cycloadditions of 1, 3-dienes, allenes, and CO [J]. Angew. Chem. Int. Ed., 2006, 45: 2459~2462. (b) BRUMMOND K M, DAVIS M M, HUANG C. Rh(Ⅰ)-catalyzed cyclocarbonylation of allenol esters to prepare acetoxy 4-alkylidenecyclopent-3-en-2-ones [J]. J. Org. Chem., 2009, 74, 8314~8320. (c) IWATA T, INAGAKI F, MUKAI C. Progress in carbonylative [2+2+1] cycloaddition: utilization of a nitrile group as the $\pi$ component [J]. Angew. Chem. Int. Ed., 2013, 52: 11138~11142. (d) ALONSO J M, MUÑOZ M P. Heterobimetallic catalysis: platinum-gold-catalyzed tandem cyclization/C-X coupling reaction of (hetero) arylallenes with nucleophiles [J]. Angew. Chem. Int. Ed., 2018, 57: 4742~4746.

[4] KAWAGUCHI T, YABUSHITA K, MUKAI C. Rhodium(Ⅰ)-catalyzed cycloisomerization of homopropargylallene-alkynes through C($sp^3$)-C(sp) bond activation [J]. Angew. Chem. Int. Ed., 2018, 57: 4707~4711.

[5] FRISCH M J, et al. Gaussian 09, revision D. 01; Gaussian, Inc.: Wallingford, CT, 2009.

[6] (a) ZHAO Y, TRUHLAR D G. Density functionals with broad applicability in chemistry [J]. Acc. Chem. Res., 2008, 41: 157~167. (b) ZHAO Y, TRUHLAR D G. The M06 suite of density functionals for main group thermochemistry, thermochemical kinetics, noncovalent interactions, excited states, and transition elements: two new functionals and systematic testing of four M06-class functionals and 12 other functionals [J]. Theor. Chem. Acc., 2008, 120: 215~241. (c) TRUHLAR D G. Molecular modeling of complex chemical systems [J]. J. Am. Chem. Soc.,

2008, 130: 16824~16827.

[7] (a) WADT W R , HAY P J. Ab initio effective core potentials for molecular calculations. Potentials for the transition metal atoms Sc to Hg [J]. J. Chem. Phys. , 1985, 82: 270~283. (b) HAY P J, WADT W R. Ab initio effective core potentials for molecular calculations. Potentials for potassium to gold including the outermost core orbitals [J]. J. Chem. Phys. , 1985, 82: 299~310.

[8] (a) HEHRE W J, DITCHFIELD R, POPLE J A. Self-consistent molecular orbital methods. Ⅻ. Further extensions of Gaussian-type basis sets for use in molecular orbital studies of organic molecules [J]. J. Chem. Phys. , 1972, 56: 2257 ~ 2261. (b) HARIHARAN P C, POPLE J A. The influence of polarization functions on molecular orbital hydrogenation energies [J]. Theor. Chim. Acta, 1973, 28: 213~222.

[9] (a) EHLERS A W, BÖHME M, DAPPRICH S, et al. A set of f-polarization functions for pseudo-potential basis sets of the transition metals Sc-Cu, Y-Ag and La-Au [J]. Chem. Phys. Lett. , 1993, 208: 111~114. (b) HÖLLWARTH A, BÖHME M, DAPPRICH S, et al. A set of d-polarization functions for pseudo-potential basis sets of the main group elements Al-Bi and f-type polarization functions for Zn, Cd, Hg [J]. Chem. Phys. Lett. , 1993, 208: 237~240.

[10] (a) CHEN W J, LIN Z. Rhodium(Ⅲ)-catalyzed hydrazine-directed C-H activation for indole synthesis: mechanism and role of internal oxidant probed by DFT studies [J]. Organometallics, 2015, 34: 309~318. (b) MUSTARD T J L, WENDER P A, CHEONG P H Y. Catalytic efficiency is a function of how rhodium (Ⅰ) (5 + 2) catalysts accommodate a conserved substrate transition state geometry: induced fit model for explaining transition metal catalysis [J]. ACS Catal. , 2015, 5: 1758 ~ 1763. (c) LIN M, KANG G Y, GUO Y A, et al. Asymmetric Rh(Ⅰ)-catalyzed intramolecular [3+2] cycloaddition of 1-yne-vinylcyclopropanes for bicyclo [3.3.0] compounds with a chiral quaternary carbon stereocenter and density functional theory study of the origins of enantioselectivity [J]. J. Am. Chem. Soc. , 2012, 134: 398~405.

[11] (a) FUKUI K. A formulation of the reaction coordinate [J]. J. Phys. Chem. , 1970, 74: 4161~4163. (b) FUKUI K. The path of chemical reactions-the IRC approach [J]. Acc. Chem. Res. , 1981, 14: 363~368.

[12] REED A E, CURTISS L A, WEINHOLD F. Intermolecular interactions from a natural bond orbital, donor-acceptor viewpoint [J]. Chem. Rev. , 1988, 88: 899~926.

[13] MARENICH A V, CRAMER C J, TRUHLAR D G. Universal solvation model based on solute electron density and on a continuum model of the solvent defined by the bulk dielectric constant and atomic surface tensions [J]. J. Phys. Chem. B, 2009, 113: 6378~6396.

[14] DE MAROTHY S A. XYZ viewer, version 0.97; Stockolm, Sweden, 2010.

[15] PARK Y, AHR D K, BAIK M H. Mechanism of Rh-catalyzed oxidative cyclizations: closed versus open shell pathways [J]. Acc. Chem. Res. , 2016, 49: 1263~1270.

# 8 总　结

本书主要工作是量子化学计算方法在过渡金属钯催化有机偶联反应理论研究的应用，研究内容包括钯催化氯代烯丙基萘与丙二烯三丁基锡生成邻位炔丙基脱芳构化产物的反应机理研究，钯催化氯甲基萘与丙二烯三丁基锡生成对位的炔丙基和丙二烯基脱芳构化产物作用机制的理论研究，钯催化芳基卤和异腈酰胺化反应的机理研究；以氰基作为导向基团在 Pd 催化剂作用下活化 C—H 键构筑 C—C 键芳基化偶联反应的理论研究和铑催化高炔丙基联烯-炔环化异构化反应的理论研究。主要结论如下：

（1）钯催化氯代烯丙基萘与丙二烯三丁基锡脱芳构化的反应机理研究。根据反应的 Gibbs 能量曲线，分析各反应路径的热力学和动力学可能性及竞争性，提出了最可能的反应路径，确定反应的速控步，考察了配体效应和溶剂效应对催化的影响。

通过对钯催化氯代烯丙基萘与丙二烯三丁基锡脱芳构化的反应机理研究，得出整个催化循环包括三个阶段：1）氧化加成；2）金属转化；3）还原消除。在氧化加成过程中，首先考虑了两种路径单膦配体参与催化的路径和双膦配体参与催化的路径，发现双膦配体参与的路径发生氧化加成的过渡态比单膦配体参与的路径高 30.1kJ/mol。因此催化剂 $Pd(PH_3)_2$ 先解离一个 $PH_3$ 配体产生单膦配体化合物 $PdPH_3$，接着氯代烯丙基萘和 $PdPH_3$ 通过氧化加成转化成三配位的化合物 3a′，3a′再异构化为更稳定的中间体 3a‴。金属转化步中，3a‴中的金属中心与 (allenyl) $SnMe_3$ 配位生成 π 化合物 3b′和 3b″，接着都分别脱去一个 $PH_3$ 配体得到中间体 3c′和 3c″，然后它们经过四元环过渡态 TS(3c/3d)，生成配位两个烯丙基的中间体 3d。值得注意的是，中间体 3d 是一关键中间体，由它进一步生成了中间体 3h，从而得到最终的产物是脱芳构化产物而不是 Stille 偶联产物。在还原消除步中，存在四条可能的路径，分析各反应路径的能量曲线图，提出路径 2 是最优路径。路径 2 机理主要是中间体 3h 先异构化生成中间体 3i，最终 $\eta^1$-丙二烯配体的端位碳原子和 $\eta^3$-萘的邻位碳原子成键生成邻位炔丙基脱芳构化产物。在整个催化循环中，氧化加成步中的能垒最高，因此是反应的决速步。此外，对脱芳构化反应和 Stille 偶联反应路径的竞争进行了计算比较，发现 Stille 偶联产物在动力学上不易发生。

（2）钯催化氯甲基萘与丙二烯三丁基锡脱芳构化的反应机理研究。阐明了氧化加成步中的催化分子及关键的活性中间体，通过分析不同反应路径的竞争性，提出了最可能的反应路径，确定反应的速控步。通过对不同 C—C 偶联反应路径的计算，对还原消除步中的区域选择性进行讨论。

通过对钯化合物（$Pd(PPh_3)_4$）催化氯甲基萘和丙二烯三丁基锡的脱芳构化的反应机理研究，得到如下结论：该反应经历三个阶段，包括氧化加成、金属转化和还原消除与催化剂的再生。在氧化加成中，带有双膦配体的过渡态比带有单膦配体过渡态的能量高。因此，不饱和的 12 电子单膦配体钯化合物 $PdPH_3$是氧化加成时的主要活性物种。所以氧化加成是通过 $PdPH_3 \rightarrow TS(PdPH_3/4b) \rightarrow 4b$ 发生的。在整个催化循环反应中氧化加成的活化能最高，因此它是整个反应的决速步。中间体 4c‴在反应路径中扮演重要角色，因为它有利于 π 化合物 4d 的形成。从中间体 4d′、4d″、4d‴和 4d⁗开始，经过四元环的过渡态进行金属转化反应生成中间体 4k′和 4k″。在还原消除反应中，计算研究了可能的四条反应路径，发现中间体 4k′和 4k″先异构化生成 4l′和 4l″，接着通过炔丙基和丙二烯基配体的端位碳原子与萘环对位碳原子偶联进行还原消除反应的路径是最有利的。在此基础上，也对其他可能的 C—C 偶联反应路径进行计算，发现在该反应体系下对位偶联反应路径比邻、间位偶联反应的路径以及直接偶联反应的路径优先发生。

（3）报道了钯催化芳基卤和异腈酰胺化反应的理论研究，通过分析不同反应路径的竞争性，提出了详细的钯催化芳基卤和叔丁基异腈参与的酰胺化反应机理，基于反应势能面的分析及各基元反应步骤的能垒比较，推测了整个催化反应循环的决速步，并揭示了氟化铯、水溶液以及溶剂效应等对催化循环的影响。

通过计算得出整个催化循环反应包括 5 个步骤：氧化加成、异腈的迁移插入、阴离子交换、还原消除和氢迁移。对于氧化加成步，提出了 4 条可能的反应路径（2 条单膦路径和 2 条双膦路径），计算结果表明单膦化合物 PdL 作为催化剂时反应的能量最低。氧化加成是反应的速控步。在迁移插入过程中，叔丁基异腈迁移插入过程存在三种可能：邻位的 Pd—C 键、Pd—O 键和对位的 Pd—C 键。计算结果显示，叔丁基异腈迁移插入到邻位的 Pd—C 键的能垒最低为 59. 4kJ/mol，并且叔丁基异腈也为产物酰胺化合物的生成既提供了氨基源又提供了羰基源。对于阴离子交换反应，通过分析 3 条可能的单膦路径的 Gibbs 能量和 Hirshfeld 电荷分析法证明：路径 1a 是最优路径，表明水在反应的过程中为产物酰胺类化合物的合成提供了氧源，该结果与实验结果一致；对比有碱参与的和无碱参与的反应路径，发现在有碱的情况下反应的能垒远远低于无碱参与的情况，证明了在有碱参与的情况下有助于反应的发生。还原消除反应是产物的生成步。最后是氢迁移反应，计算了两种可能的反应机理（四元环机理和六元环机理），计算结果显示在水协助作用下的六元环机理优于四元环机理。

（4）报道了一个新颖的钯催化氰基导向基团辅助的活化 C—H 键芳基化偶联

反应的理论研究，提出了钯催化氰基导向基团辅助的活化 C—H 键芳基化偶联反应的机理，推测了整个催化反应循环的决速步，阐明了氰基对催化循环的影响，考虑了 $Ag_2O$ 在催化体系中的作用。

通过计算得出整个催化循环包括四个过程：1）C—H 活化；2）$CF_3COOH$ 解离；3）氧化加成；4）还原消除和催化剂再生。活化 C—H 键过程中，催化剂 $Pd(TFA)_2$ 与氰基的 π 电子配位并活化了导向基团的邻位碳原子使得 C—H 键断裂，得到中间体（$\eta^2$-$CF_3COO^-$)($\eta^1$-$CF_3COOH$)（$\eta^1$-苯甲腈)Pd 中间体 6c。从中间体 6c 开始，$CF_3COOH$ 解离生成环钯中间体 6f，$CF_3COOH$ 解离步骤中存在两条可能路径：路径 a 和路径 b。计算结果表明路径 b 在动力学上比路径 a 更为有利。在路径 b 中，生成了 Pd-O2 键更易断裂的稳定中间体 6e″。6e″脱去一分子的 $CF_3COOH$ 生成了中间体 6f，然后 PhI 与中间体 6f 中的 Pd(Ⅱ）原子配位发生氧化加成生成 Pd(Ⅳ）中间体 6h。对于还原消除与催化剂再生过程，根据 $CF_3COOAg$ 配位与偶联反应进行的反应顺序不同存在两种路径。计算结果显示先 $CF_3COOAg$ 配位到金属中心再还原消除是最优的反应路径。液相中由于还原消除和催化剂再生步的能垒最高，所以是整个催化循环的决速步。氰基与 Pd 中心的弱配位作用使金属-配体之间的键合作用容易被破坏，也使得 Pd 催化芳香 C—H 活化在动力学上更易发生。$Ag_2O$ 是作为卤化物清除剂除去碘化物并用于 Pd 催化剂的再生。

（5）铑催化高炔丙基联烯-炔环化异构化反应的理论研究，提出了一个不同于实验中建议的、动力学上更为有利的机理。在此机理的基础上，对各基元反应步骤能垒的比较和反应势能面的分析，推测了整个催化反应循环的决速步，更为重要的是，揭示了该反应体系下环异构产物选择性的根源，为发展惰性化学键的活化和转化提供新思路。

通过计算得出整个催化循环反应包括四个阶段：氧化环化，插入反应，1,3-烷基迁移，1,2-烷基迁移或 1,2-H 迁移。在氧化环化中，Rh(Ⅰ）化合物 a1 中的炔和烯片段发生氧化环化，生成铑双环［4.3.0］中间体 b1，接着 b1 发生重排生成更稳定的中间体 b111。插入反应中，炔烃迁移插入到 Rh—C4($sp^2$）中，得到七元环中间体 c1。然后，1，3-烷基迁移发生形成关键的卡宾中间体 f1，该物种容易异构化为更稳定的 Rh(Ⅰ）卡宾 f11，由此会有三种可能的路径分别生成三种不同的产物，即 6/5/5 环产物（产物 1)、6/5/4 环产物（产物 2）和 6/6/4 环产物（产物 3)。反应循环中氧化环化是反应的决速步，当底物取代基 $R^1=R^2$ =Me 时，活化能垒为 107.1kJ/mol。需要指出的是，1,3-烷基迁移产生的 Rh(Ⅰ）Fischer 卡宾中间体 f 对产物选择性起到了关键作用。基于实验结果，对不同的取代基 $R^1$ 和 $R^2$ 计算比较得出：中间体 f 中取代基团 $R^1$ 和 $R^2$ 的改变与否，对生成产物 3 的路径都是不利的，这个结果也和 C. Mukai 报道的实验上没有观察到 6/6/

4 环产物的结果是一致的；当底物取代基 $R^1 = R^2 = Me$ 时，通过中间体 f 发生 1,2-烷基迁移生成热力学稳定 6/5/5 环产物产物 1 是最优的路径，而经历 1,2-H 迁移生成热力学稳定性较差的产物 2 的路径，只有在大体积的取代基 $R^1$（如 *t*-Bu）和 $R^2$ 为比甲基长的一级烷基链的组合下才可能产生；而空间效应大的 $R^1$ 取代基团则会导致生成 6/5/5 环产物（产物 1）路径能垒增加。此外，当 $R^2$ 是 $CH_2n$-Pr，而不是 Me 时，对如何帮助和促进 1,2-氢化物迁移发生生成 6/5/4 三环产物也进行了研究，发现比甲基长的一级烷基链取代基 $R^2$ 在 1,2-H 迁移过程中会发生超共轭作用，使过渡态结构稳定并促进 H 迁移的发生。

以上研究结果显示了量子计算方法在有机催化合成领域的应用，特别是它能提供很多实验上无法获得的信息，比如一些关键的中间体和过渡态的结构和相对能量信息。通过计算预测最稳定结构的热力学、动力学性质，确认其在实验上能否合成，为有机金属化学家提供合成的线索、思路和理论依据。

# 附　录

**附表 1　B3LYP 水平下钯催化氯代烯丙基萘和丙二烯三丁基锡脱芳构化反应的所有反应物、产物、中间体、过渡态的电子能、零点能校正以及热力学校正的焓和自由能**

（AU[①]）

| 分子 | $E$ | ZPE | $H_{corr}$ | $G_{corr}$ |
|---|---|---|---|---|
| $PH_3$ | −8. 2921807 | 0. 023485 | 0. 027338 | 0. 003461 |
| $Pd(PH_3)_2$ | −143. 374898 | 0. 052316 | 0. 061037 | 0. 017895 |
| $PdPH_3$ | −135. 0425454 | 0. 026013 | 0. 030929 | −0. 000056 |
| 氯代烯丙基萘 | −517. 0715253 | 0. 199348 | 0. 212048 | 0. 159841 |
| (allenyl)$SnMe_3$ | −239. 2559635 | 0. 153041 | 0. 165715 | 0. 114841 |
| $ClSnMe_3$ | −138. 1630525 | 0. 108998 | 0. 120056 | 0. 072324 |
| TS($PdPH_3$/3a′) | −652. 1217853 | 0. 224406 | 0. 242784 | 0. 173746 |
| 3a′ | −652. 1672982 | 0. 225855 | 0. 244297 | 0. 175790 |
| TS(3a′/3a‴) | −652. 1617387 | 0. 225485 | 0. 243166 | 0. 177429 |
| 3a‴ | −652. 1838315 | 0. 225932 | 0. 244041 | 0. 178686 |
| TS($Pd(PH_3)_2$/3a″) | −660. 4183975 | 0. 249661 | 0. 272117 | 0. 193134 |
| 3a″ | −660. 478726 | 0. 252329 | 0. 274288 | 0. 197721 |
| TS(3a″/3a′) | −660. 4614675 | 0. 250047 | 0. 272707 | 0. 189845 |
| 3b′ | −891. 4351221 | 0. 381153 | 0. 413141 | 0. 312977 |
| 3b″ | −891. 4360829 | 0. 380933 | 0. 412999 | 0. 312965 |
| TS(3b/3h) | −891. 4137829 | 0. 379436 | 0. 411086 | 0. 311497 |
| TS(3b′/3c′) | −891. 4258303 | 0. 379391 | 0. 411261 | 0. 313131 |
| TS(3b″/3c″) | −891. 4200334 | 0. 379191 | 0. 411118 | 0. 379191 |
| 3c′ | −883. 1386819 | 0. 353940 | 0. 382536 | 0. 291966 |
| 3c″ | −883. 1381881 | 0. 353811 | 0. 382443 | 0. 291648 |
| TS(3c/3d) | −883. 1147915 | 0. 352542 | 0. 380660 | 0. 290584 |
| 3d | −744. 9622572 | 0. 243122 | 0. 259954 | 0. 198989 |
| TS(3d/3h) | −753. 2468606 | 0. 266990 | 0. 288114 | 0. 214667 |
| 3h | −753. 258136 | 0. 269229 | 0. 290149 | 0. 216751 |
| TS(3d/3e) | −744. 9343175 | 0. 242091 | 0. 259011 | 0. 196099 |

续附表 1

| 分子 | $E$ | ZPE | $H_{corr}$ | $G_{corr}$ |
|---|---|---|---|---|
| 3e | -744. 9480744 | 0. 242020 | 0. 259379 | 0. 197615 |
| TS(3e/3f) | -753. 2314916 | 0. 266400 | 0. 287496 | 0. 215967 |
| 3f | -753. 2564508 | 0. 268616 | 0. 289662 | 0. 218262 |
| TS(3f/3g) | -753. 2241622 | 0. 268130 | 0. 288611 | 0. 218515 |
| 3g | -753. 2578991 | 0. 271143 | 0. 291449 | 0. 222627 |
| TS(3h/3i) | -753. 2449128 | 0. 268531 | 0. 288726 | 0. 217679 |
| 3i | -753. 2696871 | 0. 269303 | 0. 290080 | 0. 217440 |
| TS(3i/3j) | -753. 2465518 | 0. 269521 | 0. 289144 | 0. 221629 |
| 3j | -753. 2691498 | 0. 272078 | 0. 291762 | 0. 224348 |
| TS(3h/3k) | -761. 5502923 | 0. 293876 | 0. 318788 | 0. 234747 |
| 3k | -761. 5580162 | 0. 295646 | 0. 320395 | 0. 237160 |
| TS(3k/3l) | -761. 5306732 | 0. 293763 | 0. 317965 | 0. 238655 |
| 3l | -761. 5730946 | 0. 297185 | 0. 321500 | 0. 239169 |
| TS(3i/3f) | -753. 2400218 | 0. 267851 | 0. 288475 | 0. 216780 |
| TS(3f/3m) | -761. 548874 | 0. 294004 | 0. 318551 | 0. 237711 |
| 3m | -761. 5554443 | 0. 295438 | 0. 320104 | 0. 239179 |
| TS(3m/3n) | -761. 5187035 | 0. 293699 | 0. 318261 | 0. 238566 |
| 3n | -761. 553875 | 0. 297109 | 0. 321541 | 0. 242197 |
| TS(3d/3o) | -744. 9039489 | 0. 242349 | 0. 258890 | 0. 197845 |
| 3o | -744. 980854 | 0. 246354 | 0. 262437 | 0. 202801 |
| TS(3h/3p) | -753. 2141805 | 0. 268637 | 0. 289255 | 0. 216326 |
| 3p | -753. 2983619 | 0. 272618 | 0. 292494 | 0. 224022 |
| TS(3k/3q) | -761. 5086521 | 0. 294382 | 0. 319158 | 0. 236470 |
| 3q | -761. 601839 | 0. 298984 | 0. 322988 | 0. 241117 |
| $PPh_3$ | -701. 6004329 | 0. 272733 | 0. 289601 | 0. 226807 |
| $Pd(PPh_3)_2$ | -1530. 0035251 | 0. 547542 | 0. 583669 | 0. 471694 |
| $PdPh_3$ | -828. 3582434 | 0. 273826 | 0. 292802 | 0. 223813 |
| TS($PdPPh_3$/3a′) | -1345. 4378362 | 0. 472006 | 0. 504588 | 0. 400905 |
| TS($Pd(PPh_3)_2$/3a″) | -2047. 0453885 | 0. 745399 | 0. 796211 | 0. 649782 |

①原子单位：能量。1AU = 2625. 505kJ/mol。

附表 2　**B3LYP** 水平下钯催化氯甲基萘和丙二烯三丁基锡脱芳构化反应的所有反应物、产物、中间体、过渡态的电子能、零点能校正以及热力学校正的焓和自由能　(AU)

| 分　子 | $E$ | ZPE | $H_{corr}$ | $G_{corr}$ |
|---|---|---|---|---|
| $PH_3$ | −8. 2921807 | 0. 023485 | 0. 027338 | 0. 003461 |
| 氯甲基萘 | −478. 9788814 | 0. 194003 | 0. 205951 | 0. 156717 |
| (allenyl)$SnMe_3$ | −239. 2563794 | 0. 152983 | 0. 166639 | 0. 112076 |
| $ClSnMe_3$ | −138. 1630742 | 0. 108959 | 0. 120079 | 0. 073023 |
| $Pd(PH_3)_2$ | −143. 374898 | 0. 052316 | 0. 061037 | 0. 017895 |
| $PdPH_3$ | −135. 0425454 | 0. 026013 | 0. 030929 | −0. 000056 |
| TS($Pd(PH_3)_2$/4a) | −622. 3234459 | 0. 244003 | 0. 265861 | 0. 188727 |
| 4a | −622. 385519 | 0. 247133 | 0. 268159 | 0. 196568 |
| TS(4a/4b) | −622. 3670796 | 0. 244811 | 0. 266593 | 0. 188318 |
| TS($PdPH_3$/4b) | −614. 0271172 | 0. 218814 | 0. 236455 | 0. 170112 |
| 4b | −614. 0740536 | 0. 220587 | 0. 238132 | 0. 174262 |
| TS(4b/4c′) | −614. 063037 | 0. 218860 | 0. 236481 | 0. 170245 |
| 4c′ | −614. 0807237 | 0. 219780 | 0. 237440 | 0. 173740 |
| TS(4b/4c″) | −614. 0624143 | 0. 219812 | 0. 236952 | 0. 171764 |
| 4c″ | −614. 0811078 | 0. 219985 | 0. 237564 | 0. 174045 |
| TS(4b/4c‴) | −614. 0575406 | 0. 219814 | 0. 236674 | 0. 173806 |
| 4c‴ | −614. 0576928 | 0. 219719 | 0. 237503 | 0. 171515 |
| 4d′ | −853. 340903 | 0. 375395 | 0. 406819 | 0. 309559 |
| 4d″ | −853. 3401068 | 0. 375644 | 0. 406900 | 0. 310983 |
| 4d‴ | −853. 3405058 | 0. 375465 | 0. 406972 | 0. 310151 |
| 4d⁗ | −853. 3414972 | 0. 375272 | 0. 406855 | 0. 308535 |
| TS(4d″/4d′) | −853. 3337688 | 0. 374623 | 0. 405450 | 0. 309896 |
| TS(4d‴/4d⁗) | −853. 3368936 | 0. 374935 | 0. 405772 | 0. 310976 |
| TS(4d′/4e′) | −853. 3265773 | 0. 372994 | 0. 404601 | 0. 306980 |
| TS(4d⁗/4e⁗) | −853. 3210263 | 0. 372738 | 0. 404684 | 0. 305780 |
| 4e′ | −845. 0362128 | 0. 347906 | 0. 375970 | 0. 287213 |
| 4e⁗ | −845. 0366349 | 0. 347796 | 0. 375967 | 0. 286800 |
| TS(4e′/4f″) | −845. 0136816 | 0. 346542 | 0. 374114 | 0. 286054 |
| TS(4e⁗/4f′) | −845. 0046028 | 0. 346283 | 0. 373973 | 0. 286353 |
| 4f′ | −706. 8564254 | 0. 236964 | 0. 253354 | 0. 193961 |
| 4f″ | −706. 8566825 | 0. 236845 | 0. 253292 | 0. 193812 |

续附表 2

| 分子 | | $E$ | ZPE | $H_{corr}$ | $G_{corr}$ |
|---|---|---|---|---|---|
| TS(4d′/4k″) | | −853.3189778 | 0.373780 | 0.404821 | 0.308113 |
| TS(4d⁗/4k′) | | −853.3044752 | 0.373818 | 0.404731 | 0.309193 |
| 4k′ | | −715.1663692 | 0.263661 | 0.284157 | 0.212032 |
| 4k″ | | −715.1643018 | 0.263693 | 0.283967 | 0.214074 |
| TS(4f′/4k′) | | −715.1460962 | 0.260621 | 0.281854 | 0.204348 |
| TS(4f″/4k″) | | −715.1443557 | 0.260690 | 0.281574 | 0.208918 |
| 路径 1a | 4f′ | −706.8564254 | 0.236964 | 0.253354 | 0.193961 |
| | TS(4f′/4g′) | −706.8157773 | 0.235832 | 0.252217 | 0.191114 |
| | 4g′ | −706.8381362 | 0.236663 | 0.253176 | 0.193891 |
| | TS(4g′/4h′) | −715.1214923 | 0.260488 | 0.281308 | 0.209794 |
| | 4h′ | −715.1426742 | 0.263144 | 0.283424 | 0.214423 |
| | TS(4h′/4i′) | −715.0886539 | 0.260996 | 0.281292 | 0.211013 |
| | 4i′ | −715.1623926 | 0.265572 | 0.284901 | 0.218671 |
| 路径 1b | 4f″ | −706.8564254 | 0.236964 | 0.253354 | 0.193961 |
| | TS(4f″/4g″) | −706.8157773 | 0.235832 | 0.252217 | 0.191114 |
| | 4g″ | −706.8381301 | 0.236674 | 0.253182 | 0.193905 |
| | TS(4g″/4h″) | −715.1236931 | 0.260518 | 0.281514 | 0.207245 |
| | 4h″ | −715.1500195 | 0.263378 | 0.283532 | 0.214067 |
| | TS(4h″/4i″) | −715.0883329 | 0.260875 | 0.281226 | 0.210183 |
| | 4i″ | −715.1720605 | 0.265346 | 0.284639 | 0.217529 |
| 路径 2a | 4f′ | −706.8564254 | 0.236964 | 0.253354 | 0.193961 |
| | TS(4f′/4g′) | −706.8157773 | 0.235832 | 0.252217 | 0.191114 |
| | 4g′ | −706.8381362 | 0.236663 | 0.253176 | 0.193891 |
| | TS(4g′/4j′) | −706.7771294 | 0.234130 | 0.250784 | 0.190437 |
| | 4j′ | −706.8435885 | 0.239318 | 0.254822 | 0.198161 |
| 路径 2b | 4f″ | −706.8564254 | 0.236964 | 0.253354 | 0.193961 |
| | TS(4f″/4g″) | −706.8157773 | 0.235832 | 0.252217 | 0.191114 |
| | 4g″ | −706.8381301 | 0.236674 | 0.253182 | 0.193905 |
| | TS(4g″/4j″) | −706.7782494 | 0.234486 | 0.250839 | 0.191199 |
| | 4j″ | −706.8546991 | 0.239159 | 0.254526 | 0.197954 |

续附表 2

| 分　子 | | $E$ | ZPE | $H_{corr}$ | $G_{corr}$ |
|---|---|---|---|---|---|
| 路径 3a | 4k′ | −715. 1663692 | 0. 263661 | 0. 284157 | 0. 212032 |
| | TS(4k′/4l′) | −715. 1429005 | 0. 262726 | 0. 282403 | 0. 213583 |
| | 4l′ | −715. 1565722 | 0. 263258 | 0. 283440 | 0. 214137 |
| | TS(4l′/4m′) | −715. 1429005 | 0. 262726 | 0. 282403 | 0. 213583 |
| | 4m′ | −715. 1744683 | 0. 265551 | 0. 284396 | 0. 219664 |
| 路径 3b | 4k″ | −715. 1643018 | 0. 263693 | 0. 283967 | 0. 214074 |
| | TS(4k″/4l″) | −715. 1456518 | 0. 262922 | 0. 282521 | 0. 213244 |
| | 4l″ | −715. 1626037 | 0. 263302 | 0. 282520 | 0. 216345 |
| | TS(4l″/4m″) | −715. 1456006 | 0. 263619 | 0. 282503 | 0. 217839 |
| | 4m″ | −715. 1660904 | 0. 265826 | 0. 284808 | 0. 219996 |
| 路径 4a | 4k′ | −715. 1663692 | 0. 263661 | 0. 284157 | 0. 212032 |
| | TS(4k′/4n′) | −723. 4606529 | 0. 288401 | 0. 312743 | 0. 230202 |
| | 4n′ | −723. 4749988 | 0. 290527 | 0. 314237 | 0. 235414 |
| | TS(4n′/4o′) | −723. 4332625 | 0. 288273 | 0. 311627 | 0. 235484 |
| | 4o′ | −723. 4648442 | 0. 291772 | 0. 315359 | 0. 237140 |
| | 4k″ | −715. 1643018 | 0. 263693 | 0. 283967 | 0. 214074 |
| | TS(4k″/4n″) | −723. 4555398 | 0. 288379 | 0. 312630 | 0. 231175 |
| | 4n″ | −723. 46676 | 0. 290752 | 0. 314491 | 0. 236077 |
| | TS(4n″/4o″) | −723. 4305098 | 0. 288487 | 0. 311670 | 0. 236527 |
| | 4o″ | −723. 4703016 | 0. 291098 | 0. 314641 | 0. 236760 |

**附表 3　B3LYP 水平下钯催化芳基卤和异腈酰胺化反应的所有反应物、产物、中间体、过渡态的电子能、零点能校正以及热力学校正的焓和自由能（AU）**

| 分子 | $E$ | ZPE | $H_{corr}$ | $G_{corr}$ |
|---|---|---|---|---|
| $Pd(PH_3)_2$ | −143. 4218876 | 0. 052703 | 0. 064061 | 0. 010008 |
| ts5a | −388. 2779388 | 0. 141289 | 0. 163195 | 0. 080530 |
| 5a | −388. 3206701 | 0. 144522 | 0. 166017 | 0. 085584 |
| ts(5a/5b) | −388. 2816251 | 0. 140454 | 0. 163528 | 0. 067941 |
| 5b | −379. 9716729 | 0. 116370 | 0. 133838 | 0. 061177 |
| $PdPH_3$ | −135. 0705489 | 0. 026316 | 0. 032570 | −0. 006415 |

续附表 3

| 分子 | $E$ | ZPE | $H_{corr}$ | $G_{corr}$ |
| --- | --- | --- | --- | --- |
| TS5a | -379.9619846 | 0.115944 | 0.132478 | 0.060355 |
| 5c | -379.987343 | 0.117236 | 0.134259 | 0.063179 |
| TS5b | -379.9598199 | 0.115884 | 0.132438 | 0.062938 |
| ts(5b/5c) | -379.9665283 | 0.115422 | 0.132382 | 0.060015 |
| 5d′ | -630.7651984 | 0.248529 | 0.277818 | 0.178072 |
| ts(5d′/5e) | -630.7427765 | 0.248312 | 0.276439 | 0.180248 |
| 5e | -630.7749673 | 0.250273 | 0.278471 | 0.183430 |
| 5f | -726.5824542 | 0.263573 | 0.297264 | 0.186622 |
| ts(5f/5g) | -726.5447687 | 0.261154 | 0.295219 | 0.180560 |
| 5g | -726.5923018 | 0.264455 | 0.297877 | 0.187845 |
| ts(5g/5h) | -726.55889 | 0.263006 | 0.296274 | 0.184915 |
| 5h | -726.5577786 | 0.264127 | 0.298017 | 0.184382 |
| 5i | -693.3987931 | 0.262620 | 0.290696 | 0.198239 |
| ts(5i/5l) | -701.6905516 | 0.286274 | 0.319576 | 0.212994 |
| 5l | -701.724656 | 0.289549 | 0.322285 | 0.219166 |
| ts(5l/5j) | -701.701048 | 0.287750 | 0.320368 | 0.213867 |
| 5j | -558.3351123 | 0.237763 | 0.257893 | 0.185732 |
| ts(5i/5j) | -693.3844763 | 0.262500 | 0.289704 | 0.197905 |
| ts(5e/5p) | -639.0854063 | 0.274425 | 0.308118 | 0.193857 |
| 5p | -639.0983992 | 0.276799 | 0.309740 | 0.203946 |
| ts(5p/5m) | -639.0630479 | 0.274457 | 0.307799 | 0.196722 |
| ts(5e/5m) | -630.7399992 | 0.248812 | 0.276577 | 0.181157 |
| 5m | -495.6512472 | 0.222975 | 0.243607 | 0.167786 |
| 5n | -591.4189651 | 0.234371 | 0.262004 | 0.166929 |
| ts(5n/5o) | -591.4188225 | 0.234119 | 0.260978 | 0.168034 |
| 5o | -591.4937628 | 0.238306 | 0.262915 | 0.175017 |
| ts(5j/5k′) | -558.2854484 | 0.233393 | 0.253018 | 0.181595 |
| ts(5j/5k″) | -634.790333 | 0.257789 | 0.279858 | 0.202881 |

续附表 3

| 分子 | $E$ | ZPE | $H_{corr}$ | $G_{corr}$ |
| --- | --- | --- | --- | --- |
| 5k | -558. 3509802 | 0. 238815 | 0. 258717 | 0. 186339 |
| 5d″ | -630. 7631666 | 0. 248750 | 0. 277931 | 0. 177837 |
| 5q | -726. 5531021 | 0. 263001 | 0. 297431 | 0. 184101 |
| ts(5q/5r) | -726. 5429198 | 0. 260792 | 0. 295335 | 0. 181512 |
| 5r | -726. 5663762 | 0. 262819 | 0. 297641 | 0. 183722 |
| 5s | -693. 3901283 | 0. 261276 | 0. 289390 | 0. 194626 |
| ts(5s/5t) | -693. 3560466 | 0. 261166 | 0. 288629 | 0. 196601 |
| 5t | -693. 3962916 | 0. 263172 | 0. 291463 | 0. 196032 |
| ts(5s/5i) | -701. 7061394 | 0. 287977 | 0. 321073 | 0. 212865 |
| ts(5t/5u′) | -693. 3356862 | 0. 257698 | 0. 285514 | 0. 192058 |
| ts(5t/5u″) | -769. 8452583 | 0. 282060 | 0. 312135 | 0. 214432 |
| 5u | -693. 4174871 | 0. 263752 | 0. 291662 | 0. 198977 |
| ts(5u/5v) | -701. 737198 | 0. 288174 | 0. 321623 | 0. 208541 |
| 5v | -701. 7534137 | 0. 291042 | 0. 323536 | 0. 219167 |
| ts(5v/5k) | -701. 7343654 | 0. 288493 | 0. 321180 | 0. 215070 |
| ts(5u/5k) | -693. 4130493 | 0. 262857 | 0. 290339 | 0. 197973 |
| ts(5t/5w) | -701. 701048 | 0. 287750 | 0. 320368 | 0. 213867 |
| 5w | -701. 7235251 | 0. 290896 | 0. 323030 | 0. 220895 |
| ts(5w/5j) | -701. 6999243 | 0. 287526 | 0. 320345 | 0. 214798 |
| ts(5t/5j) | -693. 3731065 | 0. 261584 | 0. 289380 | 0. 195808 |
| ts(5i/5x) | -701. 6905516 | 0. 286274 | 0. 319576 | 0. 212994 |
| 5x | -701. 724656 | 0. 289549 | 0. 322285 | 0. 219166 |
| ts(5x/5j) | -701. 7010482 | 0. 287753 | 0. 320369 | 0. 213897 |
| ts-$H_2O$ | -707. 2451382 | 0. 273679 | 0. 305508 | 0. 201563 |
| 5q | -707. 2481501 | 0. 274937 | 0. 307098 | 0. 203415 |
| ts-Br | -707. 1576171 | 0. 268116 | 0. 300924 | 0. 189977 |

**附表 4　B3LYP 水平下钯催化氰基导向基团辅助活化 C—H 键芳基化偶联反应的所有反应物、产物、中间体、过渡态的电子能、零点能校正以及热力学校正的焓和自由能**

（AU）

| 结构 | $E$ | ZPE | $H_{corr}$ | $G_{corr}$ |
|---|---|---|---|---|
| ArCN | −324. 5777612 | 0. 09887 | 0. 109768 | 0. 057491 |
| ArI | −243. 0915749 | 0. 089659 | 0. 100115 | 0. 046452 |
| AgTFA | −672. 1455376 | 0. 026973 | 0. 039842 | −0. 023042 |
| TFA | −526. 96552 | 0. 038656 | 0. 049224 | −0. 004122 |
| AgI | −157. 208872 | 0. 000429 | 0. 00551 | −0. 034543 |
| Pd（TFA）$_2$ | −1179. 470893 | 0. 056497 | 0. 078171 | −0. 006033 |
| $H_2O$ | −76. 4584627 | 0. 025069 | 0. 025069 | 0. 003647 |
| $Ag_2O$ | −366. 7349074 | 0. 002293 | 0. 009102 | −0. 037995 |
| 反应物 | −1179. 47 0893 | 0. 056497 | 0. 078171 | −0. 006033 |
| TS(Pd(TFA)$_2$/6a) | −1504. 0516973 | 0. 155511 | 0. 190329 | 0. 067103 |
| 6a | −1504. 0814072 | 0. 156981 | 0. 192017 | 0. 073047 |
| TS(6a/6b) | −1504. 0320818 | 0. 155175 | 0. 071188 | 0. 071188 |
| 6b | −1504. 0558106 | 0. 156092 | 0. 191491 | 0. 07253 |
| TS(6b/6c) | −1504. 0316035 | 0. 15077 | 0. 185442 | 0. 067318 |
| 6c | −1504. 0550987 | 0. 15629 | 0. 191791 | 0. 072347 |
| TS(6c/4d′) | −1504. 0517997 | 0. 154514 | 0. 18893 | 0. 072352 |
| 6d′ | −1504. 0520141 | 0. 154221 | 0. 189677 | 0. 069745 |
| TS(6d′/6e′) | −1504. 0513205 | 0. 151109 | 0. 186153 | 0. 065536 |
| 6e′ | −1504. 0524029 | 0. 15415 | 0. 18978 | 0. 068788 |
| TS(6e′/6f′) | −1504. 037969 | 0. 154686 | 0. 190064 | 0. 065447 |
| 6f | −977. 0683452 | 0. 115811 | 0. 139842 | 0. 050753 |
| TS(6c/6d″) | −1504. 05189 | 0. 155955 | 0. 190522 | 0. 072703 |
| 6d″ | −1504. 0613353 | 0. 156204 | 0. 190401 | 0. 076642 |
| TS(6d″/6e″) | −1504. 0537072 | 0. 155231 | 0. 190233 | 0. 069768 |
| 6e″ | −1504. 065 2861 | 0. 155602 | 0. 190963 | 0. 072877 |
| 6g | −1220. 1879097 | 0. 206576 | 0. 242688 | 0. 121734 |
| TS(6g/6h) | −1220. 15421 | 0. 205643 | 0. 240939 | 0. 122992 |
| 6h | −1220. 1638204 | 0. 20628 | 0. 242286 | 0. 124321 |

续附表 4

| 结构 | $E$ | ZPE | $H_{corr}$ | $G_{corr}$ |
| --- | --- | --- | --- | --- |
| 6i′ | -1892. 352167 | 0. 235609 | 0. 285343 | 0. 130996 |
| TS(6i′/6j′) | -1892. 3306402 | 0. 234433 | 0. 283414 | 0. 130784 |
| 6j′ | -1735. 1136351 | 0. 23447 | 0. 278 | 0. 142414 |
| TS(6j′/产物) | -1735. 0961942 | 0. 234292 | 0. 276936 | 0. 143116 |
| 产物 | -555. 686 446 | 0. 179361 | 0. 197885 | 0. 127323 |
| TS(6h/6i″) | -1220. 1462004 | 0. 206301 | 0. 241278 | 0. 125073 |
| 6i″ | -664. 5060345 | 0. 028473 | 0. 043812 | -0. 026814 |
| 6j″ | -1336. 7305316 | 0. 057443 | 0. 0866 | -0. 022151 |
| TS(6j″/产物) | -1336. 6986149 | 0. 056465 | 0. 085138 | -0. 024663 |
| IM6a | -1420. 8014554 | 0. 081041 | 0. 11114 | -0. 001718 |
| TS6a | -1420. 7998248 | 0. 080713 | 0. 1099 | -0. 001834 |
| IM6b | -748. 6307627 | 0. 052165 | 0. 068877 | -0. 002449 |
| TS6b | -748. 6280346 | 0. 051315 | 0. 067805 | -0. 003399 |
| IM6c | -748. 6304724 | 0. 051203 | 0. 069048 | -0. 005452 |

**附表 5　M06 水平下铑催化高炔丙基联烯-炔的环化异构化反应的所有反应物、产物、中间体及过渡态的零点能校正、电子能和自由能及溶剂校正后的电子能和自由能**

(AU)

| 分子 | ZPE | $E$ | $G$ | $E_{溶剂}$ | $G_{溶剂}$ |
| --- | --- | --- | --- | --- | --- |
| 反应底物 | 0. 416066 | -740. 1473427 | -739. 780661 | -740. 1566659 | -739. 7899842 |
| a1 | 0. 435514 | -1091. 2471418 | -1090. 872983 | -1091. 25873 | -1090. 884571 |
| a11 | 0. 433856 | -1091. 2183106 | -1090. 844872 | -1091. 232228 | -1090. 858789 |
| $TS_{a11-b1}$ | 0. 434266 | -1091. 2066735 | -1090. 831647 | -1091. 2198805 | -1090. 844854 |
| b1 | 0. 437585 | -1091. 2737432 | -1090. 894542 | -1091. 2863052 | -1090. 907104 |
| $TS_{b1-b11}$ | 0. 436451 | -1091. 2509962 | -1090. 872828 | -1091. 2648132 | -1090. 886645 |
| b11 | 0. 438893 | -1091. 2758661 | -1090. 89435 | -1091. 2896314 | -1090. 908115 |
| $TS_{b11-b111}$ | 0. 437887 | -1091. 259438 | -1090. 877615 | -1091. 2724633 | -1090. 89064 |
| b111 | 0. 438010 | -1091. 2963542 | -1090. 915733 | -1091. 3081845 | -1090. 927563 |
| a2 | 0. 434443 | -1091. 2468232 | -1090. 87539 | -1091. 2571023 | -1090. 885669 |
| a22 | 0. 433810 | -1091. 2141619 | -1090. 841797 | -1091. 2284607 | -1090. 856096 |
| $TS_{a22-b2}$ | 0. 434462 | -1091. 1993677 | -1090. 824243 | -1091. 2124395 | -1090. 837315 |

续附表 5

| 分子 | ZPE | $E$ | $G$ | $E_{溶剂}$ | $G_{溶剂}$ |
|---|---|---|---|---|---|
| b2 | 0. 436476 | −1091. 2555909 | −1090. 879234 | −1091. 2687361 | −1090. 892379 |
| $TS_{b1-b22}$ | 0. 436688 | −1091. 2687518 | −1090. 890268 | −1091. 2803554 | −1090. 901872 |
| b22 | 0. 436970 | −1091. 2729829 | −1090. 895089 | −1091. 2858076 | −1090. 907914 |
| $TS_{b22-b222}$ | 0. 435309 | −1091. 2441813 | −1090. 868473 | −1091. 2566297 | −1090. 880921 |
| b222 | 0. 436405 | −1091. 2776084 | −1090. 89985 | −1091. 2894985 | −1090. 91174 |
| $TS_{b1-b111}$ | 0. 437499 | −1091. 2380305 | −1090. 857507 | −1091. 2510622 | −1090. 870539 |
| $TS_{b111-b333}$ | 0. 437109 | −1091. 2349314 | −1090. 855619 | −1091. 2476941 | −1090. 868382 |
| b333 | 0. 437570 | −1091. 2898128 | −1090. 910057 | −1091. 3031012 | −1090. 923345 |
| $TS_{b2-b33}$ | 0. 434235 | −1091. 2196477 | −1090. 846666 | −1091. 2313127 | −1090. 858331 |
| b33 | 0. 437055 | −1091. 258055 | −1090. 879601 | −1091. 2699283 | −1090. 891474 |
| $TS_{b33-b333}$ | 0. 436999 | −1091. 2566333 | −1090. 876542 | −1091. 2682827 | −1090. 888191 |
| $TS_{b111-c1}$ | 0. 437241 | −1091. 2675529 | −1090. 885692 | −1091. 2800812 | −1090. 89822 |
| c1 | 0. 438313 | −1091. 2792195 | −1090. 8979 | −1091. 292825 | −1090. 911506 |
| $TS_{c1-c11}$ | 0. 435629 | −1091. 2210886 | −1090. 84308 | −1091. 2353573 | −1090. 857349 |
| c11 | 0. 438020 | −1091. 2769637 | −1090. 897026 | −1091. 2892487 | −1090. 909311 |
| $TS_{c11-d1}$ | 0. 435980 | −1091. 2566649 | −1090. 880174 | −1091. 2685619 | −1090. 892071 |
| d1 | 0. 437710 | −1091. 3025544 | −1090. 923497 | −1091. 313749 | −1090. 934692 |
| $TS_{d1-d11}$ | 0. 437201 | −1091. 2843558 | −1090. 90798 | −1091. 2951374 | −1090. 918762 |
| d11 | 0. 439638 | −1091. 3242815 | −1090. 942621 | −1091. 3368447 | −1090. 955184 |
| $TS_{d11-d111}$ | 0. 439090 | −1091. 3151969 | −1090. 933755 | −1091. 3264073 | −1090. 944965 |
| d111 | 0. 441382 | −1091. 4004738 | −1091. 017214 | −1091. 4122907 | −1091. 029031 |
| 产物 1 | 0. 422510 | −740. 3024441 | −739. 925207 | −740. 3107165 | −739. 9334794 |
| $TS_{b111-e1}$ | 0. 437214 | −1091. 2379372 | −1090. 857264 | −1091. 2481049 | −1090. 867432 |
| e1 | 0. 437515 | −1091. 2586846 | −1090. 879767 | −1091. 2694381 | −1090. 890521 |
| $TS_{b222-e2}$ | 0. 436212 | −1091. 2404966 | −1090. 862272 | −1091. 2522374 | −1090. 874013 |
| e2 | 0. 438702 | −1091. 27675 | −1090. 894579 | −1091. 2888002 | −1090. 906629 |
| $TS_{b333-e3}$ | 0. 438120 | −1091. 2457351 | −1090. 863919 | −1091. 2599052 | −1090. 878089 |
| e3 | 0. 438901 | −1091. 2738879 | −1090. 892247 | −1091. 2863496 | −1090. 904709 |
| $TS_{c1-f1}$ | 0. 438886 | −1091. 2677478 | −1090. 88448 | −1091. 2819111 | −1090. 898643 |
| f1 | 0. 439718 | −1091. 34291 | −1090. 96043 | −1091. 3523077 | −1090. 969828 |

续附表 5

| 分子 | ZPE | $E$ | $G$ | $E_{溶剂}$ | $G_{溶剂}$ |
| --- | --- | --- | --- | --- | --- |
| $TS_{f1-f11}$ | 0. 439045 | −1091. 3285869 | −1090. 946284 | −1091. 3393051 | −1090. 957002 |
| f11 | 0. 439341 | −1091. 3460654 | −1090. 964822 | −1091. 3554298 | −1090. 974186 |
| $TS_{f11-预产物1}$ | 0. 439501 | −1091. 3360529 | −1090. 953424 | −1091. 3476218 | −1090. 964993 |
| 预产物 1 | 0. 441670 | −1091. 4004969 | −1091. 016682 | −1091. 4124264 | −1091. 028612 |
| $TS_{c1-g1}$ | 0. 436765 | −1091. 2503136 | −1090. 871367 | −1091. 2656537 | −1090. 886707 |
| g1 | 0. 439416 | −1091. 2994523 | −1090. 917245 | −1091. 3135405 | −1090. 931333 |
| $TS_{g1-g11}$ | 0. 438373 | −1091. 2970241 | −1090. 915827 | −1091. 3106394 | −1090. 929442 |
| g11 | 0. 441950 | −1091. 3994273 | −1091. 014906 | −1091. 4107551 | −1091. 026234 |
| $TS_{f11-预产物2}$ | 0. 436804 | −1091. 3120249 | −1090. 931633 | −1091. 3222401 | −1090. 941848 |
| 预产物 2 | 0. 441655 | −1091. 376114 | −1090. 991151 | −1091. 3867983 | −1091. 001835 |
| 产物 2 | 0. 421527 | −740. 272294 | −739. 896538 | −740. 2789355 | −739. 9031795 |
| $TS_{f11-预产物3}$ | 0. 438714 | −1091. 3280396 | −1090. 946318 | −1091. 3399209 | −1090. 958199 |
| 预产物 3 | 0. 442353 | −1091. 3822862 | −1090. 996434 | −1091. 3928897 | −1091. 007038 |
| 产物 3 | 0. 422771 | −740. 2732746 | −739. 895966 | −740. 2817265 | −739. 9044179 |
| B-反应物 | 0. 585705 | −975. 8452675 | −975. 318416 | −975. 8558987 | −975. 3290472 |
| B-a1 | 0. 605284 | −1326. 947918 | −1326. 413504 | −1326. 9613063 | −1326. 426892 |
| B-f1 | 0. 609875 | −1327. 0314598 | −1326. 48859 | −1327. 0395041 | −1326. 496634 |
| B-$TS_{f1-预产物1}$ | 0. 608764 | −1327. 0077257 | −1326. 466285 | −1327. 0222019 | −1326. 480761 |
| B-预产物 1 | 0. 611735 | −1327. 0787534 | −1326. 533068 | −1327. 0909718 | −1326. 545286 |
| B-产物 1 | 0. 592339 | −975. 9865665 | −975. 449457 | −975. 9962478 | −975. 4591383 |
| B-f11 | 0. 609527 | −1327. 0351481 | −1326. 491527 | −1327. 046502 | −1326. 502881 |
| B-$TS_{f11-预产物2}$ | 0. 606183 | −1327. 0135784 | −1326. 473241 | −1327. 0254422 | −1326. 485105 |
| B-预产物 2 | 0. 610641 | −1327. 0394728 | −1326. 495917 | −1327. 0519709 | −1326. 508415 |
| B-产物 2 | 0. 590415 | −975. 9673585 | −975. 433511 | −975. 9765033 | −975. 4426558 |
| B-$TS_{f11-预产物3}$ | 0. 609165 | −1326. 9980733 | −1326. 454579 | −1327. 0112903 | −1326. 467796 |
| B-预产物 3 | 0. 613270 | −1327. 0364738 | −1326. 487958 | −1327. 0494761 | −1326. 50096 |
| B-产物 3 | 0. 592734 | −975. 9469287 | −975. 408266 | −975. 9567419 | −975. 4180792 |
| B-反应物$_{t\text{-Bu}}$ | 0. 500155 | −857. 9975525 | −857. 55068 | −858. 0068323 | −857. 5599598 |
| B-a1$_{t\text{-Bu}}$ | 0. 519831 | −1209. 1013327 | −1208. 64698 | −1209. 1132359 | −1208. 658883 |
| B-f11$_{t\text{-Bu}}$ | 0. 524472 | −1209. 1860336 | −1208. 722219 | −1209. 1957425 | −1208. 731928 |

续附表 5

| 分子 | ZPE | $E$ | $G$ | $E_{溶剂}$ | $G_{溶剂}$ |
|---|---|---|---|---|---|
| B-TS(f11-预产物 1)$_{t\text{-Bu}}$ | 0.523935 | −1209.1644926 | −1208.701118 | −1209.1761691 | −1208.712795 |
| B-预产物 $1_{t\text{-Bu}}$ | 0.528067 | −1209.2347662 | −1208.766649 | −1209.2472838 | −1208.779167 |
| B-产物 $1_{t\text{-Bu}}$ | 0.506848 | −858.1396074 | −857.682657 | −858.1480939 | −857.6911435 |
| B-TS(f11-预产物 2)$_{t\text{-Bu}}$ | 0.520768 | −1209.1530836 | −1208.692572 | −1209.1631926 | −1208.702681 |
| B-预产物 $2_{t\text{-Bu}}$ | 0.527254 | −1209.2199231 | −1208.752802 | −1209.2305406 | −1208.76342 |
| B-产物 $2_{t\text{-Bu}}$ | 0.506485 | −858.1165527 | −857.658974 | −858.1233979 | −857.6658192 |
| B-TS(f11-预产物 3)$_{t\text{-Bu}}$ | 0.525973 | −1209.156068 | −1208.68807 | −1209.1679879 | −1208.69999 |
| B-预产物 $3_{t\text{-Bu}}$ | 0.527290 | −1209.2137569 | −1208.745693 | −1209.224669 | −1208.756605 |
| B-产物 $3_{t\text{-Bu}}$ | 0.507587 | −858.1008863 | −857.642192 | −858.1092507 | −857.6505564 |
| B-反应物$_{CH_2(n\text{-Pr})}$ | 0.500913 | −857.9952779 | −857.549043 | −858.005617 | −857.5593821 |
| B-a1$_{CH_2(n\text{-Pr})}$ | 0.520510 | −1209.0938633 | −1208.640665 | −1209.1071299 | −1208.653932 |
| B-f11$_{CH_2(n\text{-Pr})}$ | 0.524200 | −1209.1951283 | −1208.734223 | −1209.2064738 | −1208.745569 |
| B-TS(f11−预产物 1)$_{CH_2(n\text{-Pr})}$ | 0.523726 | −1209.1798026 | −1208.719626 | −1209.1927342 | −1208.732558 |
| B-预产物 $1_{CH_2(n\text{-Pr})}$ | 0.526377 | −1209.2498248 | −1208.787025 | −1209.2627746 | −1208.799975 |
| B-产物 $1_{CH_2(n\text{-Pr})}$ | 0.507182 | −858.1497666 | −857.694235 | −858.1595951 | −857.7040635 |
| B-TS(f11-预产物 2)$_{CH_2(n\text{-Pr})}$ | 0.521757 | −1209.1724506 | −1208.712722 | −1209.1848181 | −1208.72509 |
| B-预产物 $2_{CH_2(n\text{-Pr})}$ | 0.526375 | −1209.228378 | −1208.764648 | −1209.2409534 | −1208.777223 |
| B-产物 $2_{CH_2(n\text{-Pr})}$ | 0.505763 | −858.123137 | −857.670433 | −858.1322544 | −857.6795504 |
| B-TS(f11-预产物 3)$_{CH_2(n\text{-Pr})}$ | 0.523664 | −1209.1739347 | −1208.713019 | −1209.1872702 | −1208.726355 |
| B-预产物 $3_{CH_2(n\text{-Pr})}$ | 0.528008 | −1209.2193477 | −1208.754054 | −1209.2323233 | −1208.76703 |
| B-产物 $3_{CH_2(n\text{-Pr})}$ | 0.506886 | −858.1187337 | −857.664478 | −858.128849 | −857.6745933 |
| B-a11 | 0.605557 | −1326.9225854 | −1326.384057 | −1326.9393519 | −1326.400824 |
| B-TS$_{a11-b1}$ | 0.604593 | −1326.9122418 | −1326.374816 | −1326.9288868 | −1326.391461 |
| B-b1 | 0.609017 | −1326.9736182 | −1326.429665 | −1326.9880828 | −1326.44413 |
| B-a2 | 0.603946 | −1326.9500604 | −1326.417963 | −1326.9628137 | −1326.430716 |
| B-a22 | 0.603032 | −1326.9146761 | −1326.384104 | −1326.9311028 | −1326.400531 |
| B-TS$_{a22-b2}$ | 0.603600 | −1326.9026085 | −1326.369282 | −1326.9181607 | −1326.384834 |
| B-b2 | 0.608118 | −1326.9520084 | −1326.412397 | −1326.9678311 | −1326.42822 |

# 冶金工业出版社部分图书推荐

| 书　名 | 作　者 | 定价(元) |
| --- | --- | --- |
| 金属材料学（第3版） | 强文江 | 66.00 |
| 金属材料学 | 颜国君 | 45.00 |
| 物理化学（第4版） | 王淑兰 | 45.00 |
| 基础有机化学实验 | 段永正 | 28.00 |
| 有机化学（第2版） | 聂麦茜 | 36.00 |
| 铼配合物发光性能的研究及应用 | 张婷婷 | 65.00 |
| 冶金物理化学 | 张家芸 | 39.00 |
| 冶金物理化学研究方法（第4版） | 王常珍 | 69.00 |
| 冶金与材料热力学 | 李文超 | 70.00 |
| 冶金与材料近代物理化学研究方法（上册） | 李文超 | 56.00 |
| 冶金与材料近代物理化学研究方法（下册） | 李文超 | 69.00 |
| 冶金热力学 | 翟玉春 | 55.00 |
| 冶金动力学 | 翟玉春 | 36.00 |
| 冶金电化学 | 翟玉春 | 47.00 |
| 冶金工程实验技术 | 陈伟庆 | 39.00 |
| 钢铁冶金学教程 | 包燕平 | 49.00 |
| 稀土金属材料 | 唐定骧 | 140.00 |
| 高纯金属材料 | 郭学益 | 69.00 |
| 软磁合金及相关物理专题研究 | 何开元 | 79.00 |
| 金属学及热处理 | 范培耕 | 38.00 |
| 贵金属催化剂制备及其在清洁能源中的应用 | 赵海东 | 53.00 |
| 工业催化原理及应用 | 马　晶 | 39.00 |
| 低贵金属三效催化剂技术 | 张爱敏 | 20.00 |